U0194669

胡筱敏 李亮 赵研 王军 等编著

污水电化学处理技术

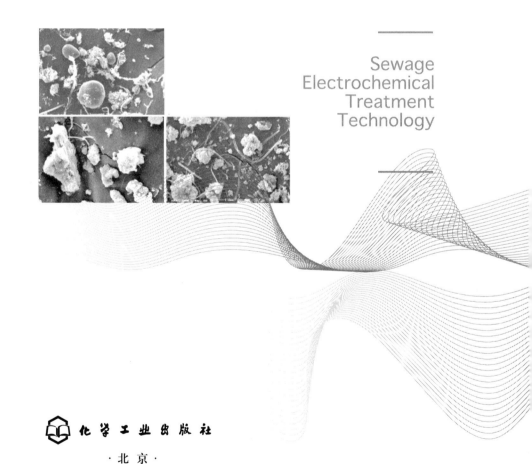

Sewage
Electrochemical
Treatment
Technology

化学工业出版社
·北京·

《污水电化学处理技术》系统地介绍了几种废水电化学处理技术的基本原理、工艺流程、设计计算、操作管理等。全书共分 6 章，内容包括绪论、电絮凝、电化学氧化、电渗析、电容去离子、微生物电化学水处理等技术体系。

本书可供水污染治理和水环境管理者、环境工程专业学生及工作者参考。

图书在版编目（CIP）数据

污水电化学处理技术/胡筱敏等编著．—北京：化学
工业出版社，2020.2
ISBN 978-7-122-35571-3

Ⅰ．①污… Ⅱ．①胡… Ⅲ．①污水处理-电化学处理
Ⅳ．①X703

中国版本图书馆 CIP 数据核字（2019）第 252396 号

责任编辑：赵卫娟　仇志刚　　　　　文字编辑：汲永臻
责任校对：宋　玮　　　　　　　　　装帧设计：史利平

出版发行：化学工业出版社（北京市东城区青年湖南街 13 号　邮政编码 100011）
印　　装：天津画中画印刷有限公司
710mm×1000mm　1/16　印张 19¼　字数 388 千字　2020 年 5 月北京第 1 版第 1 次印刷

购书咨询：010-64518888　　　　　　售后服务：010-64518899
网　　址：http://www.cip.com.cn
凡购买本书，如有缺损质量问题，本社销售中心负责调换。

定　　价：128.00 元　　　　　　　　　　　　　　版权所有　违者必究

前言

在过去的 20 年中,人类对污水处理的理解和认识已经取得了巨大的进展,研究方法也由以经验为主转变为包含化学、微生物学、物理及生化工程的研究体系。 对于正在进入污水电化学处理领域学习的年轻一代研究者以及工作人员来说,这些新发展在数量、复杂性和多样性方面来说是很难在短期内理解并掌握的。

近几年来,本书编著者及所领导的研究小组在电化学水处理技术方面开展了系统的工作。 以污染物的电絮凝、电化学氧化等过程为核心,以水中污染物的安全降解和高效去除为重点,以技术发展和实际应用为目标,在染料废水的处理、地下水硝酸盐的处理、海水淡化等几个方面进行了研究和探索,根据东北大学环境工程研究所实际承担研究课题的目标需求,开发并形成了具有特色的污水电化学处理技术体系:周期换向电凝聚技术、阴极催化还原-电解氯氧化技术、基于响应面法优化的电容去离子技术、微生物电化学技术。 在国内外发表了数篇研究论文,取得了多项发明专利,本书也是对这些研究工作的部分总结,适用于广大从事水污染治理与控制技术领域的工作者以及青年学生们阅读并借鉴。

全书共 6 章,第 1 章绪论是在已有资料基础上,结合水处理电化学问题所做的一般性和基础性介绍,参考了物理化学等方面的教科书,目的是为本书的其他各章节介绍奠定知识基础。 第 2~6 章,涉及了电絮凝、电化学氧化、电渗析、电容去离子以及微生物电化学等水处理技术,除概述或文献综述以外,绝大部分是编著者及其研究小组的工作结果。 本书重视基本概念和基础理论的阐述,注重吸收废水处理的新理论和新技术,同时力求理论联系实际,用工程观点分析并解决问题。

在此感谢参加本书第 2 章编写的付忠田和孙兆楠,第 3 章编写的叶舒帆,第 4 章编写的朱茂森,第 5 章编写的赵研以及第 6 章编写的李亮等博士,感谢姜彬慧老师等人对本书排版、图表编辑所做的大量工作，感谢出版社的编辑们对本书校对和审核等方面的工作。 此外，本书在研究和写作过程中，参考了国内外有关文献并在书中引用，在此向这些文献的作者表示感谢。

本书得到了国家自然科学基金和水体污染控制与治理重大专项的大力支持，在此一并深致谢意。

由于水平有限，这些结果还只是初步的、不系统和不完善的，一些认识和结论会受到编著者现阶段的研究结果和知识水平的限制，可能存在偏颇与不妥之处，敬请读者批评指正。

编著者

2019 年 8 月

目录

第 **5** 章

电容去离子技术

第 *1* 章 ▶▶

绪论

　　水质改善及其安全保障的实际需求，始终都是水处理科学和技术发展的根本动力。随着水质污染问题的复杂化，人类面临着日益严峻的挑战。在要求水处理技术及其工程应用具有高效性和经济可行性的同时，也要求必须从过程风险控制的全新理念，构建符合生态系统和人体健康安全要求的水处理新方法及其评价体系。在不断的科学探索和工程实践中，人们自觉或不自觉地在相关学科的基本原理和最新进展中，发现支持水处理新理论和新方法创建与应用的新途径。这种体现交叉与融合的对其他学科领域的渗透与借鉴，不断地将水处理的基础科学和应用技术推向新的高度。

　　正是基于这种解决实际问题的应用需求和学科发展的必然选择，近年来电化学水处理方法受到高度关注，成为环境科学与工程领域最重要的研究与发展方向之一。电化学水处理方法以电化学的基本原理为基础，利用电极反应及其相关过程，通过直接和间接的氧化还原、凝聚絮凝、吸附降解和协同转化等协同效应机制，对水体中有机物、重金属、硝酸盐、胶体颗粒物、细菌等污染物具有优良的去除效果。由于电化学方法具有不需向水中投加药剂、水质净化效率高、无二次污染、易于控制等突出优势，在工业废水处理、生活污水处理与回用、饮用水净化等方面得到了越来越多的应用，表现出巨大的发展潜力。

　　电化学方法的引入，不仅丰富了水处理的理论和技术体系，而且为解决常规方法所不能解决的水质问题提供了重要途径。但是，在电化学水处理方法的发展中，还有许多原理性和技术性问题没有得到解决，其中人们最关心的是如何突破其能耗和成本较高的制约。为此，国内外在此方面研究的主要目标是：力图从基础科学的角度解决原理性问题，从实际应用的角度解决技术性问题。与此研究理念相对应，近年来有关电化学水处理理论和方法的研究，正在从原来比较粗放的形式向更加微观的层次深入，同时也正在从一般性的实验研究向工程应用延伸。这些研究，主要集中在新型电极材料的开发、电化学降解水体中持久性有机污染物的途径与机理、无机污染物的去除技术与机制、基于新电极和新原理的电化学水处理反应器等方面。从近年来一些国际高质量水处理技术期刊的内容来看，研究者们在寻求解决水处理难点技术问题时更愿意借助于电化学的原理和手段，以实现所期望的水处理效果。

在电化学水处理的研究基础和技术创新中，人们更加关注相关学科的进展，并注重对物理、化学、材料、生物等学科最新研究成果的综合运用。借助于纳米材料和催化技术的发展，进行水处理纳米电极材料的开发，研制出一系列具有纳米特征和催化氧化效果的功能电极；借助于化学科学及分析技术的发展，使对电极及反应过程中的结构与形貌变化的表征更加明确，对污染物的电极/水溶液微界面转移转化过程的认识更加深入，对反应动力学的精确表征成为可能；借助于生物学的研究进展，将电化学与生物过程有机结合，从电子、分子和细胞的层次构建生物电极，认识电化学与生物反应的协同作用机制，进而建立起电化学/生物水处理新原理与新方法；借助于光电化学技术的进展，不仅把电极反应过程机制研究引向深入，而且发展出多种光-电化学水处理新方法；借助于电化学水处理自身对多学科综合利用的优势，建立了不同水处理用途的新型组合反应体系和集成水处理技术工艺。与此同时，一些从事电化学研究的学者也深入到水处理领域，使电化学水处理技术的发展更加充满活力。这些交叉与渗透，无疑有利地促进了水处理电化学研究水平的提升和应用能力的加强。可以预见，随着现代科学技术的迅猛发展，电化学水处理方法也必将在理论和应用上发展到一个更高的水平。

第2章 ▶▶

电絮凝技术

2.1 电絮凝的技术原理及基本理论

电絮凝是一个复杂的过程,涉及许多学科,机理较复杂。废水中的污染物成分不同,电絮凝作用机理也不同。一般来说,大部分电絮凝技术是在外加电场的驱动下,通过牺牲阳极产生的具有絮凝特性的阳离子,然后在水中经过水解、聚合成一系列多核羟基络合物,通过其吸附、混凝、沉淀等作用实现重金属的去除,同时阴极发生还原反应,并产生具有微小结构的氢气气泡,由于这类气泡具有良好的黏附性能,通过其气浮的作用,可以将悬浮物带到水面从而使污染物得以去除[1]。

电絮凝的基本原理如图 2-1 所示,将金属电极(铝或铁)置于被处理的水溶液中,然后通以直流电,此时金属阳极发生电化学反应,溶出铝离子、铁离子等离子并在水中水解而发生混凝或絮凝作用,其过程和机理与化学混凝基本相同。此过程主要存在以下五个方面的反应:①阳极的电化学溶解反应;②阴极电化学还原反应;③电凝聚作用;④电解气浮作用;⑤极化作用。这几类反应相互之间协同作用,进而影响了电絮凝体系的处理效果以及能耗[2]。

2.1.1 电化学溶解

电化学溶解行为发生在阳极,主要基本反应如下(M 为金属阳极,n 为氧化/还原反应中转移电子数)。

阳极反应:

$$M(n) \longrightarrow M^{n+} + ne^-$$

阴极反应:

$$nH_2O + ne^- \longrightarrow \frac{n}{2}H_2 + nOH^-$$

溶液中:

$$M^{n+} + nOH^- \longrightarrow M(OH)_n$$

以铁、铝作为电极时,主要的阳极、阴极反应如表 2-1 所列。

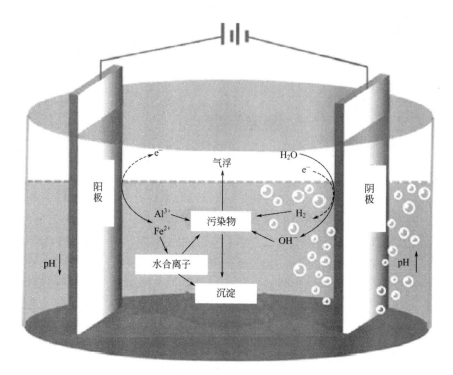

图 2-1　电絮凝技术去除污染物机制示意图

表 2-1　电絮凝系统中的电化学反应

阳极	阴极
$4OH^- - 4e^- \longrightarrow 2H_2O + O_2$	$2H_3O^+ + 2e^- \longrightarrow 2H_2O + H_2$
$2H_2O - 4e^- \longrightarrow 4H^+ + O_2$	$2H_2O + 2e^- \longrightarrow 2OH^- + H_2$
	$2H_2O + O_2 + 4e^- \longrightarrow 4OH^-$
铝电极	
$Al - 3e^- \longrightarrow Al^{3+}$	$Al + 4OH^- \longrightarrow [Al(OH)_4]^- + 3e^-$
$Al^{3+} + 3H_2O \longrightarrow Al(OH)_3 + 3H^+$	
铁电极	
$Fe - 2e^- \longrightarrow Fe^{2+}$	$Fe(OH)_3 + OH^- \longrightarrow [Fe(OH)_4]^-$
$Fe^{2+} + 2H_2O \longrightarrow Fe(OH)_2 + 2H^+$	$[Fe(OH)_4]^- + 2OH^- \longrightarrow [Fe(OH)_6]^{3-}$
$Fe^{2+} - e^- \longrightarrow Fe^{3+}$	
$Fe^{3+} + 3H_2O \longrightarrow Fe(OH)_3 + 3H^+$	

2.1.2　电化学还原

在外电压的作用下，溶液中的带电粒子发生定向移动，其中阴离子向阳极附近迁移，阳离子向阴极迁移。溶液中具有氧化性的金属离子在电场的作用下迁移至阴极表面并得到电子，发生电化学还原反应，其中某些金属沉积在阴极表面，发生电沉积反应。此外，染料废水中一些带电染料颗粒与阴极表面直接接触进而发生电化学还原，电子从阴极表面转移并聚集到阴极附近的染料颗粒表面，将其还原，从而达到降解的目的。

2.1.3　电凝聚作用

废水中悬浮态颗粒物的胶核往往带有电荷，由于其电位粒子的吸附作用会在其周边形成带异号电荷的离子层。当胶核与溶液发生相对运动时，胶体粒子就沿滑动面一分为二，滑动面以内的部分是一个做整体运动的动力单元。胶体粒子由于范德华力的作用会相互靠近，但是由于粒子都带有相同的电荷，同号电荷之间的分子间斥力作用阻止了它们的靠近，因此胶体得以在废水中长期稳定存在，如图 2-2 所示。牺牲阳极通过电化学溶解产生大量的新生态的铝离子、亚铁离子和铁离子，同时阴极会产生大量的氢氧根离子，通过压缩双电层作用，使得胶体脱稳；由于电化学溶解产生的金属离子均带有正电荷，并在电极附近生成带电水合离子，与胶体颗粒发生无机离子型的电性中和作用而破坏胶体的稳定性；同时电絮凝过程中产生的铝离子、亚铁离子和铁离子等生成一系列含有羟基的高分子线形聚合物，这些高分子聚合物与胶体颗粒间发生高分子型电性中和，然后通过吸附架桥和网捕-卷扫等作用，将废水中的重金属等污染物质去除[3]（图 2-3）。

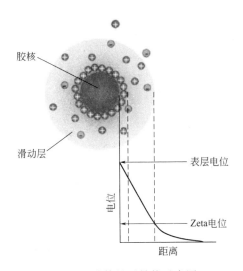

图 2-2　胶体粒子结构示意图

目前，可溶性阳极最常用的材料是铝和铁。电解过程中，铝阳极发生 $Al \longrightarrow Al^{3+} + 3e^-$；铁阳极发生 $Fe \longrightarrow Fe^{2+} + 2e^-$。另外，还可以发生水的电解反应：$4OH^- \longrightarrow 2H_2O + O_2 + 4e^-$；若氯离子达到一定浓度，在一定条件下也可以发生氯离子的氧化反应：$2Cl^- \longrightarrow Cl_2 + 2e^-$。$Al^{3+}$、$Fe^{2+}$ 可经水解反应而形成氢氧化

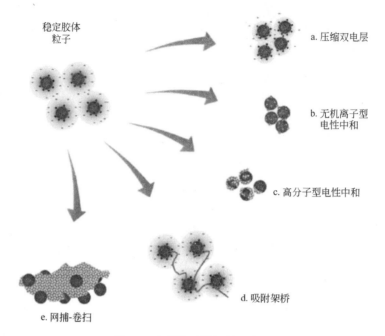

稳定胶体粒子

a. 压缩双电层

b. 无机离子型电性中和

c. 高分子型电性中和

d. 吸附架桥

e. 网捕-卷扫

图 2-3　电凝聚吸附机制示意图

铝或氢氧化铁、氢氧化亚铁微絮体，废水中的胶体有机粒子、微细固体悬浮物、油类物质等在絮凝剂的存在下，相互碰撞接触而发生絮凝沉降。

压缩双电层：当废水中悬浮颗粒的双电层被阳极产生的离子侵入时，双电层的电极电位降低，扩散层变薄，悬浮颗粒间距变近，相互碰撞时容易吸引而凝聚。

电中和：胶体表面对不同电性的粒子产生强烈的吸附作用，该吸附作用中和了部分电荷，使胶粒电位降低，减弱了静电斥力，易于吸附其他颗粒。

网捕-卷扫：铝、铁电解后形成的水合金属氢氧化物沉淀时体积收缩，形成网状结构可将水中微粒捕获沉降下来。

吸附架桥：电凝聚产生的聚合物具有线状结构，通过各种吸附作用使大量胶体或悬浮物吸附在其表面，形成胶体或悬浮颗粒间的吸附架桥，使它们逐渐变大形成粗大的絮凝体。

2.1.4　电解气浮作用

电气浮效应是指电解时阴极释放出的氢气和阳极释放出的氧气进而产生微小气泡使得污染物上浮去除的电化学过程。具体反应如下[4]：

阳极：$2H_2O \longrightarrow O_2 + 4H^+ + 4e^-$

阴极：$2H_2O + 2e^- \longrightarrow H_2 + 2OH^-$

电解生成气泡的数量以及微观尺寸决定了气浮分离的效率。气泡平均直径越小，单位体积电解质中气泡的数量越多，此时气泡所具备的比表面积越大，对悬浮颗粒的分离性能最佳。气泡数量可通过改变电流密度的大小来进行调节,电流密度越高,单位时间内电极表面产生的气泡量越大,气泡直径越小,气泡数量越大,气泡和污染物颗粒间碰撞的概率越高。pH 值决定了电解过程中气泡的分布情况。以中性 pH 条件为例,氢气的尺寸最小,但在酸性条件下,尺寸变大。对于氧气气泡来说则是酸性介质中的尺寸最小。

电解气浮需要使得胶体颗粒物、废水和微小气泡三者间发生充分接触作用。实现电解气浮分离需要具备三个基本条件:一是需要产生足够数量的微小气泡,即单位体积内通过的电量大小;二是必须使待分离的颗粒形成不溶性固态或液态悬浮体;三是必须使气泡能够与颗粒相黏附,黏附作用通常由化学键、分子间范德华力及静电吸附作用所促使。

在电絮凝体系中,阴极在外电场的作用下析出氢气气泡,同时阳极的副反应会析出氧气气泡。通过范德华力等分子间作用力,这些微小气泡可吸附在废水中污染物质表面,通过吸附、顶托、裹挟等作用将污染物带到水面。

2.1.5 极化作用

处于热力学平衡状态的电极体系,由于氧化反应和还原反应速率相等,电荷交换以及传质均处于动态平衡,净反应速率为零,此时的电极电位即为平衡电位。当电极表面有电流通过时,净反应发生,电极失去原有的平衡状态,电极电位也因此偏离原有的平衡电位,这种外电流通过引发的电极电位偏离平衡电位的现象称为电极的极化。在电化学体系中,极化现象发生的条件下,阳极通过电流时,电位向正的方向变化称为阳极极化,阴极通过电流使得其电位向负的方向变化叫阴极极化。

电极体系类似于两类导体串联组成的电路。断路时,导体中没有载流子的流动,只存在电极与溶液界面上的氧化/还原反应的动态平衡;当电流通过电极时,意味着外电路以及金属电极内发生了自由电子的定向迁移、溶液中正负离子的定向运动,以及界面间发生的净电极反应。当电流通过时,产生的这种矛盾互相作用:一方面,电子的流动引发电极表面电荷的累积,使得电极电位偏离平衡状态,即极化作用;另一方面,电极反应吸收电子运动所传递的电荷,促使电极电位恢复平衡状态,即去极化作用。

电子的运动速度往往大于电极的反应速率,因而极化作用一般占据主导地位。电流的通过使得阴极表面发生负电荷积累,阳极表面发生正电荷积累,因此阴极电位向负移动,阳极电位向正移动。电极极化现象是极化与去极化两种效应互相作用的综合表现,实质是电极反应速率低于电子运动速度产生电荷在电极界面的积累,即电子运动与电极反应速率之间的矛盾。但是存在两种特殊情况,即理想极化电极与理想不极化电极。在一定条件下电极表面不发生电极反应的电极称为理想极化电极,此时不发生去极化作用,流入电极的电荷全部积累于电极表面,只作用于电极电位的改变,即改变双电层结构。可根据需求通过改变电流密度的方式,使电极极化至所需要的目标电位。对应地，当电极反应速率较大，造成电流通过时电极电位几乎不变，此时不出现极化现象的这类电极即为理想不极化电极。

通常可将电絮凝过程中的极化分为电化学极化、浓差极化和电阻极化三类。

（1）电化学极化又称活化极化，当电流通过水溶液时，两极发生氢离子的还原反应和水的放电反应。这两个反应均受到化学动力学因素的约束。电极反应由连续的基元反应所组成，控制基元反应最慢的步骤往往对反应动力学过程起决定性作用。为了使电化学反应向正向进行，必须施加额外电压克服反应的活化能，其本质可理解为由于电化学反应速率小于电子运动速率而造成的极化。

（2）当电化学体系处于动态平衡时，溶液中电解质的浓度分布处于一种均一的状态。在外电流存在的条件下，由于电极反应的发生，进而造成了电极表面及其附近的离子浓度持续消耗以及不断地生成。与此同时，在电化学反应过程中，依靠电化学反应自身的动力学性质，无法使得物质迅速并有效地扩散。随着电化学反应的持续进行，使得电极表面与溶液本体间形成了明显的浓度梯度效应，进而造成对应的分解电压偏离浓度均匀分布时的平衡值。浓差极化的本质可以理解为溶液中组分扩散速度小于其电化学反应速率而造成的极化。

（3）电场驱动力使得正负离子向两极定向迁移时，离子在电解质溶液中所受到的阻力即为欧姆内阻。为克服内阻，需要额外施加一定的电压推动离子的电传质运动。欧姆极化也称电阻极化，在电化学反应体系中一般指电极表面生成了具有保护作用的氧化膜、钝化膜等不溶性的高电阻产物，这些产物增大了体系电阻，使电极反应受阻而造成的极化。而钝化现象会产生电极极化，导致电量大量消耗。

在实际电化学水处理过程中，上述三种极化效应往往是同时发生，相互作用影响着体系的电位以及传质。

2.2 电絮凝的技术特点

2.2.1 技术特点

电絮凝过程中不需要添加化学试剂，所以称为环境友好型水处理技术[5]。电絮凝法具有以下特点：

① 在处理过程中多种作用或许同时并存，所以能同时去除多种污染物。在使用电絮凝技术处理废水时，兼具电氧化、电还原、气浮、絮凝等多种作用，这种多功能性使电絮凝技术具有广泛的选择性，在许多方面可以发挥作用。有时可发生氯化还原反应，使毒物降解、转化。

② 阳极电解产生的新生态金属离子的活性高、絮凝效率高，故水质净化效率高。

③ 处理过程中不添加药剂，因此不会造成二次污染。而且电絮凝方法可通过

控制电压，使电极反应朝着目标反应进行，防止副反应发生，反应产生的污泥含水量低且污泥量少。

④ 电絮凝装置简单，容易实现自动化操作，其主要控制参数是电流和电位，易于实现自动控制，故对操作人员和维护人员的水平要求较低。

⑤ 电絮凝法适用的 pH 值范围较宽(pH 3～10)，对水质没有特别苛刻的要求，所以适用范围广。

目前，选择适当的阳极材料，降低能耗，拓展其在废水处理中的应用，成为电絮凝技术处理废水的研究主题。但电絮凝技术仍存在一些缺陷：电絮凝过程中，阴极易产生钝化现象，形成致密的氧化膜，阻碍反应的继续进行，降低了处理效果；电絮凝适于农村、小型居民点使用，但这些地方往往电力资源较为紧缺，难以满足高耗能电絮凝技术的使用；根据反应器的设计形式，对溶液的最低电导率有要求，限制了电絮凝对低溶解性固体水的处理；电絮凝在处理含有高浓度胡敏酸和富里酸的污水时，易生成三卤甲烷；某些情形下，凝胶状氢氧化物可能溶解，无法实现凝聚去除；由于阳极极板氧化溶解，需要定期更换。

2.2.2 电絮凝与化学絮凝的不同

电絮凝和化学絮凝的本质均是利用金属离子铝或铁及其水解聚合产物的混凝作用去除水中胶体和悬浮物。由于药剂投加方式的不同以及体系物理化学条件的差异，两体系还是存在一定差异的。

在化学絮凝过程中，伴随着金属离子的投加，由于其自身的水解作用，通常引发溶液 pH 值的降低，因此需要对进水的 pH 值以及碱度进行调节。电絮凝体系产生的絮体微观尺度较大且密实。电絮凝过程中铝离子的释放和氢氧根离子的生成同时进行，存在离子的浓度梯度分布现象，属于连续的非平衡过程，离子持续地生成从而进行絮体形成反应。化学絮凝过程中铝离子的投加属于离散过程，无法保证絮体生成反应的持续进行，可能导致断续的再稳定现象。因此，在相同 pH 值操作范围内，电絮凝系统中成絮反应效率较高，在一定程度上降低了铝离子的用量。

化学絮凝过程中产生的废渣通常需要进行二次分离，电絮凝体系的产出污泥则可通过沉淀或气浮的方式得到有效的原位去除，去除效率取决于电流密度的大小。电流密度较低时会发生沉降去除，较高则会发生电解气浮去除效应。化学絮凝过程中，金属离子通常以化合物的形式投加，从而造成出水阴离子含量的升高。对于低温、低浊度类型的进水来说，化学絮凝法处理成本突增且处理效果不佳，而采用电絮凝技术在较低的电流密度操作区间时亦可取得令人满意的净化效果。与传统化学絮凝处理工艺相比，电絮凝技术主要具有以下几方面的优点：

① 电絮凝技术在电场作用下原位产生絮凝剂，因而无须外加絮凝剂，不会增加水中的硫酸根离子、氯离子等离子含量，从而有利于后续处理；

② 电絮凝技术借助其气浮作用，可以实现低密度污染物的快速去除；

③ 电絮凝的阴极和阳极同时发生作用，处理效率高，不会造成资源的浪费，且阴极可吸附有价金属，便于回收从而资源化利用；

④ 电絮凝技术对废水水质的适应范围较宽，可通过实时调节工艺参数来适应较大幅度变化的水量和水质，实现自动化控制；

⑤ 电絮凝技术的耗铁/铝量一般为化学絮凝技术的 1/3，从而产泥量少，污泥量可减少 33% 以上；

⑥ 电絮凝技术产生的氢氧化物比化学絮凝技术的活性高，活性高的新生态铁或铝离子使体系吸附絮凝能力增强；

⑦ 电絮凝技术占地面积小，设备简单，装置结构紧凑，维护管理方便，操作简单，易于实现自动化；

⑧ 氢气回收有望减少电絮凝能耗。能耗是限制电絮凝广泛应用的因素之一，通过氢气的回收降低运行成本也是一种颇具前景的方式。近年来研究表明，电絮凝产生的氢气具有较高的回收价值，可通过其抵消部分费用并进一步降低运行成本。

2.2.3 电絮凝体系的要素

（1）电极材料及钝化效应

电絮凝通常采用的电极材料有两种，即铝和铁。对于饮用水的处理，由于铁的消耗量比铝大，并且经常出现极化以及钝化的现象，因此通常采用铝作为阳极。尽管铝离子的凝聚效果强于铁离子，但从实用性以及成本的角度分析，实际废水处理中铁占据主要优势，特别对于重金属离子的去除，采用铁电极可达到令人满意的处理效果。

（2）电流密度

电絮凝过程中的电流密度决定了金属离子的溶出量以及溶出效率。采用电絮凝技术净化废水时，当电流密度较高时，有利于电解槽工作效率的提升。但随着电流密度的进一步升高，电极的极化以及钝化效应逐渐显现出来，进而导致所需外电压的增加以及电能的过度损耗，使得电流效率急剧下降，因此适宜的电流密度对反应的高效运行至关重要，同时电流密度的选取也应综合考虑 pH 值、温度和流速等外部因素的影响。

（3）外加电压及过电位

为了顺利驱动电化学反应，外加电压的合理选择起着决定性的作用。一般来说，实际工作电压高于理论分解电压，这是由于阴、阳极过电位的存在。

由于极化效应的存在，电解质分解电压偏离平衡值，其对应的偏离数值称为过电位或超电势，通常用符号 η 表示。在极化效应出现的条件下，阳极电位向正移动，阴极电位向负移动。一般来说，η 取正值，因此过电位如下所示：

阳极过电位：$\eta_{阳} = \varphi_{阳} - \varphi_{平}$

阴极过电位：$\eta_{阴} = \varphi_{平} - \varphi_{阴}$

过电位由极化所产生，可分为电阻过电位、浓差过电位以及活化过电位三类。电阻过电位由于电极表面在反应过程中生成的产物或由多孔电极内部孔隙以及溶液电阻所造成，可采用欧姆定律的形式来表示。电解过程中，随着电流密度的升高，浓差电位随之升高，电极表面氧化态离子浓度进一步降低，当其浓度值达到零时，电流密度达到最大，此时的电流密度也被称为极限电流密度。通常浓差过电位与电流密度间的关系可采用能斯特方程表示。

2.3 电絮凝技术在水处理领域中的应用

电絮凝技术由 19 世纪发展至今，已被广泛应用于各种领域。电絮凝技术既可以快速、高效地对难降解废水进行有效的前处理，也可以用于给水的处理中。电絮凝在水处理中的研究范围较为广泛，主要包括重金属（铬、铜、锌、镍、镉、铅、锰、汞和钴）废水、染料（酸性染料、活性染料和分散染料）废水和其他废水（可溶性切削油废水、高有机物地表水、纺织废水、皮革废水和含油废水等）处理与应用。

2.3.1 电絮凝技术在重金属废水处理中的应用

关于电絮凝处理含重金属废水的研究逐渐增加，适用范围也越来越广，包括铬、铜、锌、镍、镉、铅、锰、汞和钴。电絮凝在重金属废水中的应用研究较早，而近年来关于电絮凝处理重金属的研究较为热门，其中最为主要的原因在于重金属污染问题引起了全球广泛的关注。在常见重金属中，关于电絮凝对铬和铜的去除的研究最为广泛。

谭竹等[6]采用电絮凝法处理 Cu-EDTA 模拟废水，研究电极组合方式、初始 pH 值和氯化钠浓度三个因素对化学需氧量（COD）和 Cu 去除效果的影响。EDTA 是印刷电路板化学沉铜工艺中常用的一种有机络合剂，由 4 个羧基和 2 个氨基组成，4 个羧基和 2 个氨基紧紧地将铜离子包围起来，使电解液在较宽 pH 值范围内保持稳定。因此，化学沉铜工艺往往产生大量的 Cu-EDTA 络合废水。Cu-EDTA 络合物稳定性强，很难降解。电絮凝法可以有效地将 Cu-EDTA 络合废水中的 Cu 去除，但 EDTA 过于稳定，去除率很低。通过实验研究得到以下结论：电絮凝法处理 Cu-EDTA 模拟废水时，铝和铁电极联用能大大增强 COD 和 Cu 的去除效率，尤其是 2 个铝阳极和 2 个铁阴极；不同起始 pH 值对 COD 影响较大，而起始 pH 值为 3～11 对 Cu 的去除效果影响不明显；添加 0.5g/L 氯化钠能有效促进 COD 和 Cu 的去除，但 0.5g/L 以上的氯化钠浓度不利于 COD 的去除；当电极组合方式为 2 个铝阳极和 2 个铁阴极，起始 pH 值为 3，氯化钠浓度为 0.5g/L 时，COD 去除率到 78.7%，Cu 去除率达到 99.9%。EDTA 的去除机制主要是酸性条件下的次氯酸氧化作用、碱性条件下的氢氧化物絮凝沉淀作用及单核态铝/铁与多核态铝/铁电荷中和作用。通过电镜扫描与能谱分析等手段检测发现，Cu 的去除主要是两个方面的影响，即氢氧化物的絮凝沉淀作用和电沉积作用。

储金宇等[7]针对电镀废水对生态环境的严重污染问题，提出了铝板作为极板的电絮凝设备处理电镀废水中的重金属离子（铬离子、铜离子以及锌离子），研究了初始 pH 值、电流密度、极板间距等因素对处理效果的影响。废水取自常州某电镀厂电镀车间，废水中总铬质量浓度为 23.31mg/L，铜离子质量浓度为 8.43mg/L，锌离子质量浓度为 17.91mg/L，废水 pH 值为 2.46。电絮凝反应在一个容量为 2000mL 的普通烧杯中进行，阴极、阳极各为一块铝制电极，两块平行的铝板垂直地放入烧杯中。试验表明，电镀废水中铬离子、铜离子以及锌离子的去除率分别可达到 96.22%、99.86% 和 99.13%，废水处理效果较为理想。结合能耗、实际操作及金属去除率等三方面因素，电絮凝法处理电镀废水的最佳工艺条件为：初始 pH=6，电流密度为 5.45A/dm²，极板间距为 1cm，处理时间为 30min。初始 pH 值在 4~8 之间时，金属离子的去除率最好，但当初始 pH 值超过 8 时，铬的去除率有所下降，并且随着电流密度、电解时间的增加，重金属去除率变化趋于平缓。极板间距减小，导致絮凝剂和氢氧根离子数量增加，使得重金属离子取得较好的去除效果。

高盟等[8]通过运用电絮凝的方法来处理低浓度的重金属废水，实验研究发现最佳工艺参数条件为极板电压 2V，极板间距为 0.8cm，电解时间为 40min，并进行 pH=9 的曝气，尤其对于铅和锌来说，电压控制在 2V 的时候，铅和锌的处理效果最好。通过对重金属总废水的处理实验可以看出石灰中和加电絮凝法处理重金属总废水，能达到重金属稳定达标的水平。经过石灰预处理的废水中，Cd 和 Cu 含量已经基本达到了排放的标准，但其他元素处理效果不佳。继续对石灰处理后的废水采用电絮凝法进行处理，As 和 Hg 会得到很好的去除，Pb 和 Zn 的处理结果也相当可观。通过电絮凝处理某铅锌冶炼企业总废水实验可以看出，pH 值的控制对实验的处理效果有很重要的影响，当 pH 值控制在 9 时，As 可以做到达标，其他元素的处理效果也最好。

2.3.2 电絮凝技术在印染废水处理中的应用

电絮凝处理染料废水的研究起步较早，近年来关于电絮凝技术处理印染废水的研究较多。电絮凝去除染料废水的主要机理为：通过氢氧化亚铁和氢氧化铁絮体表面的络合、化学调整、静电吸附、絮凝沉淀和气浮等作用。其中络合作用是指该絮体与染料基团络合；化学调整作用是指利用电化学过程中的阴极的催化加氢以及还原作用破坏染料分子中的 N=N 键和 C=C 键；静电吸附作用是指该絮体通过分子间静电吸引力吸附溶液中带异号电荷的污染物；絮凝沉淀作用是指电化学过程中生成的新生态氢氧化物通过电性中和、吸附架桥等作用使染料分子脱稳后与水分离；气浮作用是指电絮凝过程中生成的微小氢气气泡与废水中的有机胶体微粒和乳浊状油脂类杂质黏附在一起并浮升至水面而去除，由于新生态的微小氢气气泡的气浮能力很强，故电絮凝法处理染料废水的效果非常显著。

适合电絮凝处理的染料种类繁多，其中，电絮凝处理含酸性染料、活性染料和分散染料废水最为常见。酸性染料是一类结构上带有酸性基团的水溶性染料，其处理机制可能是电絮凝处理过程中产生大量的羟基自由基有效对其进行降解。处理染料废水的主要水质指标分别为色度、COD 和 TOC。一般认为，染料发色是由发色基团造成的，则色度的降低仅能反映发色基团的去除效率，作为一种比较成熟的工艺，或许一些综合指标（如 COD 和 TOC）应该成为主要指标。实验结果表明，电絮凝对色度的去除效果比对 COD 的去除效果明显。电极电压和反应时间是主要的影响因素，pH 值次之，总的影响因素主次为电极电压＞反应时辅以其他与染料联系比较密切的水质指标。

代冬梅等[9]用铁分别作为电絮凝反应系统的阴极和阳极，研究电絮凝法对牛仔布印染废水的处理效果。牛仔布是被大众广泛接受的流行服装面料。在牛仔布染浆过程中会产生大量的牛仔布印染废水，其主要含有靛蓝，还含有氢氧化钠、硫酸钠等。由于使用靛蓝和硫化黑等染料，其废水中含有大量的悬浮物和胶体物有机染料、浆料、残碱以及柔软剂和渗透剂等表面活性剂，具有色度高、污染物浓度高、碱性大、可生化性差等特点。以岱银集团的牛仔布印染废水（深蓝色、碱性）为处理对象进行电絮凝实验，装置如图 2-4 所示，由电解槽、铁阳极、铁阴极和直流电源组成。其中，电解槽容量为 1000mL，外壳为玻璃；电极为铁电极，厚度 5mm，直流电源为 RXN-305 型，输出电压为 0～30V。该电絮凝的最佳工艺参数为：电极电压 25V，反应时间 40min，pH 值为 7。在最佳电絮凝运行条件下，经电絮凝处理后，牛仔布废水的色度处理效果明显，脱色率达到 99% 以上，COD 的去除率达到 66%，缓解了后续处理冲击负荷；B/C 由原水的 0.256 上升到 0.629，提高了牛仔布印染废水的可生化性。

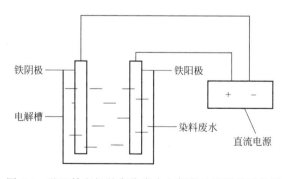

图 2-4 基于铁电极的印染废水电絮凝处理工艺示意图

赵锐柏等[10]以东莞市兴发线业有限公司染色废水为研究对象，重点研究了印染废水的一种预处理方法——电絮凝技术，通过实验寻找最佳的工艺参数。电絮凝反应在自制的电絮凝槽中进行，每次实验加入相同体积染色废水，在一定的控制条件下完成电絮凝过程，记录反应过程中主要参数的变化，对反应后水质指标进行测定，以确定电絮凝的效能；通过监测不同电絮凝时间条件下处理前后废水水质的变化，进而分析电絮凝的过程；改变废水水质等条件，确定影响电絮凝过程和效能的主要水质影响因素，分析电絮凝反应过程的特性。通过用电絮凝法处理东莞市兴发线业有限公司染色废水，研究发现电絮凝法能有效地对废水的色度、COD 进行降解，其色度和 COD 去除率分别达 95% 和 52%，相比较下色度的去除率更高一些。电流密度与反应时间是电絮凝法的主要影响因素，废水 pH 值对处理效果影响不大。用电絮凝法处理东莞市兴发线业有限公司染色废水的最佳工艺条件为：电流密度 $50A/m^2$，反应时间 30min。

2.3.3 电絮凝技术在地下水及饮用水处理中的应用

随着工农业的发展，由于工业废水的直接排放、农药化肥的过量使用，地下水和饮用水的质量面临严重威胁。与其他给水处理方法相比，电絮凝法操作简单，适合于以受污染地下水为水源的地区的分散式给水处理。电絮凝处理地下水时常采用铝作为阳极，主要是由于 Al^{3+} 在水中很易形成聚合体，其可通过吸附、离子交换等作用去除水中的氟。电絮凝对地下水及饮用水的处理研究集中于砷及氟化物的去除，同时也能处理其他多种污染物。

张道勇等[11]针对贵州省地下水中氟污染性质和贫困现状，研究了以双极铝电极电絮凝技术处理高氟地下水的最佳工艺参数和运行成本。氟是人体必需的元素。人体长期饮用低氟水（<0.3mg/L）会患龋齿病；如果长期饮用高氟水（>1.5mg/L），就会引起斑釉症，含量再高就会出现骨质松软、脆弱和氟中毒，造成终身残疾，严重的还有可能导致死亡。因此，世界卫生组织（WHO）规定饮用水中氟离子的浓度最高不得超过 1.5mg/L。通过研究发现，电流密度的升高明显有助于提高除氟效率。在电流密度为 $10A/m^2$ 时，反应 15min 后才观察到明显的絮凝现象，而当电流密度上升到 $30A/m^2$ 时，反应 4min 时即观察到明显的絮凝现象。反应 60min 后，电流密度为 $10A/m^2$ 时，氟离子残余浓度为 3.1mg/L；当电流密度上升到 $25A/m^2$、$30A/m^2$ 时，残余的氟离子浓度分别为 1.0mg/L、0.75mg/L。极板间距在 1.0cm 时，5min 可见明显絮凝现象；极板间距在 2.0cm 时，7.5min 可见明显的絮凝现象。因此，极板间距与除氟的效率呈负相关，即极板间距越小，除氟的效果越好。综合分析表明，电絮凝是一种理想的去除地下水中氟离子的技术。其最佳的电流密度为 $25\sim30A/m^2$，最佳极板间距为 1.5cm。在最佳运行条件下，去除 1g 氟离子的能耗为 0.45~1.5kW·h。处理 1t 氟离子浓度为 2~8mg/L 地下水的电能消耗约为 0.9~12kW·h，处理成本为 0.45~6 元。

李向东等[12]利用电絮凝法处理受到污染的高氟地下水，研究了极板间距、原水 pH 值、电流密度对处理效果的影响。研究以徐州地区高氟受污染地下水为研究对象，探讨电絮凝法对地下水中氟以及微量有机物的去除效果，为以地下水为水源的地区供水提供新思路。实验结果表明，利用电絮凝法处理受污染地下水是可行的，且不需改变原水的 pH 值。合理的极板间距和电流密度对处理效果与能量消耗有直接的影响，在选定的实验条件下，极板间距为 1.0cm，电流密度为 32.4A/m²，反应 10min 后，出水中氟离子浓度符合国家饮用水卫生标准，TOC（总有机碳）的去除率达到 66%，优于传统给水处理工艺对 TOC 的去除效果。电絮凝过程中铝不会污染出水。

2.4 周期换向电凝聚技术

2.4.1 技术原理及研究适用范围

印染及制药废水中含有大量难降解和有毒有害有机物，其稳定性、生物毒性及在生物体内富集造成的环境污染已严重威胁人类的健康，因此难降解印染及制药有机废水的治理成为水污染防治领域面临的新挑战。当今废水处理的方向应是朝着高效、无毒或低毒、无次生污染、节能低碳、易于控制和管理等方向发展，电凝聚基本顺应了这一潮流，因而备受推崇。近年来，国内外从事电化学和环境科学研究的学者对电凝聚技术的研究兴趣有增无减，尤其是在传统电化学基础上，对电解电源、通电方式、反应极板进行改进，并将其应用于印染废水、焦化废水、制药废水、含油废水等有机废水，重金属废水，氨氮废水处理等领域，已初现优势，是一种有巨大潜在应用价值的环境电化学技术，但目前改进的电凝聚法处理有机废水技术尚不成熟，很多技术和理论问题有待解决，是目前研究的热点之一。

电凝聚法处理废水过程中，通常采用金属铝和铁作为牺牲阳极，通过在两极间施加一定电压，促使阳极溶解而在极板表面产生金属阳离子，通过其在水中的水解络合形成多种具有絮凝作用的分子聚合物，对水中的污染物质通过吸附架桥、电性中和、网捕等作用，从而实现污染物质的凝聚沉降，或被电解水产生的氢气和氧气上浮而去除。该方法最为典型的应用是在处理含有高色度和高盐度、难于生化处理的染料废水方面。在处理染料废水过程中，除了凝聚、沉降、气浮作用而使废水脱色之外，对于部分污染物质，如高分子染料等，还有可能分别在两极极板表面发生直接的氧化或还原反应，或在电解产生的羟基自由基等的氧化作用下发生结构变化，如由长链大分子转变为短链小分子等。对于其中部分具有氧化价态的成分或反应中间体，可被二价铁离子直接还原，或因阴极还原加氢使偶氮键等双键变成单键结构，或含苯环的多环芳烃发生苯环的加氢等反应使其脱色，甚至使部分有机污染物分子因为直接的氧化作用而被直接矿化脱色。不管其对废水的处理机理如何，采用铝或铁阳极电凝聚方法处理废水时，经常会出现因牺牲阳极表面钝化、电化学极化以及浓差极化等作用导致的反应速率下降，从而影响处理效果、增加能耗的现象，这些均限制了该方法在水处理领域的实际应用。因此，如何避免或者减缓上述现象，以及减少电极极化和浓差极化现象，成为改进该方法的一个重要方向。通常情况下，浓差极化可以通过搅拌加以减缓或消除，因此上述问题就归结为如何能在电凝聚法处理有机废水过程中有效减缓或避免铝、铁等牺牲阳极表面钝化和极化现象的问题。

在多年研究基础上，东北大学环境工程电化学研究团队开发出"周期换向电凝聚技术"，其基本原理是利用铝板和铁板分别作为两极，采用周期换向的通电方式，利用阴极活化过程，有效避免某一极板作为阳极时出现的钝化和极化作用，且能实现两极均可溶，充分发挥铝离子和铁离子共同存在时的协同作用，利用电解产生的 Al^{3+}、Fe^{2+} 和 Fe^{3+} 在水溶液中进一步水解络合形成金属离子絮凝剂，以及反应过程中产生的 Fe^{2+}、H_2、羟基自由基及氢自由基等物质具有的还原或氧化作用共同去除废水中有机污染物、氨氮、重金属等污染物。

本技术主要以染料模拟废水为研究对象，考察了相关影响因素对铝、铁双电极周期换向电凝聚法处理废水中不同结构有机物的影响；深入研究了周期换向电凝聚过程中出现的问题，为周期换向电凝聚技术的应用和推广提供数据基础；重点探讨了不同结构有机污染物的转化过程、反应机理和反应动力学，量化絮凝作用、氧化作用及还原作用，为周期换向电凝聚工艺的开发和推广提供理论基础，对完善电化学理论及降解有机污染物的处理技术具有重要意义。

2.4.2 周期换向电凝聚体系的优势以及组成

传统的电凝聚技术多采取同种电极，在电极反应过程中，极板易发生钝化，形成致密的钝化膜，阻碍或停止反应的进一步进行，降低了处理效率。当电极发生钝化现象时，会使处理效率降低，耗电量增加，处理成本提升。由于电氧化过程中阳极发生溶解，阳极损耗严重。理论上，电极钝化膜形成后，当采用换向电源时，可以使电极形成的钝化膜发生部分溶解，延缓电极钝化过程，并使钝化电极活化。同时，如果两极均是可溶性电极，当采用周期换向电源时，两极均可产生具有絮凝作用的金属离子，更有利于提高处理效率。基于以上原理性分析，课题组采用了金属铝板和铁板分别作为两极，利用周期换向电源制成新型电化学反应器，利用电凝聚方法处理模拟染料废水。由于采用金属铝作为阳极时有可能使铝离子在废水中出现剩余影响水质，并因铝阳极的过度溶解而加剧铝极板损耗，通过调整两极换向周期，可以在确保高效处理废水的同时，有效避免废水中铝离子过量存在的问题，并减少极板的消耗。通过对采用不同电源、不同电极、不同换向方式的对比研究，可以基于换向过程对于废水处理过程和处理机理、极板表面结构特征、回路中电流变化特点等进行理论分析和验证，为优化周期换向电凝聚法处理染料废水的各项参数提供依据。

实验处理装置采用自制的圆形无隔膜电解装置。电解槽材料为有机玻璃，直径为 85mm，高为 90mm，有效容积为 500mL。实验电路由电源、电磁继电器、时钟继电器、电流方向转换器、磁力搅拌器经导线连接而成，通过对时钟继电器和电流方向转换器的调节以实现回路电流方向和处理时间的变换。极板完全浸入溶液中，磁力搅拌器在槽底进行搅拌。

2.4.3 运行效果分析

（1）体系构建

电极的前处理：电极及其处理电极材质分别为金属铁、金属铝和石墨（长60mm，宽40mm，厚2mm），定制形状为平板状，尺寸相同。使用前先将电极用丙酮溶液浸泡洗去油污，后先经粗砂纸打磨再用细砂纸打磨，注意横向打磨次数与纵向打磨次数相同以保证电极表面均匀。将打磨后的铁电极放入稀硫酸溶液中浸泡一段时间后用蒸馏水清洗干净，浸入酒精中放置，待使用时取出。铝电极打磨后使用用氢氧化钠溶液清洗，后用去离子水清洗，再放入稀硫酸溶液中清洗，最后用去离子水冲洗干净，浸入酒精中放置，待使用时取出。石墨电极用细砂纸打磨露出新鲜表面后浸入酒精中放置待用。

进行实验时，将处理过的极板组装好，置于反应槽中央。量取一定容量的模拟染料废水倒入反应槽中，测定其 pH 值、电导率，调整磁力搅拌器的搅拌速度，保持电压恒定，接通电源。从装置通电起开始计时，待反应结束气浮完毕后，用移液器取下层液体，离心后取上清液，并根据实验需要进行色度和 COD 的紫外-可见光谱、高效液相色谱、总离子流图等测定分析，同时测定电解槽内剩余废水溶液的 pH 值、电导率、铝离子和铁离子浓度等。

（2）基于正交法的工艺条件优化

在实验研究中，对于单因素或两因素实验，因其因素少，实验的设计、实施与分析都比较简单。但在现场的实际实验研究中，通常需要同时考察 3 个或 3 个以上的实验因素，若进行全面实验，则所需的工作量是巨大的，往往因实验条件的限制而难以实施。正交实验属于实验设计方法中的一种，其用部分实验来代替全面实验，通过对部分实验结果的分析，进而了解、估算全面实验的情况。正交实验设计通常采用正交表来安排实验，得到的结果再通过数理统计的方法进行处理。安排实验时，只要把所考察的每一个因子任意地对应于正交表的一列（一个因子对应一列，不能让两个因子对应同一列），然后把每列的数字"翻译"成所对应因子的水平。这样，每一行的各水平组合就构成了一个实验条件（不考虑没安排因子的列）。

为了确定处理过程中各项影响因素对处理结果的影响，首先开展了正交实验，据此确定采用该方法处理活性艳蓝模拟染料废水的最佳反应条件。处理过程中所涉及的反应条件主要有反应电压、搅拌速度、添加电解质（Na_2SO_4）浓度、极板间距、模拟废水初始浓度、换向周期、废水初始 pH 值以及反应时间等。经前期探索实验可知，处理效果在反应初期会随着反应时间的延长而提高，一般会在 20～25min 时达到最大值，之后 5～10min 左右基本保持不变，超过 30～35min 后少部分条件的实验处理效果会略有下降，据分析应是部分被凝聚上浮的絮体发生溶解返回到废水中所致，因此选择的正交实验表见表 2-2，各因素和其水平见表 2-3。

表 2-2　正交实验表

试验号	1 反应电压 /V	2 搅拌速度 /(r/min)	3 初始浓度 /(mg/L)	4 初始 pH 值	5 换向周期 /s	6 电解质浓度 /(mol/L)	7 极板间距 /cm
1	1	1	1	1	1	1	1
2	1	2	2	2	2	2	2
3	1	3	3	3	3	3	3
4	1	4	4	4	4	4	1
5	1	5	5	5	5	5	2
6	1	1	2	3	4	5	3
7	2	2	3	4	5	1	1
8	2	3	4	5	1	2	2
9	2	4	5	1	2	3	3
10	2	5	1	2	3	4	1
11	2	1	3	5	2	4	2
12	2	2	4	1	3	5	3
13	3	3	5	2	4	1	1
14	3	4	1	3	5	2	2
15	3	5	2	4	1	3	3
16	3	1	4	2	5	3	1
17	3	2	5	3	1	4	2
18	3	3	1	4	2	5	3
19	4	4	2	5	3	1	1
20	4	5	3	1	4	2	2
21	4	1	5	4	3	2	3
22	4	2	1	5	4	3	1
23	4	3	2	1	5	4	2
24	4	4	3	2	1	5	3
25	5	5	4	3	2	1	1
26	5	1	1	1	1	1	2
27	5	2	2	2	2	2	3
28	5	3	3	3	3	3	1
29	5	4	4	4	4	4	2
30	5	5	5	5	5	5	3

表 2-3　因素水平表

条件	1	2	3	4	5
反应电压/V	8	9	10	11	12
搅拌速度/(r/min)	0	200	400	600	800
初始浓度/(mg/L)	200	400	600	800	1000
初始 pH 值	2~4	4~6	6~8	8~10	10~12
换向周期/s	5	15	25	35	45
电解质浓度/(mol/L)	0.005	0.008	0.011	0.014	0.017
极板间距/cm		0.5	1.0	1.5	

根据上述正交实验表和各因素选取的水平进行正交实验，其结果见表 2-4。

表 2-4　正交实验结果

	1	2	3	4	5	6	7	8	9
实验号	反应电压/V	搅拌速度/(r/min)	初始浓度/(mg/L)	初始pH值	换向周期/s	电解质浓度/(mol/L)	极板间距/cm	色度去除率/%	COD去除率/%
1	8	0	200	3.94	5	0.005	0.5	98.01	99.78
2	8	200	400	5.94	15	0.008	1.0	99.07	19.61
3	8	400	600	7.63	25	0.011	1.5	96.97	63.23
4	8	600	800	9.94	35	0.014	0.5	95.94	51.71
5	8	800	1000	11.25	45	0.017	1.0	89.78	69.21
6	8	0	400	7.11	35	0.017	1.5	91.17	68.65
7	9	200	600	9.73	45	0.005	0.5	97.31	60.04
8	9	400	800	11.26	5	0.008	1.0	88.31	32.86
9	9	600	1000	3.68	15	0.011	1.5	88.81	78.76
10	9	800	200	5.97	25	0.014	0.5	93.27	82.47
11	9	0	600	11.01	15	0.014	1.0	91.59	23.68
12	9	200	800	3.83	25	0.017	1.5	98.99	77.55
13	10	400	1000	5.20	35	0.005	0.5	94.78	53.09
14	10	600	200	6.43	45	0.008	1.0	91.11	50.67
15	10	800	400	9.00	5	0.011	1.5	89.09	63.47
16	10	0	800	5.00	45	0.011	0.5	97.29	71.43
17	10	200	1000	7.44	5	0.014	1.0	94.20	74.66
18	10	400	200	9.02	15	0.017	1.5	95.85	88.76
19	11	600	400	10.60	25	0.005	0.5	90.64	31.01
20	11	800	600	3.87	35	0.008	1.0	91.16	30.89

实验号	1 反应电压 /V	2 搅拌速度 /(r/min)	3 初始浓度 /(mg/L)	4 初始 pH 值	5 换向周期 /s	6 电解质浓度 /(mol/L)	7 极板间距 /cm	8 色度去除率/%	9 COD 去除率/%
21	11	0	1000	9.58	25	0.008	1.5	91.94	33.92
22	11	200	200	10.86	35	0.011	0.5	98.59	91.95
23	11	400	400	3.68	45	0.014	1.0	98.90	42.88
24	11	600	600	5.86	5	0.017	1.5	95.63	31.55
25	12	800	800	7.06	15	0.005	0.5	92.10	43.39
26	12	0	200	3.92	5	0.005	1.0	97.59	20.56
27	12	200	400	5.94	15	0.008	1.5	98.98	65.51
28	12	400	600	7.25	25	0.011	0.5	97.98	65.45
29	12	600	800	9.43	35	0.014	1.0	95.15	53.49
30	12	800	1000	11.10	45	0.017	1.5	91.57	31.81

各因素极差数值如表 2-5 所列。

表 2-5　极差数值

编号	反应电压 /%	搅拌速度 /%	初始浓度 /%	初始 pH 值 /%	换向周期 /%	电解质浓度 /%	极板间距 /%
k_1	570.94	568.97	574.42	573.46	562.82	570.43	955.91
k_2	558.29	587.15	567.84	579.03	566.41	560.58	936.87
k_3	562.32	572.79	570.64	563.54	569.79	568.73	939.01
k_4	566.85	557.28	567.78	565.28	566.79	569.05	
k_5	573.38	554.39	551.10	550.48	565.96	562.99	
K_1	95.16	94.83	95.74	95.58	94.80	95.07	95.59
K_2	93.05	97.86	94.64	96.50	94.40	93.43	93.69
K_3	93.72	95.46	95.11	93.92	4.97	94.79	93.90
K_4	94.47	92.88	94.63	94.21	94.47	94.84	
K_5	95.56	92.40	91.85	91.75	94.33	93.83	
R	2.52	5.46	3.89	4.76	1.16	1.64	1.90
K	94.39	94.69	94.39	94.39	94.39	94.39	94.39
S^2	0.00008447	0.00038357	0.00017799	0.00026235	0.00001369	0.00004124	0.00007253

由表 2-5 可以看出，各因素对模拟废水处理效果的影响程度不同，且有较大差异。其中搅拌速度对于脱色处理结果的影响最大，换向周期的影响相对最小。而极板间距对 COD 去除率的影响最大，换向周期的影响也是最小。据分析，由于换向

过程的目的是避免或减缓电极钝化和电化学极化现象，本正交实验研究的是在换向电源条件基础上考察换向周期长短对处理效果的影响，只要采用了换向电源就会对避免极板钝化和电化学极化产生作用，即使换向周期相对较短，也能够有效改善导电效果，因此其影响略小。根据各正交实验结果可以看出，对于脱色率，最优条件组合为 $k_5k_2k_1k_2k_3k_1k_1$，而对于 COD 去除率最优条件组合为 $k_3k_2k_1k_3k_3k_3k_1$。根据各条件因素对处理结果的影响大小分析可知，反应电压的影响排位顺序均为第 4 位，相对不重要，从节能角度考虑，选择 k_3 即电压 10V 为最佳条件。对于脱色率而言，初始 pH 值的影响排位顺序为第 2 位，而对于 COD 去除率其排位顺序为第 6 位，故选择 k_2 即 pH=5.94 作为最佳条件。考虑到模拟废水初始 pH 值不调时约为 5.4，也可以不调 pH 值。对于脱色率，添加电解质浓度影响排位顺序为第 6 位，而对于 COD 去除率来说，添加电解质浓度的影响排位顺序为第 2 位，因此选择 k_3 即添加电解质浓度 0.011mol/L 作为最佳条件。综上，脱色率和 COD 去除率的最佳组合条件为 $k_3k_2k_1k_2k_3k_3k_1$，即反应电压为 10V，搅拌速度为 200r/min，模拟废水初始浓度为 200mg/L，初始 pH 值为 5.94（考虑到初始浓度为 200mg/L 时模拟废水的 pH 值与此接近，因此可不调其 pH 值），换向周期为 25s，添加电解质（Na_2SO_4）浓度为 0.011mol/L，极板间距为 0.5cm。在此最佳条件下处理模拟废水的实验结果见图 2-5。

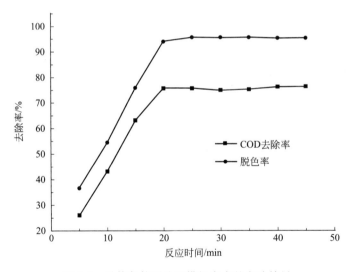

图 2-5　最佳条件下处理模拟废水的实验结果

从图 2-5 中可以看出，在此条件下从 20min 开始处理效果即趋于稳定，经 20min 处理后模拟废水脱色率最高可达 95% 以上，COD 去除率最高可达 75% 左右。

（3）异步换向周期电凝聚体系

在获得同步换向方式最佳处理条件后，采用 ICP 方法测试处理后模拟废水中铝离子和铁离子浓度，结果见表 2-6。

表 2-6　铝离子和铁离子浓度

染料种类	换向方式					
	同步换向			异步换向		
	反应时间/min	铁离子浓度/(mg/L)	铝离子浓度/(mg/L)	反应时间/min	铁离子浓度/(mg/L)	铝离子浓度/(mg/L)
活性艳蓝 X-BR	5	未检出	0.3631	5	0.0263	未检出
	10	未检出	0.3225	10	0.0433	未检出
	15	未检出	0.2979	15	0.0419	未检出
	20	未检出	0.2492	20	0.0772	未检出
	25	未检出	0.6013	25	0.0836	未检出
	30	未检出	0.8647	30	0.0887	未检出
	35	未检出	0.1792	35	0.0901	未检出
	40	未检出	0.5288	40	0.0828	未检出
	45	未检出	0.7124	45	0.0325	未检出
	50	未检出	0.4959	50	0.0554	未检出

由表 2-6 可以看出，不同反应时间处理后模拟废水中的铝离子均有一定剩余，水质有待进一步提高。因此，在前述正交实验基础上，再采用异步周期换向方式处理模拟废水，经初步探索实验后，除两极换向时分别选取表 2-7 中 5s 的通电时间外，其余均采用同步换向正交实验时所获得的最佳处理参数。在上述各实验条件下反应 50min，考察处理效果，结果分别见图 2-6 和图 2-7。

表 2-7　异步周期换向实验结果

电极	通电时间/s					
铝阳极	30	20	10	5	3	1
铁阳极	30	40	50	55	57	59

由图 2-6 和图 2-7 可以看出，采用异步换向方式时，铝阳极通电时间 3s、铁阳极 57s 时，即图中曲线 E 时脱色和 COD 去除效果均最好，处理时间 20min 时，脱色率即可达到 96%，COD 去除率可达到 74% 以上，反应 30min 时的脱色率最高，几乎达到了 100%，COD 去除率可达到 76% 以上。与同步换向处理方式最佳条件下处理结果（脱色率 95%、COD 去除率 75% 左右）相比，脱色率和 COD 去除率均略有提高，证明采用该方法可以实现对模拟废水中污染物的有效去除。

此外，采用 ICP 方法分别对异步换向方式处理后模拟废水中铝离子和铁离子的含量进行测定，考察异步换向过程对于处理效果的强化作用，结果见表 2-6。从表中可以看出，同步换向时，废水中铁离子含量均为未检出，表明所有的铁离子均

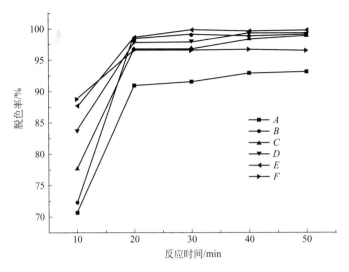

图 2-6　脱色率去除曲线

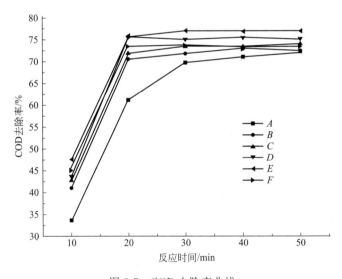

图 2-7　COD 去除率曲线

与废水中的染料分子发生了络合反应形成絮体沉降或上浮，此过程中也包含铝离子和铁离子共同的絮凝作用而形成絮体。但同时处理后的废水中铝离子浓度虽然随反应时间延长略有波动，但总体上其浓度均不为零，说明在处理后的废水中始终有铝离子存在。铝离子浓度出现波动，有可能是检测设备信号波动所致，也可能是部分絮体溶解回到溶液中释放出了部分铝离子，同时又有新的絮体生成消耗部分铝离子，测量时处于动态平衡的不同阶段所致。从铝离子和铁离子协同作用的角度考虑，此过程中应该是所有的铁离子均发生了充分的络合反应而且形成了稳定结构，因为整个过程中即使在反应时间足够长，铝离子浓度出现波动的阶段也未能检测出，说明铁离子形成的絮体足够稳定，没有发生絮体的再次溶解，也说明铁离子与染料分子络合过程的速度非常快，验证了铁系絮凝剂絮凝过程的特点。而采用异步换向方式处理时，反应后模拟染料废水中的铁离子含量均略有剩余，铝离子含量均为未检出，说明反应后铝离子均已因水解络合进入到絮体中而沉降或上浮，铁阳极则因通电时间较长产生了过量的铁离子。在此过程中，由于采用了异步换向方式，两电极作为阳极通电时间不等，产生的具有絮凝性能的离子数量比例相对合理，在确保废水处理效果的同时，也有效避免了采用铝阳极或同步周期换向电凝聚法处理废水过程中剩余铝离子对水体质量的影响，实现了本研究的另一主要目的。

2.4.4 反应机理

（1）废水主导作用

考虑到石墨作为阳极材料时不会出现溶解现象，也不会产生有絮凝作用的金属离子，可以借此判断废水净化的主导作用究竟是电化学氧化还原还是电凝聚作用，因此将其作为电极与铝阳极和铁阳极处理过程进行对比，设计实验方案如下：分别采用同种尺寸的石墨、铝和铁作为阳极，铁作为阴极，模拟染料废水浓度均为200mg/L，反应电压为10V，搅拌速度为200r/min，pH值不变，极板间距为0.5cm，添加电解质 Na_2SO_4 的浓度为0.011mol/L，采用直流定向电源处理模拟废水。各阳极实验结果见图2-8。

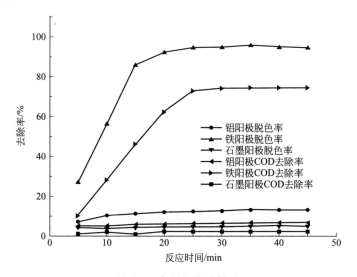

图 2-8 各阳极实验结果

从图2-8中可以看出，当采用石墨阳极处理时，脱色率随着反应时间的延长略有增加，但总体很低，最高不足5%。据推测，此过程的脱色原因可能有二：一是随着反应时间的延长，水被电解成氢气和氧气并从溶液中逸出，此过程中可能使得少量溶解的染料分子被气浮带出；二是由于通电过程中，因电化学作用，在石墨阳极和铁阴极表面发生了染料分子的氧化还原反应，部分染料分子中的发色结构遭到破坏而脱色。而采用铝阳极、铁阴极时脱色率比采用石墨阳极、铁阴极有所增加，其最高值超过15％，且随着时间延长，脱色率出现轻微波动，甚至出现略微下降的现象。据分析，可能是随着反应的进行，开始时金属铝阳极出现了溶解现象，产生了部分铝离子，通过电絮凝作用使得溶液中的染料成分得到去除，同时也可能会发生染料分子在两极表面及附近的氧化和还原现象，破坏发光结构而脱色。但随着时间的延长，铝阳极表面会逐渐出现钝化和电化学极化现象，且二者互相促进，导致铝阳极表面的溶解速率下降，直至最后达到动态平衡，此时基本没有铝离子再进入溶液中，且铝阳极的导电能力急剧下降，电解水的过程也基本停止。另外，也会有少量絮体发生失稳仍回到溶液中，使得脱色率随着时间的延长呈现出略有下降的现象。而铁阳极反应过程中，脱色率最高值可以达到95％左右，且随着反应时间的延长而逐渐增加，至25min之后开始出现脱色率基本保持不变的现象。由于石墨阳极不会发生钝化现象，导电能力不会随着时间延长发生明显下降，因此可以认为，此过程模拟废水的脱色主要依赖于电凝聚过程，而非电氧化还原过程。

对比COD去除情况也可以看出，石墨阳极时，COD去除率均较低，且基本随着通电时间的延长变化不大，最高仅达到3％左右，也出现了随着时间延长，COD去除率略有波动的现象。据分析，有可能是水电解之后产生的氧气和氢气气泡上浮时，吸附染料分子同时上浮，而由于没有絮凝剂的吸附架桥等作用，絮体结构松散，强度较低，很容易导致染料分子随气泡上浮到溶液表面后气泡破裂再次回到溶液中。而铝阳极时，其规律与石墨阳极类似，仅COD去除率比其略高。据分析，主要是在初始阶段铝阳极表面尚未发生严重钝化和极化现象时，可以通过电凝聚作用使COD得到去除，但出现钝化及极化现象后，影响了铝阳极的进一步溶解。另外，铝系絮凝剂的特点之一就是絮凝过程需要的时间较长且形成的絮体较为松散，容易再次回溶进废水中。而采用铁阳极时，COD去除率最高可达75％左右，其规律与色度去除率大体类似。

通过对比三种电极定向电流情况下脱色率和COD去除率规律可以发现，二者均较为相似，据此推断出是电凝聚为主使COD得以去除。在此基础上采用同步换向电源，换向周期为25s，其余参数与上述实验相同，其实验结果见图2-9。

从图2-9中可以看出，除去除率略有提高外，其规律与采用定向电流不同电极组合时相似，说明其废水处理主导因素与定向电流时类似。

（2）污染物反应机理

根据上述分析可知，本研究所涉及模拟废水处理过程中，电凝聚是使色度降低、COD得到去除的主导作用，但是否同时存在一定程度的电化学氧化还原作用尚需进一步确定。为此，在获得的最佳反应条件下分别对不同反应时间后的废水离心取样，在200~800nm波长范围内定性扫描不同时间的反应产物，其紫外-可见光谱如图2-10所示。

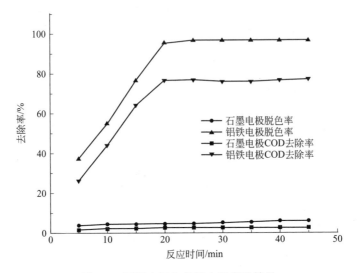

图 2-9　石墨电极和铝铁电极实验结果

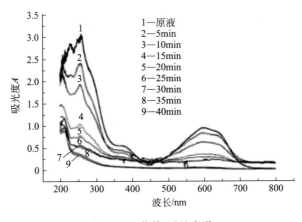

图 2-10　紫外-可见光谱

　　从图 2-10 中可以看出，处理前活性艳蓝 X-BR 在紫外区有 3 个吸收峰，吸收波长分别为 204nm、258nm、375nm，在红外区有 1 个吸收峰，为 600nm 处。处理后有机物在 258nm、375nm 处的吸收峰随着反应时间的增加逐渐消失，600nm 处特征吸收峰下降也很快，反应 35min 后几乎完全消失。而在 204nm 处的吸收峰只是强度降低，并未完全消失，应是其浓度降低所致。物质的紫外吸收光谱基本上是其分子中生色团及助色团的特征，而不是整个分子的特征。如果物质组成的变化不影响生色团和助色团，就不会显著地影响其吸收光谱。为判别吸收峰消失原因，对未经处理的不同浓度活性艳蓝 X-BR 染料废水进行了全波扫描，其结果见图 2-11。

　　从图 2-11 中可以看出，不同浓度下活性艳蓝 X-BR 模拟染料废水全波扫描结

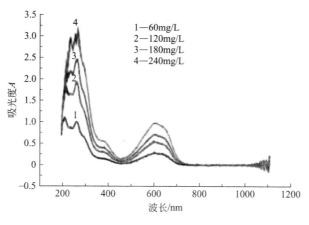

图 2-11　全波扫描图谱

果与 Fe-Al 电极异步周期换向电凝聚法处理后的活性艳蓝 X-BR 模拟染料废水全波扫描结果很类似，随着染料浓度的降低，主要吸收峰强度也随之下降，但据此仍很难判断究竟是何原因使得吸收峰下降。

为了进一步分析反应机理，在获得的最佳实验处理条件下，对不同反应时间处理后的废水进行离心分离，并使用高效液相色谱（HPLC）仪分别对其上清液中有机物结构进行对比分析，结果如图 2-12 所示。

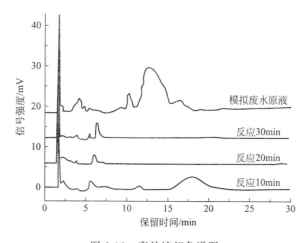

图 2-12　高效液相色谱图

HPLC 测试结果表明，反应 30min 后的活性艳蓝 X-BR 染料原有吸收峰完全消失，有机物结构与反应前相比发生了明显变化。据此分析，处理过程中既有部分染料分子被絮凝沉降或气浮而去除，也有部分因发光基团发生反应而被破坏，综合作用导致废水色度降低。同时，也可推测出染料分子反应过程中的生成物应是不含发色基团的结构，或者是生成了具有颜色的中间体但也马上被絮凝沉降或上浮，否则应该在紫外-可见分光光谱扫描过程中有新的吸收峰出现。活性艳蓝 X-BR 染料的发色基团应是氨基蒽醌结构中的醌环结构，而—C—NH₂、—CNH—和其他—C＝N—（包括—SO₃—结构）应属于助色基团。因此，如果发生了染料分子结构变化而脱色，应该是醌环和—C＝N—结构发生了变化，由于1,4-二氨基蒽醌本身也会显示紫色，是合成活性艳蓝X-BR的原料之一，如果反应过程中由于分子断裂生成了1,4-二氨基蒽醌-2-磺酸根，溶液也会有颜色。据此分析，有可能是1,4-二氨基蒽醌-2-磺酸根也发生了脱色反应，在电解阴极产生的氢原子和铁的共同作用下发生了醌环上—C＝C—键或—C＝O—双键的加氢反应，或者是生成的1,4-二氨基蒽醌-2-磺酸根也全部被絮凝上浮或沉降，最终导致了未被絮凝留在水中的染料脱色。为了验证此推论，又采用高分辨质谱技术对活性艳蓝X-BR模拟染料废水原液和经处理后的反应液进行定性鉴别，因为待测物均为钠盐，所以进样结构推测应为负离子形式，故采用负离子模式测试，其原液和反应后总离子流分别见图2-13[横坐标表示离子的质荷比（m/z），纵坐标表示离子的强度]。

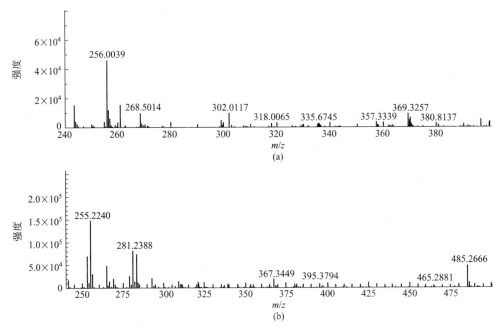

图2-13　总离子流

（3）异步换向周期方式增强处理效果的机理

一般认为，铁系盐类形成的絮体致密紧凑，络合速度快，空间结构相对较小，而铝系盐类形成的絮体松散稀疏，空间结构相对较大，络合速度慢。据此推断若在络合过程中，通过调整两种金属离子产生时间，能够实现两种金属离子同时对水中污染物质进行络合凝聚，形成的絮体互相混合填充，例如铁系絮凝剂形成的絮体可以有部分填充进铝系形成的松散絮体中间，有可能使形成的絮体结构更加紧凑，强度增强而更稳定，不易破碎。同时由于絮体体积更大，通过卷扫、吸附架桥等作

污水电化学处理技术

用，会有更多的相邻污染物质被连接到一起，形成更大絮体而沉降或上浮，因此有可能使整个过程的去除效果得到提升。为了验证此推断，采用激光粒度分析仪对不同电极、不同条件下处理后所形成的絮体进行了粒度和结构特性测定，结果见表 2-8 和图 2-14。

表 2-8　絮体粒度分布

染料种类	电极组合	通电方式	絮体结构特征							
			径距 /μm	一致性	比表面积 /(m²/g)	表面积平均粒径/μm	体积平均粒径 /μm	$d(0.1)$ /μm	$d(0.5)$ /μm	$d(0.9)$ /μm
活性艳蓝 X-BR	Fe-Fe	定向最佳条件	7.551	2.11	3.040	1.974	7.562	0.826	2.880	22.576
	Al-Al	定向最佳条件	2.949	1.17	0.194	30.953	68.657	15.786	38.479	129.273
	Fe-Al	异步换向最佳条件	2.407	0.749	0.343	17.491	33.618	8.555	25.544	70.043

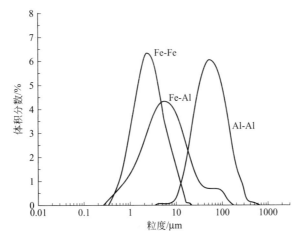

图 2-14　粒度分布曲线

　　从表 2-8 和图 2-14 中可以看出，模拟废水经不同种类电极、不同通电方式处理后，形成絮体的粒径特征差别较大。Al-Al 电极形成絮体的平均粒径均远远大于其他两种不同电源和电极组合方式，其粒径范围主要集中在 $30\sim130\mu m$ 左右。Fe-Fe 电极形成的絮体粒径范围主要集中在 $25\mu m$ 以下。而 Fe-Al 电极异步换向电源方式获得絮体的粒径范围主要集中在 $16\sim70\mu m$ 左右，絮体粒径正好介于 Fe-Fe 电极和 Al-Al 电极反应形成絮体粒径范围之间，应该具有更良好的稳定性和气浮特性。另外，采用 Fe-Al 电极异步换向电凝聚法处理后形成絮体的比表面积介于另外两种方式处理形成的絮体比表面积之间，其比表面积与 Al-Al 电极定向电流获得的絮体处在同一数量级上，而二者皆远远小于 Fe-Fe 电极定向电流所形成的絮体，甚至不在同一数量级上，说明其形成的絮体结构更类似于 Al-Al 电极定向电流所形成的絮体结构。据分析，应该是在絮体形成过程中，铝离子和铁离子分别与溶液中的染料分子水解络合后形成絮体，同时这些絮体之间通过吸附架桥等作用互相连接起来。由于铝离子与铁离子二者均带有正电荷，且金属铁形成阳离子时首先形成的是二价铁离子，同种离子之间会有一定的静电斥力作用，带 3 个正电荷的铝离子之间的斥力要大于二价铁离子之间的斥力。因此，形成絮体时铝离子形成的絮体要比铁离子形成的絮体粒径大，而 Fe-Al 离子共同形成絮体时其粒径则介于单独铝离子和单独铁离子形成絮体的粒径之间。据推测，有可能因铁离子形成的细小絮体在铝离子形成的疏松絮体之间有填充作用，此结构与单纯采用铝阳极形成的絮体相比，其结构要致密得多，比表面积也介于铁离子和铝离子单独形成的絮体之间。采用 Fe-Al 电极异步周期换向电源形成的絮体径距和一致性与其他电极组合相比均最小，表明其粒度分布最窄，絮体结构也最均匀，因而形成絮体的强度也应该最大。采用 Fe-Fe 电极处理时形成絮体的比表面积在 $2.04\sim3.22m^2/g$ 之间，而另外两种方式处理产生的絮体比表面积均在 $1m^2/g$ 以下，采用 Fe-Al 电极换向电源方式获得的絮体的比表面积均处于 Fe-Fe 电极和 Al-Al 电极之间，且远小于 Fe-Fe 电极絮体的比表面积。同时，不同通电方式下的表面积平均粒径、体积平均粒径、$d(0.1)$、$d(0.5)$、$d(0.9)$ 等数据均是 Fe-Fe 电极最小，Fe-Al 电极换向电源次之，Al-Al 电极最大。有研究表明，絮体形成过程中伴随着絮体生长和破碎。絮体生长与颗粒碰撞概率和碰撞效率因子有关，它们均随体系中颗粒数目的减少而降低。然而，絮体破碎的倾向则随着絮体体积的增加而变大。因此，测试结果验证了前述推断，合适的絮体粒径和密度有利于形成稳定的结构，并能更好地使絮体上浮或者沉降，因此其处理效果相对更好。为了进一步考察异步周期换向方式对于电凝聚过程的强化作用，分别刮取不同处理方式处理后废水表面的絮体，溶解于相同体积（10mL）的去离子水中，采用 ICP 仪器对其中铝离子和铁离子的浓度进行了测定，其结果见表 2-9。

表 2-9　浓度测试数值

染料种类	同步换向				异步换向			
	反应时间/min	铁离子浓度/(mg/L)	铝离子浓度/(mg/L)	Fe∶Al	反应时间/min	铁离子浓度/(mg/L)	铝离子浓度/(mg/L)	Fe∶Al
活性艳蓝 X-BR	5	43.9136	37.6065	1.167713	5	688.9197	113.5522	6.066987
	10	78.8627	65.1828	1.20987	10	336.3894	47.8436	7.031022
	15	85.6025	68.4314	1.250924	15	297.1679	39.8952	7.448713
	20	130.3771	100.1493	1.301827	20	388.4516	52.3061	7.426507
	25	153.742	124.5804	1.234079	25	301.7025	38.0524	7.928606
	30	214.1943	164.8606	1.299245	30	163.7282	22.3159	7.336841
	35	110.9627	82.3404	1.347609	35	126.319	18.0603	6.994291
	40	63.4729	44.3226	1.432066	40	220.6194	35.3794	6.235815
	45	47.6048	37.1915	1.279991	45	85.6206	16.6437	5.144325
	50	11.7958	11.6394	1.013437	50	17.2544	4.3514	3.965253

由于取样过程无法确保取得的絮体质量一致，因此通过考察絮体中铝离子和铁离子的浓度之比来分析不同通电方式形成絮体的成分特征。从上述计算结果可以看出，当采用同步周期换向电凝聚法处理模拟染料废水时，所形成絮体中铁离子浓度均大于铝离子，说明铁离子是形成絮体的主要絮凝剂，染料分子更易与其络合。采用异步周期换向方式时，絮体中铁离子浓度更是远远大于铝离子，最高时甚至接近铝离子浓度的8倍，且均远远大于同步换向周期，应是铁阳极通电时间均大于铝阳极通电时间所致。电凝聚过程中，铁阳极通过电化学作用溶解产生的离子首先是二价亚铁离子，随着水解反应的进行，部分亚铁离子逐渐被氧化成铁离子，与水中污染物发生水解络合形成聚合物而使污染物被去除，因此过程需要一定的时间，而电解时，铁的氧化还原电势大于铝的氧化还原电势，可能出现反应初期铝离子快速溶解现象，形成 $Al(OH)_2^+$ 及 AlO_2^- 等，对水中污染物进行絮凝去除。但随着反应的进行，其表面开始逐渐出现钝化现象，溶解速率和导电能力均下降，直至达到稳定的动态平衡。而铁形成络合离子也相对较慢，氧化成铁离子并最终形成 $Fe(OH)_3$ 胶体也需要一定的时间。由于两种金属阳离子发生水解并与水中有机污染物形成络合物的进程并不一致，当同时存在不同类型具有絮凝作用的金属离子时，最终形成絮体的结构是二者共同作用的结果，而此絮体的特性对废水处理效果有直接影响。当其絮体强度、大小以及密度具有比单一种类离子形成絮体更优良的气浮和沉降性能时，去除效果必将随之改善，这也应是异步换向方式强化处理效果的另一个原因。

参考文献

[1] Gao Changfei，Liu Lifen，Yang Fenglin. A novel bio-electrochemical system with sand/activated carbon separator，Al anode and bio-anode integrated micro-electrolysis/electro-flocculation cost effectively treated high load wastewater with energy recovery [J]. Bioresource Technology，2018，249：24-34.

[2] Song Peipei，Yang Zhaohui，Zeng Guangming，et al. Electrocoagulation treatment of arsenic in wastewaters：A comprehensive review [J]. Chemical Engineering Journal，2017，317：707-725.

[3] Daniel Francoa，Jabari Leea，Sebastian Arbelaez，et al. Removal of phosphate from surface and wastewater via electrocoagulation [J]. Ecological Engineering，2017，108：589-596.

[4] Jung Hwan Kim，Byung min An，Dae Hwan Lim，et al. Electricity production and phosphorous recovery as struvite from synthetic wastewater using magnesium-air fuel cell electrocoagulation [J]. Water Research，2018，132：200-210.

[5] 徐海音. 电絮凝处理重金属废水的优化控制策略及其钝化/破钝机理的研究 [D]. 长沙：湖南大学，2016.

[6] 谭竹，杨朝晖，徐海音，等. 铝铁电极联用电絮凝法处理 Cu-EDTA 络合废水 [J]. 环境工程学报，2014，8 (8)：3168-3173.

[7] 储金宇，史兴梅，杜彦生，等. 电絮凝法处理电镀废水中 Cr^{n+}、Cu^{2+}、Zn^{2+} 的试验 [J]. 江苏大学学报，2011，32 (1)：104-106.

[8] 高盟，陈雪云，张天芳，等. 电絮凝法处理含重金属冶炼废水工艺研究 [J]. 世界有色金属，2016，10：15-18.

[9]　代冬梅，徐睿，王玉军，等．电絮凝处理牛仔布印染废水 [J]．环境工程学报，2014，8（7）：2948-2951.

[10]　赵锐柏，薛永杰，焦伟丽．电絮凝法处理印染废水的研究 [J]．广东化工，2013，6（40）：104-105.

[11]　张道勇，潘响亮，穆桂金，等．双极铝电极电絮凝法去除地下水中氟的试验研究 [J]．水处理技术，2008，34（5）：46-49.

[12]　李向东，冯启言，程宇婕．电絮凝法处理地下水的试验研究 [J]．环境科学与技术，2008，31（3）：96-97.

第**3**章 ▶▶

电化学氧化技术

3.1 电化学氧化/还原技术的基本原理

3.1.1 阳极氧化过程

电化学氧化反应涉及液固两相，涉及电极材料性质、溶液性质、电极与溶液界面性质等诸多因素，因而情况非常复杂。阳极氧化主要分为直接氧化过程和间接氧化过程[1]。

（1）直接氧化

直接氧化是指污染物在阳极表面氧化而转化成毒性较低的物质或生物易降解物质，甚至无机化，从而达到削减污染物的目的。阳极氧化过程中，污染物首先吸附在阳极表面，然后通过阳极电子转移过程实现污染物的氧化去除。

（2）间接氧化

间接氧化可分为可逆过程与不可逆过程两种类型。

① 可逆过程

a. 媒介电化学氧化：基于可逆氧化还原电对氧化降解有机物的过程。氧化还原基材（金属氧化物）悬浮于溶液中，电化学过程中被氧化至高价态，高价态氧化物同污染物发生氧化还原反应，自身还原为原始价态，进而达到氧化降解目标污染物的目的。此类间接电化学氧化过程中，可逆氧化还原电对需要满足以下几点要求：金属的生成电位必须远离析氢或析氧电位，进而保证媒介在循环再生的阶段仍具备较高的电流效率；媒介离子的生成速率足够大，进而保证该手段对处理负荷的要求；媒介对目标污染物的反应速率不能过低；污染物或杂质在电极表面的吸附效应小，以保证媒介的顺利再生。常用的氧化还原电对金属包括锰、钴以及银等。

b. 电化学转化与电化学燃烧：在析氧效应产生的条件下，阳极表面的有机物氧化过程分为电化学转化以及电化学燃烧。在电解过程中金属氧化物电极生成高价氧化物时，有机物以电化学转化的形式得到去除；若金属氧化物电极已是最高价态，则形成羟基自由基，此时有机物的降解主要以电化学燃烧的方式进行。电化学燃烧的过程中间产物及副产物少，有机物可完全矿化为二氧化碳和水。

② 不可逆过程　在电化学反应过程中，电极表面产生中间产物（羟基自由基、次氯酸根离子、过氧化氢、臭氧等），中间产物的氧化电位较高，使污染物降解去除。

a. 羟基自由基：羟基自由基是一种重要的活性氧，从分子式上看是由氢氧根失去一个电子形成的。羟基自由基具有极强的得电子能力（也就是氧化能力），氧化电位为 2.8eV，是自然界中仅次于氟的氧化剂。

b. 次氯酸根：当进水中含有氯离子时，电解过程中，其经电化学氧化生成次氯酸盐以及氯气，进而降解有机物。该手段已被应用于印染废水、垃圾渗滤液的处理。反应过程如下：

$$2Cl^- \longrightarrow Cl_2 + 2e^-$$
$$Cl_2 + H_2O \longrightarrow HOCl + HCl$$
$$HOCl \longrightarrow H^+ + OCl^-$$

c. 臭氧：臭氧具备很强的氧化能力。研究发现阳极可产生臭氧，进而降解有机物。

d. 过氧化氢：氧气在阴极得电子，发生还原反应生成过氧化氢。其生成过程可能是吸附于阴极表面的氧气通过捕获电子，生成过氧基离子，然后经一系列反应形成过氧化氢。

3.1.2　芬顿氧化反应

阴极还原水处理技术的原理是在采用适宜的电极材料以及处于操作区间的外加电压的条件下，通过阴极的直接还原作用降解有机污染物的过程；或经由阴极的还原效应产生过氧化氢，再经过外加试剂促生芬顿反应，进而产生羟基自由基降解有机污染物的过程。实际水处理的应用中，以后者衍生出的电芬顿体系最为常见，也是最为实用的阴极还原处理技术[2]。

芬顿（Fenton）技术作为常见工艺已得到广泛的研究和应用，特别是在水和土壤的处理领域。芬顿试剂作为一种绿色试剂对环境影响较小，但反应产生的羟基自由基具有很强的氧化性，对难降解物质特别是难生化降解有机物有着很好的氧化去除能力。反应历程如下：

$$H_2O_2 + Fe^{2+} \longrightarrow Fe^{3+} + \cdot OH + OH^-$$
$$H_2O_2 + Fe^{3+} \longrightarrow Fe^{2+} + \cdot HO_2 + H^+$$
$$\cdot OH + Fe^{2+} \longrightarrow Fe^{3+} + OH^-$$
$$H_2O_2 + \cdot OH \longrightarrow \cdot HO_2 + H_2O$$
$$\cdot HO_2 + \cdot HO_2 \longrightarrow H_2O_2 + O_2$$

过氧化氢作为芬顿试剂，其性质活泼，见光受热易分解，且具有很强的腐蚀性，运输和储存是个很大的问题，且过氧化氢处理成本较高，故很难在实际中推广使用。电芬顿是在芬顿氧化的基础上发展而来的，很好地克服了上述 Fenton 技术的局限性。电芬顿通过阴极原位产生过氧化氢，发生氧气的两电子还原反应，过氧化氢前驱物通过反应产生，在过氧化氢阴极产生的过程中也会发生四电子转移的副反应，如反应电极的改性之所以能够提高电流效率，一部分原因就是促进了还原反应。总的来说，电芬顿的原理即是在酸性溶液体系中，电极通以直流电的条件下，氧分子在阴极表面经还原反应产生过氧化氢，生成的过氧化氢与外加铁离子引发芬顿反应，生成羟基自由基和三价铁离子，羟基自由基的氧化电位仅次于氟，可无选择地氧化有机污染物并使其矿化降解。由于三价铁离子的还原电位高于氧分子的初始还原电位，因此其可在与氧分子的互相作用下还原再生为二价铁。

电芬顿体系中均相、非均相系统都有了很多研究。均相体系通过外加催化剂——铁离子来催化 Fenton 反应，但均相体系有着严格的 pH 值应用范围，在酸性条件下具有较高的催化反应活性。大量研究表明，最适 Fenton 催化条件为 pH＝3，pH 值升高会导致金属离子氢氧化物的生成，催化作用活性降低，而且还会产生大量的金属沉淀，为后续处理增加了难度。非均相催化很好地扩大了 pH 值应用范围，并且催化剂可以重复使用，降低了处理成本，产生的铁泥量也大大降低，其包括直接采用化学物质黏结、化学沉降等方法把催化剂做到阴极表面和单独制作非均相催化剂。

3.1.3 阳极材料

电化学氧化处理有机废水是通过有机物在阳极表面直接失去电子或被阳极表面生成的羟基自由基（·OH）所氧化，因而电极材料是电催化反应系统的核心，高活性、性能稳定、能重复利用的电极材料的研究和开发成为该技术的关键，同时也是深入探究电化学氧化机理的基础所在。目前已经被广泛研究的阳极材料有石墨、Pt、IrO_2、TiO_2、PbO_2、SnO_2 和 BDD 等[3]。

（1）铂电极

铂电极是最常用的铂族金属电极，耐腐蚀性强、电催化活性高。为了减少铂用量、降低成本，一般是在某些金属（如钛、钽、铌）基体上镀一薄层铂。近年来关于铂电极制备的研究主要集中于外加负载对铂电极基体电化学氧化性能以及电化学性能的影响。

陈金伟等[4]利用循环伏安扫描法制备了磷钼酸修饰的铂电极。在制备修饰电极时，随着扫描次数的增加，磷钼酸的氧化还原峰电流增大，但最终获得稳定的重现性好的磷钼酸修饰的铂电极。通过循环伏安扫描法研究了该修饰电极对二甲醚氧化的电催化反应，结果表明，与未修饰的铂电极相比，磷钼酸修饰的铂电极电催化氧化二甲醚的起始氧化电位负移 50mV，氧化峰电位负移 35mV，氧化峰电流密度提高了 1.86 倍，这表明修饰电极的电催化活性有了很大的提高。同时，电位负扫时，相比于参比电极电位而言（vs SCE），二甲醚在 425mV 处出现氧化峰，表明二甲醚在修饰电极上的电氧化机理可能发生了改变。实验还发现，制备修饰电极时，降低扫速会提高还原物质杂多蓝的吸附量，但过多的修饰物质会降低铂的活性位数目，反而降低了对二甲醚氧化的电催化作用。

（2）硼掺杂金刚石薄膜电极（BDD）

未掺杂金刚石碳的禁带宽度高达 5eV，通过掺杂特定元素可以使其导电。如果掺杂硼元素可以得到 p 型半导体，而磷或氮掺杂得到的则是 n 型半导体。BDD 电极是 20 世纪 90 年代后期开发出的新型电极材料，具有析氧电位高、稳定性好、电催化活性高等诸多优异性质，被认为是废水中有机污染物电化学氧化处理的理想电极。金刚石薄膜一般采用等离子体辅助化学气相沉积的技术沉积在导电基体 Ti 或 Si 上，气相由含 0.5％～3％甲烷气的氢气构成，氢气作为载气，甲烷作为碳源，沉积在 750～825℃下进行。为了将硼掺杂进电极材料，需要将含硼物质如三甲基硼烷加入气相混合物中。可见，BDD 电极制备对设备和条件的要求很高，导致其制备成本高、价格高昂，且目前该电极的大面积制备还存在很多问题，因此并不适合大规模工业应用。

BDD 电极以其较高的析氧过电位，可以在其表面电解水产生较多的羟基自由基。反应历程如下：

$$BDD + H_2O \longrightarrow BDD(\cdot OH) + H^+ + e^-$$

$$BDD(\cdot OH) + 有机物 \longrightarrow BDD + CO_2 + H_2O + 无机离子$$

BDD 电极电化学稳定性高，耐腐蚀性强，因此用其降解浓缩液中的难生物降解有机污染物具有一定的可行性。

李兆欣等[5]研究了电化学技术阳极氧化垃圾渗滤液纳滤浓缩液，比较了不同阳极种类、电流密度和极板间距对污染物降解的影响。结果表明，掺硼金刚石（boron-doped diamond，BDD）薄膜电极作为阳极，比钛基镀钌铱（Ti-RuO₂-IrO₂）和钛基镀铂（Ti-Pt）电极作为阳极时，有机物的矿化更为迅速。选用 BDD 电极作为阳极，不锈钢电极作为阴极，随着电流密度的增加（10～100mA/cm²），TOC 去除率随之提高，极板间距的改变（2～12mm）对 TOC 的降解影响较小。BDD 阳极氧化 6h 后，浓缩液的 TOC 去除率达到 94％。研究表明，BDD 电极阳极氧化技术可有效地处理垃圾渗滤液纳滤浓缩液，可将其应用于高毒性难生物降解的有机废水的处理工艺中。

伍娟丽等[6]分别构建了以掺硼金刚石膜电极（BDD）和二氧化铅电极（PbO₂）为阳极的电化学体系，对比考察了两种电极对难降解有机污染物苯并三氮唑（BTA）的降解及体系的矿化效果，并从电极产生羟基自由基（·OH）的数量与形态角度深入探讨了影响电极矿化能力大小的内在因素。结果表明，BDD 和 PbO₂ 电极均对 BTA 有较好的降解效果，电解 12h 后 BTA 去除率分别为 99.48％和 98.36％，但 BDD 电极的矿化能力明显强于 PbO₂ 电极，电解 12h 后矿化率分别为 87.69％和 35.96％；BDD 体系阳极羟基自由基产生速率和阴极 H₂ 产生速率均低于 PbO₂ 体系，即表面活性位点数量少于 PbO₂ 电极，因此·OH 数量不是决定矿化能力大小的关键；BDD电极表面吸附氧活性更强，结合能（532.37eV）大于 PbO_2（530.74eV），且表面吸附层更薄，产生的羟基自由基形态更自由，是决定其具有更大矿化能力的关键因素。

（3）DSA电极

由于传统电极的缺陷，目前研究及应用较多的电极为金属氧化物阳极，又称形稳阳极DSA（dimensionally stable anode），由Beer发明，于1968年由意大利公司首先实现工业化生产。形稳阳极一般由金属基体、中间惰性涂层及表面活性涂层组成。金属基体起支撑骨架与导电作用，目前常用的金属基体为钛金属；中间惰性涂层一般是为了提高形稳阳极稳定性而添加的涂层，能够有效阻止电解液及活性氧向基体方向的迁移；表面活性涂层则参加阳极电化学反应的主要部分，起到电化学催化与导电作用。形稳阳极的问世，解决了传统电极所存在的物理化学性质不稳定以及易溶解等缺点，同时也为电催化电极的制备提供了一种新思路，即可根据所需达到的目标确定金属氧化物涂层的性能要求，进而通过材料的选择、搭配与调整，并辅以涂覆工艺的调节与改进来制备出符合要求的相应电极，由此可以较容易地制备出本身不具备支撑性质的金属氧化物材料电极。

自20世纪八九十年代以来，国内外关于以钛金属为基体的金属氧化物涂层电极的研究很多，主要包括 $Sb-SbO_2$、PbO_2、RuO_2、IrO_2 及 NbO_2。

SnO_2 是一种禁带宽度约为3.6eV的宽禁带氧化物半导体材料，因电阻率很高而不能直接作为阳极材料，但采用Sb等元素进行掺杂改性可以形成具有良好导电性的复合氧化物电极。钛基 $Sb-SnO_2$ 电极的析氧过电位较高，对有机物氧化降解的电催化活性良好。Ti/SnO_2 电极具有优良的电催化活性，但在应用中仍然存在导电性差引起的槽电压高、能耗大的缺陷，且其最主要的制备方法——涂覆热分解法工序繁杂，需要耗费大量人力、物力，不利于自动化生产和质量控制。电化学水处理技术是一种较新颖的物化处理技术，其关键在于所用阳极。

杨芬等[7]以不同量掺锑二氧化锡电极为阳极、钛板为阴极，对对硝基苯酚电催化降解的TOC和电流效率进行了研究。对硝基苯酚是工业生产中广泛使用的一种有机物质，但是因其硝基和羟基与苯环的共轭作用，该物质属于难降解有机物之一，不易被好氧生物所降解，同时生物降解产生的亚硝基和羟胺也是致癌物，因此含有对硝基苯酚的废水处理一直是一个难点。电催化氧化法用于处理难降解有机物具有很好的效果，其采用改进的热氧化工艺制备了不同掺锑量的二氧化锡电极，对对硝基苯酚在电极上的电催化降解TOC和电流效率进行了研究。将 $SnCl_4 \cdot 5H_2O$ 的乙醇溶液和 $SbCl_3$ 乙醇溶液按不同掺锑原子比进行混合，得到不同掺锑量的溶液；将用10%草酸煮后蒸馏水冲洗干净的钛片浸泡于溶液中，取出后于酒精灯上烘干，第一次重复浸泡和烘干十次，放入450℃恒温马弗炉中热分解10min，再冷却至室温，其余的浸泡和烘干采取递减的次数进行，使涂层最终的质量保证在 $5mg/cm^2$，最后放入马弗炉中于500℃下恒温焙烧1h，则得到不同掺锑量的二氧化锡涂层电极。电催化氧化降解实验是在室温下，对硝基苯酚溶液浓度为 100mg/L，电解液的体积为 200mL，支持电解质 Na_2SO_4 的浓度为 0.1mol/L，电流密度为 $20mA/cm^2$ 的条件下进行的。随着降解时间的延长，所有电极降解后溶液的 TOC 去除率都呈现出逐渐升高的趋势，说明不同掺锑量电极对对硝基苯酚皆表现出良好的电催化氧化活性，其中掺锑量最低 2.357% 和最高 12% 的电极开始时 TOC 的去除率较低，而 6.450% 的电极 TOC 去除率明显高于其他电极的 TOC 去除率。电催化活性最好的电极掺锑量在 4.517% 和 6.450% 之间，且在低通电量时这两电极对对硝基苯酚的矿化效率较高。

PbO₂ 电极由于具有良好的导电和耐蚀性、较高的析氧过电位、较低的成本以及强的氧化能力，是研究和应用历史最久，也是最为广泛的氧化去除有机物的电极材料之一。PbO₂ 电极一般采用不活泼的 Ti 基材作为支撑，通过电化学阳极氧化沉积的方法获得 PbO₂ 活性涂层材料，称为 Ti 基 PbO₂ 形稳阳极。该电极成本低廉、制备容易、利于实现自动化控制。在过去的几十年发展历程中，PbO₂ 型阳极已被广泛用于处理各种有机废水，并取得了很好的应用效果。例如，有研究比较了几种不同的电极材料 Ti/PbO₂、Ti/Pt、Ti/Pt-SnO₂ 对葡萄糖的氧化效果，发现只有在 Ti/PbO₂ 电极上葡萄糖和其氧化中间物的去除速率比较好。

郑辉等[8] 采用电沉积法制备了稀土 La、Ce 负载的钛基二氧化铅（Ti/PbO₂）电极。Ti/PbO₂ 电极普遍存在催化性能不够理想、导电性能差、稳定性和活性难以协同等问题，开发既有良好稳定性又有较好催化活性的电极成为电化学研究领域的重点。研究在前期实验的基础上，添加氟树脂的同时，在电极活性镀层中掺杂一些特殊的稀土元素，不仅可以改变电极的导电性和稳定性，而且可以改善电极的电催化活性，增强对有机污染物的降解能力。对自制的未掺杂和稀土 La、Ce 掺杂的 Ti/PbO₂ 电极进行了形貌表征、结构分析和电化学性能测试，并以亚甲基蓝（methylene blue，MB）为模拟染料废水，考察了不同的 La、Ce 掺杂量下的改性电极对有机污染物的降解性能，并在这一基础上进一步分析了 MB 的可能降解路径和机制。研究发现，与未掺杂电极相比，经稀土掺杂后电极表面出现了大量棱角分明的球形或鹅卵石般的颗粒，使电极表面的微观结构发生了变化，有利于有机污染物在吸附迁移的过程中得到更好地降解；利用电沉积法使掺杂的稀土元素镶嵌到二氧化铅镀层中或与 Pb 形成的立方形固溶体改变了电极的晶面取向，减小了镀层间的内应力，从而改善了电极的催化性能，提高了电极的稳定性和使用寿命。与传统的 PbO₂ 电极相比，La/PbO₂ 电极和 Ce/PbO₂ 电极具有更高的析氧过电位和更大电流密度下的氧化峰和还原峰，使电极抑制氧析出的能力增强，导电性能得到了改善，电流效率和催化活性得到了提高，降解有机污染物的过程中能产生更多的活性基团，具有更强的处理有机物的能力。稀土的掺杂量对电极的催化性能有较大的影响。La 和 Ce 的掺杂量分别为 8.0mg/L 和 5.0mg/L 时，La/PbO₂ 电极和 Ce/PbO₂ 电极对 MB 的降解效果明显，此时 MB 及其 COD 的去除率分别达到 83.85%、

79.95％和79.18％、76.21％，而掺杂量的下降和升高都会影响电极的催化性能和对 MB 的降解性能。稀土掺杂量少，电极的催化性能不能得到充分的体现；掺杂量过高又会破坏中间层的晶体结构，发生杂质淀析。在电化学降解过程中，经过电子转移、亲电加成、亲电进攻等一系列途径使 MB 先转变成大分子中间产物，然后这些大分子中间产物继续在羟基自由基等的强氧化作用下开环、脱羧、断键等，逐渐形成苯甲酸、乙酸、乙二酸、甲酸、氯离子等小分子物质，这些物质最终可能被降解为 CO_2 和 H_2O。

3.1.4　芬顿体系阴极材料

芬顿体系中，阴极主要发生氧还原反应和 Fe^{3+} 还原反应，性能良好的阴极材料包括石墨、活性炭纤维、网状玻璃碳、碳纳米管、碳-PTFE 气体扩散电极等，其中石墨毡的比表面积大、稳定性好、价格低廉，是最具工程应用前景的电极材料，但存在电还原生成过氧化氢效率较低的问题。Fe^{2+} 的供应是电芬顿体系的重要影响因素，如直接投加 Fe 试剂，反应快速，但成本较高，且受 pH 值等因素制约。金属材料因其具有强的导电性、机械稳定性，曾被作为电芬顿阴极材料使用，其中包括了金属 Pt 电极、Ti 电极等，但由于产过氧化氢性能较低，没有引起广泛重视。即使如此，一些研究还是发现金属电极对去除水中痕量的有机物具有一定优势，首先可以降低污染物降解能耗，对于去除水中痕量污染物来说，大量的双氧水的产生因为副反应的发生并不能起到很好的降解效果，同时还造成了能量的大量消耗。还有研究表明金属阴极表面由于还原特性的存在，会产生大量的中间自由基，以加快污染物的去除。

众所周知，炭材料由于具有高催化活性、无毒性、高的析氢电位等优良特性，在电芬顿研究中被广泛应用，目前已有很多关于高产过氧化氢性能的阴极材料报道，比如石墨、空气扩散电极（GDE）、炭毡、活性炭纤维、网状玻璃碳、碳海绵、碳纳米管等，其中空气扩散电极和三维炭电极材料因其特殊的比表面积在实际研究中被广泛采用，本实验中所采用的炭毡和活性炭纤维都属于三维电极材料，它们都具有比较大的比表面积，并且价格便宜，易于改性处理，它们很好地弥补了金属电极和二维炭电极低比表面积的缺陷。三维电极还可以用于流动床、固定床或当作多孔基体材料，其中被用作多孔材料去制作阴极在水处理中应用最广泛。因为三维电极固有的水力学特性，使溶解氧的物质转移速率增加。

炭毡具有高的催化性能，支持芬顿试剂快速再生，羟基自由基能够在阴极表面通过芬顿反应快速生成，不需要等待过氧化氢的逐步积累；活性炭纤维具有高的吸附性能和良好的导电性，它的机械完整性使它更容易作为一个固定阴极而被改性使用。活性炭纤维是 20 世纪 70 年代后期发展起来的一种高效活性吸附材料和环保工程材料。活性炭纤维因为其优良的物理、化学性能而被广泛关注，包括高吸附性、催化性和导电性。活性炭纤维用于水的净化处理具有诸多优点，包括具有吸附脱附速度快、大的吸附容量、稳定性高、处理量大且使用时间长等优点。在环保工程应用中，活性炭纤维可操作性强、安全性高，应用于净水工艺装置简单，占地面积小，不会造成蓄热和过热现象，节能又经济。此外，活性炭纤维适用于各种有机废水的处理，包括有机染料废水、含氯废水、造纸废水、制药厂废水、苯酚废水等，其利用快的吸附速率和大的吸附容量对废水中污染物进行富集。活性炭纤维的吸附能力随温度的升高而提高。

陶虎春等[9]以褐铁矿粉为铁源，用聚乙烯亚胺/多壁碳纳米管修饰的石墨毡为外层，制备含铁电芬顿阴极。以 0.05mol/L Na$_2$SO$_4$ 为支持电解质，在初始 pH = 6~7，曝气速率为 200mL/min，阴极电位为 −0.95V 时，以 PEI/MWCNT 修饰石墨毡为阴极，电解 90min，反应器内过氧化氢的积累量为 (66.5±2.4)mg/L，比相同情况下普通石墨毡阴极提高 56.8%。在其他电位条件下，与普通石墨毡阴极相比，经修饰的石墨毡阴极产生过氧化氢的能力均有不同程度的提高。以制备电极为阴极的电芬顿体系在近中性条件下，曝气速率为 200mL/min，恒定电流密度为 0.5mA/cm^2，对初始浓度为 20mg/L 的橙 Ⅱ 染料模拟废水，60min 内降解效率为 96.8%，酸性条件下的处理效果略好于近中性条件下。制备电极在反应过程中铁流失量小，铁中间层具备一定的催化稳定性。实际印染废水用 1:9 的硫酸调节 pH 值至 6~7，在曝气速率为 200mL/min，石墨板为阳极，制备电极为阴极的电芬顿体系中，在恒定电流密度为 0.5mA/cm^2 条件下处理 2h 后，色度去除率为 91.7%，COD 去除率为 69.4%，氨氮去除率为 56.2%，制备电极性能良好。

古振澳等[10]以过氧化氢浓度为指标，探究了操作条件（pH 值、电流密度、曝气速率、极板间距）对电芬顿系统催化产过氧化氢性能的影响，并利用苯酚作为模拟污染物研究降解效果。电芬顿系统中，除操作条件外，阴极对处理效率也有显著影响，故目前对电芬顿的研究工作主要集中在阴极材料的改进及操作条件的优化上。泡沫镍作为一种新型材料，因其良好的结构特性及电化学性能被用作电极，降解诸如 4-氯联苯、罗丹明 B 等污染物。通过对多种电芬顿系统阴极材料的比较，发现泡沫镍具有相对较好的过氧化氢催化效果。其最佳操作条件为：pH = 3，电流密度 3mA/cm^2，曝气量 10L/h，极板间距 3cm，反应 60min 时过氧化氢浓度可达 45mg/L。泡沫镍阴极在酸性条件下的表现大大优于碱性条件，电流作为驱动力对过氧化氢产量影响很大，相比之下曝气量及极板间距没有明显影响，但极板间距过大会导致能耗大大增加。在苯酚废水的降解实验中，不断向电芬顿体系中加入二价铁离子，使溶液中二价铁离子保持一定浓度，最佳条件下反应 2h 后苯酚及 COD 去除率分别达到 95%、80%，继续增大二价铁投加量对 COD 去除反而有抑制作用。

孙杰等[11]以活性炭纤维毡（ACF）为基体制备出了二氧化钛负载的 3 种活性炭纤维复合材料，作为电芬顿反应的充氧阴极。以苯酚模拟特征污染物，对 3 种复合材料的电芬顿性能进行了比较研究。研究发现，3 种活性炭纤维复合阴极材料均显著提高了对污染物的降解效果；苯酚降解的准一级速率常数依次为 ACF-OMC（有序介孔碳）＞ACF-C-TiO$_2$＞ACF-TiO$_2$＞ACF。液质联用（LC-MS）显示，电芬顿降解苯酚的主要中间产物为苯醌和邻苯二酚，ACF-OMC 充氧阴极对中间产物同样表现出最高的降解能力。

3.2 电化学氧化技术的特点

3.2.1 技术优势

电化学技术作为新型的环境友好技术，已越来越受到大众的关注，该方法的主要优点在于体系产生的羟基自由基能够无选择性地氧化有机物，其氧化能力仅次于氟，在这样的强氧化剂下大多数有机物都能够被其降解；依靠自由基为氧化剂，所以不需要添加其他氧化试剂，这样有效地避免了二次污染问题；即开即停，可控性强；通过电子的转移实现氧化还原过程，无需外加药剂；反应受外界环境影响小；既可作为单独处理单元，也可和其他工艺结合，组合灵活；在去除污染的同时，兼具气浮、絮凝、消毒作用；设备占地面积小，操作简单。早在 20 世纪 40 年代，就已有人提出电化学方法处理废水，但由于当时经济条件落后，电力资源匮乏，导致这项水处理技术发展缓慢，70 年代以来，该项技术随着新型电极材料的不断开发得到了较快的发展。近年来，国内外许多研究人员从性能稳定的电极材料选择入手，对各类有机污染的氧化效率进行研究，探索了不同有机物在降解时的机制，考察了与其他处理技术联用的机制，并运用到实际废水的处理过程中，取得了较大的突破。

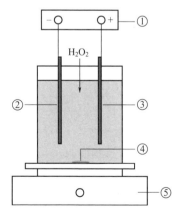

图 3-1　电化学氧化装置系统构造
①电源；②阴极——不锈钢板；③阳极——铁板；
④磁力搅拌转子；⑤磁力搅拌器

3.2.2 体系组成

电化学氧化装置相当于电解池，由供电单元、电解质溶液、电极单元三部分所组成。根据电极材料选择的不同构筑不同功能的电化学水处理氧化系统。以比较常用的电化学氧化技术——电芬顿体系为例，主要分为两种过程，其一是利用气体扩散阴极的电化学反应，原位生成过氧化氢，并与外加的二价铁离子共同构成芬顿反应，也被称为阴极电芬顿过程；另一种则是利用阳极的电化学溶解方法生成二价铁离子，与外加的过氧化氢构成芬顿反应，也被称为阳极电芬顿过程。在电芬顿过程中，部分 Fe^{3+} 也可在阴极还原为 Fe^{2+}。与传统芬顿法相比，电芬顿法具有 H_2O_2 与 Fe^{2+} 利用率高、处理过程清洁、产泥量少、设备占地面积小等优点。其系统构造如图 3-1 所示。

3.3 电化学氧化技术在水处理领域中的应用

电化学氧化技术可应用于深度处理领域，譬如氨氮的氧化；也可应用于制药废水中有机高分子、苯环等污染物的高效氧化；还可应用于印染废水中偶氮染料的电化学降解脱色等。

冯俊生等[12]利用漆酶包埋修饰炭毡阴极构建微生物燃料电池-电芬顿体系强化降解聚醚废水。为提高 MFC-electro-Fenton 性能，研究人员大力探索廉价阴极催化剂。漆酶是一类中心含有铜的氧化还原酶，广泛应用于酚类、芳香胺和染料等污染物的降解，是绿色廉价的生物催化剂。它的催化过程是底物的单电子氧化，即漆酶把底物反应生成的电子转移到氧分子上，进而将氧还原为水，同时酶中心铜离子被还原，底物被催化氧化。一般水中的 Cu^{2+}/Cu^+ 的离子氧化还原电位仅为 0.15V，而漆酶催化的离子氧化反应具有较高的氧化电位（$>0.68V$），利用漆酶来修饰阴极，将电子更有目标地传递到阴极氧分子上，促使过氧化氢产生，同时酶中心铜离子被底物还原时与过氧化氢结合生成更多的羟基自由基，增大阴极的氧化还原电位来降解聚醚废水。漆酶突出的催化特性使它的底物具有广泛性、催化反应复杂性，且生成的产物具有环境友好性。实验构建微生物燃料电池-电芬顿体系降解聚醚废水，用漆酶包埋修饰炭毡阴极，以阴极室聚醚废水为研究对象，与未修饰的炭毡阴极电池对比，考察漆酶包埋修饰阴极对 MFC-electro-Fenton 产电性能和聚醚废水强化降解的效果。实验在微生物燃料电池阴极中成功构建电芬顿体系降解阴极室聚醚废水，当 pH 值为 3，Fe^{2+} 浓度为 10mmol/L 时，阴极室聚醚废水 COD 降解率为 51.9%。漆酶包埋修饰阴极强化对聚醚废水的降解，当 pH 值为 4，漆酶浓度为 7mg/L 时，阴极室聚醚废水 COD 降解率为 68.1%，比炭毡阴极提高 28%。同时，漆酶包埋修饰阴极提高电池 21.8%的电压和 25.6%过氧化氢的浓度。在三维荧光光谱中，MFC-electro-Fenton 降解了聚醚废水中双酚和甲苯二胺等荧光物质。在 MFC-electro-Fenton 工艺降解聚醚废水中，过氧化氢浓度起关键作用。

王龙等[13]采用钛网作为基体，利用电沉积方法制备了纯 PbO$_2$ 电极和 Bi-PbO$_2$ 电极，以氨氮模拟废水作为研究对象，考察了 Bi-PbO$_2$ 电极的电催化活性，探讨了氨氮电化学氧化降解机理。电解装置如图 3-2 所示。以制备的 Bi-PbO$_2$ 电极作为阳极，以同等面积大小的钛网作为阴极。向电解槽中加入 300mL 的氨氮模拟废水。通过 SEM、XRD、XPS 对电极表面形态及元素形态进行表征，发现掺杂铋改善了 PbO$_2$ 的表面结构，晶核尺寸变小，使得 PbO$_2$ 电极表面活性层的表面更加紧凑，反应比表面积变大。通过阳极析氧曲线和寿命测试发现，Bi-PbO$_2$ 电极的稳定性和寿命好于纯 PbO$_2$ 电极。利用 Bi-PbO$_2$ 电极降解氨氮废水，氨氮的去除效率随电流密度的增加而提高，碱性条件下氨氮的去除效果明显好于酸性条件，适量浓度氯离子的引入在碱性条件下提高了氨氮的去除效果。当氨氮初始浓度为 50mg/L，电流密度为 40mA/cm^2，pH＝12，氯离子浓度为 600mg/L 时，电解 120min 后，氨氮 100％去除，其去除效果明显好于纯 PbO$_2$ 电极，说明掺杂铋提高了 PbO$_2$ 电极的电催化活性。体系中不添加氯离子，酸性条件下氨氮的去除主要是通过间接氧化去除，碱性条件下氨氮的去除是通过直接电氧化和间接氧化共同完成的，过程中伴随着曝气吹脱作用。体系中添加氯离子，氨氮主要是通过溶液中生成的有效氯间接氧化去除。

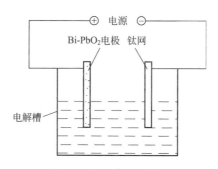

图 3-2　电解装置示意图

袁玉南等[14]采用脉冲电流替代直流电流处理低浓度氨氮废水，考察了脉冲电化学氧化法处理低浓度氨氮废水的优化工艺条件，研究了脉冲电流对氯离子添加量、能耗的影响。由于脉冲电流能够减少电解槽中电极界面层溶液离子浓度与本体溶液浓度不同而引起电极电位偏离平衡电位所带来的浓差极化，同时，间歇反应加快了离子的扩散速率，降低了过电位产生的能耗，相比直流电流去除废水中的氨氮更具优势。研究发现，在处理氨氮浓度为 60mg/L 的连续流实验中，脉冲和直流电化学氧化氨氮的最优条件均为：N/Cl（摩尔比）为 1∶0.96，电流密度为 70mA/cm^2，初始 pH 值为 9，初始温度为 20℃，其中脉冲频率为 5000Hz，占空比为 50％。在最优工艺条件下，反应 240min 后，脉冲电流与直流电流处理氨氮的去除率分别为 85.01％和 73.22％，脉冲电流处理氨氮的去除率可提高 11.79％，脉冲电流处理氨氮的能耗节约 26.20%。每处理 1t 氨氮，脉冲电化学氧化法的氯离子添加量为 2.35t，直流电化学氧化法的氯离子添加量为 2.73t，脉冲电化学氧化法的氯离子添加量减少 13.92%。低浓度氨氮废水的处理中，脉冲电流下氨氮的氧化速率比直流电流下氨氮的氧化速率更快，脉冲电化学氧化氨氮的优势更明显；较高浓度（$C_0 > 180mg/L$）氨氮废水中，脉冲电流下氨氮的氧化速率趋于稳定，而直流电流下氨氮的氧化速率仍在增加，脉冲相比直流电化学氧化氨氮的优势逐渐减弱。采用脉冲电化学氧化法处理氨氮废水时，间歇反应加快了离子的扩散速率，使阳极产生的活性氯能有效地扩散到废水中，提高了氯离子的利用率，加快了氨氮的氧化速率。同时，脉冲电流降低了阳极过电位，减少了电极电位偏离平衡电位所带来的浓差极化，从而达到节能的目的。

刘咚等[15]以处理含聚丙烯酰胺类聚合物油田污水并使其达到回注标准为研究目的，用自制的小型电化学反应器对电芬顿法处理油田含聚丙烯酰胺类聚合物污水进行了研究，探讨了电流强度、电解时间、过氧化氢加量等对处理效果的影响，评价了中试放大过程的稳定性和可行性。研究发现，当电流强度为 1.2A、电解时间为 10min、H_2O_2 添加量为 20mg/L 时，聚合物降解率大于 50%，处理后污水中悬浮物、含油量分别由原来的 600mg/L、1.74mg/L 降低到 10mg/L、0.5mg/L；在同一参数下，中试优于小型电化学反应器处理效果。反应器成本核算参数为，处理 1m³ 含聚丙烯酰胺类聚合物污水所需时间为 400min，耗电 0.93kW·h，30% 过氧化氢添加量为 30mL。

黄挺等[16]以零价铁作为类芬顿反应中的催化剂，对某制药集团经生化处理后的制药废水进行深度处理。研究了 H_2O_2 和零价铁粉投加量、pH 值以及零价铁的酸改性对处理效果的影响。实验废水来自某制药集团的生物发酵制药废水，经过预处理—三级生物处理后的出水，废水呈黄色，无刺激性气味，pH 值约为 9，COD 为 200～250mg/L，BOD/COD 小于 0.1，可生化性很差。结果表明：COD 去除率 20% 时，可有效提高废水 BOD/COD。在 pH 值为 3.0～3.5 时，按 H_2O_2：COD（质量比）为 1：6 进行投加，Fe^0 与 H_2O_2 按 4：1 的摩尔比投加，反应在 2h 时能达到处理目标，即去除 20% 的 COD。零价铁的重复使用性良好，5 次后仍能保持催化效能。

3.4 阴极催化还原-电解氯氧化技术

地下水中存在的氮素以离子态氮为主，其中又以硝酸盐氮为主，其次还有离子态氨氮和亚硝酸盐氮，此外还包括少量以溶解气体形式存在的氮和有机氮。生活污水、农业废弃物和羊毛加工、制革、印染、食品加工等工业废水中包含的有机氮经微生物分解后将转化为无机氮排入水体后，可在硝化细菌作用下氧化为硝态氮。硝态氮是含氮污染物最终分解、氧化的产物。近几十年来，许多国家的地下水都已不同程度地受到硝态氮污染，并存在日益恶化的趋势，目前地下水中硝态氮污染已成为一个相当重要的环境问题。

1992 年美国环保局研究表明，大约有 300 万人口，包括 4.35 万婴儿，饮用的地下水硝态氮浓度超过饮用水水质标准，硝态氮已成为美国地下水的一大污染物。世界卫生组织 1996 年报道，丹麦和荷兰地下水中硝态氮浓度以 0.2～1.3mg/L 的年速度增长；沙特阿拉伯国家 19 口井中，深水井硝态氮浓度在 2.7～23.0mg/L，平均浓度 8.2mg/L，浅水井中硝态氮浓度在 13.5～20.9mg/L，平均浓度 15.8mg/L。英国在 1970 年，地下水中硝态氮浓度就间歇超过欧盟组织（CEC）规定的最大允许浓度 11.3mg/L，并呈明显的增加趋势。法国、俄罗斯、荷兰和美国的地下水中硝酸盐的浓度通常达到 9.0～11.3mg/L，有时甚至高达 113～158mg/L。对加沙地带 100 口水井（47 口农业用水井、53 口家庭用水井）的考察中发现，有 90% 的井水硝态氮污染严重超标，且污染情况随季节变化而不同：家庭用水井在 6、7 月份的硝态氮平均浓度为 28.9mg/L，农业用水井在此期间硝态氮平均浓度为 22.6mg/L；家庭用水井在 1、2 月硝酸根浓度为 26.6mg/L，而农业用水井为 21.7mg/L。

基于日益严峻的地下水硝态氮污染形势和严格的环境保护标准，合理地开展地下水硝态氮的污染防治工作已经成为环保工作者的一项重要任务。较为成熟的硝态氮去除工艺各有优缺点和不同的适用环境。物化法去除饮用水中的硝态氮普遍需要较高费用，且去除不具有选择性，去除不彻底，只是发生了硝态氮污染物的转移或浓缩。生物反硝化法是目前已投入实用的方法，具有高效低耗特点，但生物方法仍有如下难以克服的缺点：会导致出水中含有细菌和残留有机物，必须进行后续处理才能保证饮用水质的安全性；经济性仍不能令人满意；管理要求较高，不适合用于小型或分散给水处理。与生物反硝化方法相比，电化学修复法反应速率快，对操作管理的要求低，具有潜在的经济性和对小型或分散给水处理的适用性。

3.4.1 技术原理

以铵根离子为第一步目标产物，采用催化法实现高效的硝酸根离子的还原；催化环节中弃用贵金属 Pd，在非贵金属中寻找合适的催化元素。借鉴折点氯化技术，以氮气为目标产物，实现铵根离子的氧化。采用电解体系，将非贵金属催化还原硝酸根离子和铵根离子氯氧化两个反应体系有机组合，实现硝态氮的同步无害化处理，这种耦合处理过程称为催化电解。

基于硝态氮的还原反应热力学、Pd-Me 双金属催化还原硝态氮机理、非贵金属 d 轨道催化理论、次氯酸氧化铵根离子的反应和电解体系特性的分析，提出了非贵金属修饰阴极催化还原硝态氮并电解氯氧化同步无害化去除的技术方案，以硝态氮无害化去除反应特性、内部机制和反应机理为核心，开展了系统的实验研究。

通过理论基础分析和探索性研究论证了非贵金属修饰阴极催化还原硝态氮并电解氯氧化同步无害化去除的可行性，并确定了催化电解体系的基本组成方案和硝酸盐去除的基本特性。研究发现，DSA 阳极（Ti/Ir-Ru）和涂层修饰 Ti 基阴极具有较好的适用性；在不含氯模拟废水中可实现硝酸根离子的催化还原；在含氯模拟废水中可实现硝态氮的无害化去除。

以热分解法制备了多类非贵金属元素涂层修饰 Ti 基阴极，对单种非贵金属修饰阴极电解体系催化还原硝酸根的反应特性进行了对比研究，遴选出在硝酸根催化还原效率、目标产物选择性和电解能耗方面具有优势的元素：Fe、Cu 和 Co。利用元素复配的方法，研究获得了高效催化还原阴极的制备方案。对复合涂层阴极电解体系催化还原模拟废水中硝酸根进行了系统研究，揭示了有关反应特性、内部机制和反应机理。研究表明，硝酸根转化为铵根为催化还原的主要反应趋势；硝酸根在催化电解体系内的还原为多步骤的阴极表面异相催化反应过程；电解体系的条件因素通过其与硝酸根催化还原过程中的"传质""吸脱附"和"化学反应"之间存在的物理关系，对反应特性产生影响；满足硝态氮催化还原各步骤的条件要求，可获得较高的反应效率，在电流密度为 10mA/cm^2、极板间距为 6mm、搅拌强度为 450r/min、体系温度为 30℃条件下，经 150min 电解，可将模拟废水中硝酸盐浓度由 50mg/L 降至 3.1mg/L，或由 100mg/L 降至 10.8mg/L，硝酸盐催化还原去除率分别可达 93.8% 和 89.2%。

在复合涂层阴极催化电解体系中进行了铵根电解氯氧化的实验研究，结合硝酸根催化还原的研究结果，开展了模拟废水中硝态氮无害化去除的研究。研究表明，在以氯离子为支持电解质的催化电解体系内，可实现氨氮的无害化去除，且具有较高的反应效率。由于电解体系内存在氯离子循环、电场迁移、阴极催化和氧化还原条件并存等内部机制，使：铵根电解氯氧化所需氯氮比较小；pH 值对反应的影响在一定程度上被屏蔽；氯胺类物质能被快速地氧化或还原，水中留存量处于较低水平。在催化电解体系内部的"阴极表面催化还原硝酸根"和"电解氯氧化铵根离子"两个反应体系协同作用下，可形成 $NO_3^- \text{-N} \rightarrow NO_2^- \text{-N} \rightarrow NH_4^+ \text{-N} \rightarrow N_2 \text{-N}$ 的氮素化合物无害化去除历程。条件因素对整体反应特性的影响符合两个分反应体系特征的叠加效果。在 $Cl^-/N=6$、电流密度为 10mA/cm^2、极板间距为 6mm、搅拌强度为 450r/min、体系温度为 30℃条件下，经 150min 电解后，可将模拟废水中初始浓度为 $25\sim100\text{mg/L}$ 的 $NO_3^- \text{-N}$ 去除至饮用水标准之下，且去除的 $NO_3^- \text{-N}$ 几乎全部转化为 $N_2 \text{-N}$。

3.4.2 体系组成及电极制备

(1) 实验装置

由于在催化电解体系中，各种阴阳离子需要在体系内进行自由迁移，以满足氧化还原反应有效进行的要求，例如：硝酸根离子需要首先迁移到阴极表面，还原后的中间产物仍需要停留在阴极区域，而最终产物铵根需要迁移到溶液中；氯离子需要先迁移到阳极表面进行氧化反应。因此，选用无隔膜电解体系开展实验研究，实验装置如图 3-3 所示。

(2) 电极制备

考察了 DSA 阳极和石墨阳极、非贵金属涂层修饰 Ti 基阴极和非贵金属材料阴

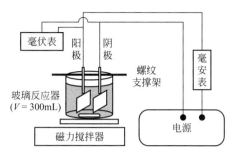

图 3-3　实验装置示意图

极在催化电解体系中的适用性。

①阳极　选用 3 种阳极进行探索性实验：石墨阳极、$Ti/SnO_2\text{-}Sb_2O_5$ 阳极和 $Ti/Ir\text{-}Ru$ 阳极。三种阳极均为"凸"型平板电极，底板尺寸为 6cm×4cm，导板尺寸为 1cm×6cm。石墨阳极和 $Ti/Ir\text{-}Ru$ 阳极外委制作，$Ti/SnO_2\text{-}Sb_2O_5$ 阳极利用热分解法制备。$Ti/SnO_2\text{-}Sb_2O_5$ 阳极的制备过程为：取金属钛板（厚 2.5mm），切割成"凸"型平板基体，底板尺寸为 6cm×4cm，导板尺寸为 1cm×6cm；依次用粗砂纸和细砂纸将基体表面打磨光滑，用去离子水冲洗干净；放入 10%（质量分数）NaOH 溶液中，90℃下水浴加热 1h 除油，用去离子水冲洗干净，再放入 10%（质量分数）草酸溶液中煮沸 2h，将基体蚀刻成均匀的麻面，用去离子水冲洗干净；取 $SnCl_4 \cdot 4H_2O$ 3.51g 和 $SbCl_3$ 0.23g，溶于 10mL 乙醇中，滴加浓盐酸直至固体溶解，制得阳极涂层前驱物溶液；用脱脂棉均匀地涂刷到 Ti 基体上，在 105℃烘箱中烘干 10min 后置于 500℃马弗炉中焙烧 10min，反复操作 6 次，最后置于 500℃马弗炉中焙烧 1h；取出后用清水冲洗，并用滤纸擦拭表面，直至无涂层脱落，去离子水冲洗干净，晾干备用。

②阴极　选用 2 种阴极进行探索性实验：紫铜阴极和 Ti/Cu 涂层阴极。两种阴极均和阳极具有相同的尺寸。紫铜阴极在使用前打磨抛光，Ti/Cu 涂层阴极采用热分解方法制备。Ti/Cu 涂层阴极的制备方法为：按①中步骤，制备 Ti 基体；称取 2.42g $Cu(NO_3)_2 \cdot 3H_2O$，溶于 10mL 乙醇中，制得阴极涂层前驱物溶液；用脱脂棉均匀地涂刷在 Ti 基体上，在 105℃烘箱中烘干 10min 后置于 500℃马弗炉中焙烧 10min，反复操作 6 次，最后置于 500℃马弗炉中焙烧 1h；取出后用清水冲洗，并用滤纸擦拭表面，直至无涂层脱落，去离子水冲洗干净，晾干备用。

3.4.3　体系运行效果

3.4.3.1　单种非贵金属修饰阴极催化还原硝酸盐

（1）非贵金属修饰阴极催化还原 NO_3^--N 的初步遴选

选择 Fe、Cu、Co、Pb、Zn、Al、Ti、Ni、Cd、Cr、Sn、Mg、Ce 这 13 种金

属元素作为备选催化元素，制备阴极涂层前驱物溶液。由于阴极基体采用 Ti，因此对 Ti 元素催化阴极的制备采用前驱物空白的方法进行。其他各种金属元素的涂层前驱物溶液采用的金属盐分别为硝酸铁、硝酸铜、硝酸钴、硝酸铅、硝酸锌、硝酸铝、硝酸镍、硝酸镉、硝酸铬、四氯化锡、硝酸镁和硝酸铈。各种金属盐均由国药集团化学试剂有限公司生产，纯度为化学纯。除硝酸铅的溶剂用去离子水以外，其他各类金属盐的溶剂均采用无水乙醇。各类涂层前驱物溶液的金属离子浓度均为 2mol/L，前驱物溶液的制备量为 10mL。将 Ti 基体冲洗干净，用软毛刷将前驱物溶液均匀地涂刷到 Ti 基上；在 105℃烘箱中烘干 10min 后，在 500℃马弗炉中焙烧 10min，反复操作 8 次后，再在 500℃马弗炉中焙烧 1h；用清水冲洗阴极，并用滤纸擦拭表面，直至无涂层脱落，再用去离子水冲洗干净，晾干备用。

以制备获得的各类催化阴极和 Ti/Ir-Ru 阳极组成无隔膜电解体系，设置极板间距为 6mm、电流密度为 10mA/cm²、搅拌强度为 450r/min，在室温（23～26℃）条件下进行模拟废水中 NO_3^--N 催化还原试验。电解 60min 后，各组阴极对应的 NO_3^--N 催化还原效率和 TN 去除率如图 3-4 所示，各反应体系的产物生成比例如图 3-5 所示，电解过程端电压的变化情况如图 3-6 所示。

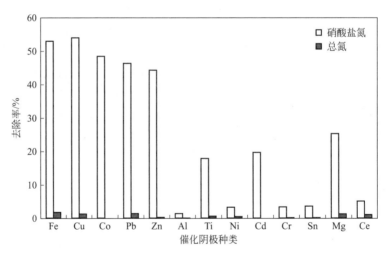

图 3-4　催化还原效率及总氮去除率

由图 3-4 可见，在实验条件下，多类非贵金属元素对模拟废水中的 NO_3^--N 具有催化还原功能。相对而言，经 Fe、Cu、Co、Pb 和 Zn 修饰的 Ti 基阴极具有较高的 NO_3^--N 催化还原效率。其中 Fe 修饰 Ti 基阴极达到了 52.9%，出水 NO_3^--N 浓度降至 23.5mg/L；Cu 修饰 Ti 基阴极达到了 53.9%，出水 NO_3^--N 浓度降至 23.0mg/L；Co 修饰 Ti 基阴极达到了 48.5%，出水 NO_3^--N 浓度降至 25.8mg/L。经 Mg、Cd 和 Ti（空白）修饰的 Ti 基阴极也具有一定的 NO_3^--N 催化还原功能，但实验条件下 NO_3^--N 去除率仅在 20%左右。经 Al、Ni、Cr、Sn 和 Ce 修饰的 Ti

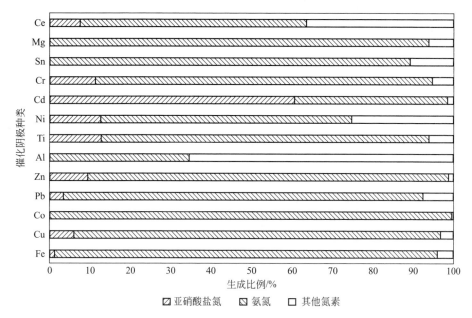

图 3-5 各反应体系的产物生成比例

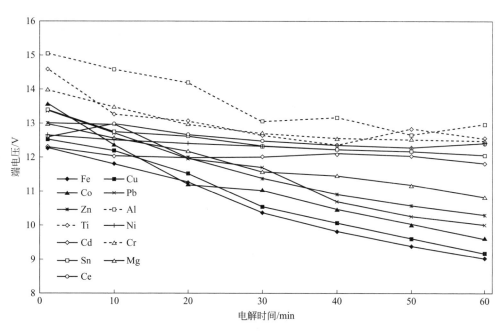

图 3-6 电解过程端电压的变化情况

基阴极基本不具备 NO_3^--N 催化还原功能。从 TN 去除率的数据上看，各种阴极参与的电解反应均不能有效地去除 TN，其中最高的 TN 去除率仅达 1.8%。结合前述探索性研究结论，由于电解体系中不含氯，因此在各类催化阴极参与的电解反应中，模拟废水中的 NO_3^--N 基本上只能在液相内发生氮素化合物赋存状态的转化。在各组实验中，均以湿润的 pH 试纸测试体系逸出气体的酸碱性。pH 试纸测试结果显示，在略有 TN 去除的电解体系中，逸出气体均呈碱性，可以推断为 $NH_{3(g)}$-N。由此基本上可以肯定，采用实验设计的非贵金属修饰阴极催化还原模拟废水中的 NO_3^--N，难以选择性地生成 N_2-N，实现直接无害化去除。

图 3-6 描述了由各类催化阴极组成的电解体系在实验条件下电解端电压的变化情况。从整体趋势上看，5 组对 NO_3^--N 具有较高催化还原效率的电解体系的初始端电压较低。随着催化电解反应的进行，高效的 NO_3^--N 催化还原体系端电压有较为明显的下降。在电解 30min 后，Fe、Cu、Co、Pb 和 Zn 修饰的 Ti 基阴极电解体系端电压要明显低于其他阴极电解体系。由于模拟废水中在实验条件下除 H^+/OH^- 以外，唯一可以参与电子交换的电解质就是各类氮素化合物（Na^+ 正常条件下不能被还原，H_2O 为溶剂）。而电解端电压的下降，显然是由于电解液电导率的增大。由此可以印证，Fe、Cu、Co、Pb 和 Zn 修饰的 Ti 基阴极使更多的交换电子参与到了氮素化合物化合价的变化中，从而导致电解液的进一步解离。而更多的交换电子参与氮素化合物的化合价变化，实质上就是提高模拟废水中 NO_3^--N 的催化还原效率。

图 3-5 描述了电解体系催化还原 NO_3^--N 产物的组成情况。实验仅对液相中的 NH_4^+-N 进行了监测分析，实际上 NO_3^--N 催化还原生成的 NH_4^+-N 比例真值还应该包括以 $NH_{3(g)}$-N 形式逸散到空气中的这一部分。即"其他氮素生成比例"中还有一部分是 $NH_{3(g)}$-N 的贡献值。虽然如此，实验数据显示，对 Fe、Cu、Co、Pb 和 Zn 修饰的 Ti 基阴极而言，其催化还原模拟废水中 NO_3^--N 的主要产物均为 NH_4^+-N，其 NH_4^+-N 生成比例可达 89% 以上，反应结束后 NH_4^+-N 可达 20mg/L 以上。Co 修饰 Ti 基阴极的 NH_4^+-N 生成比例最高，可达 99.6%。在其他各类阴极中，除 Al、Ni 和 Ce 修饰 Ti 基阴极具有一定的"其他氮素生成比例"以外，NO_2^--N 和 NH_4^+-N 均是 NO_3^--N 催化还原的主要产物。由于 Al、Ni 和 Ce 修饰 Ti 基阴极的 NO_3^--N 催化还原效率低下，其产物中"其他氮素"浓度也很低，不超过 1.0mg/L。又因为电解反应的 TN 去除率极低，绝大部分氮素化合物留存在液相中。因此认为，在实验条件下，非贵金属修饰阴极催化还原 NO_3^--N 难以生成除 NO_2^--N 和 NH_4^+-N 以外的其他氮素化合物。NO_2^--N 是化学还原法处理 NO_3^--N 必须经历的第一个步骤，因此可将 NO_2^--N 视为 NO_3^--N 催化还原生成 NH_4^+-N 的一个中间产物。实验结果显示 5 种具有较高催化还原效率的阴极在实验条件下可较为顺利地将 NO_3^--N 催化还原成 NH_4^+-N，仅有少量的反应停留在生成 NO_2^--N 这

个环节。

综上认为，采用非贵金属修饰阴极催化还原模拟废水中的 NO_3^--N 具有较为广阔的催化元素筛选空间，其应用基础较为广泛。对水中 NO_3^--N 具有较高催化效率的元素修饰阴极均具有较高的 NH_4^+-N 选择性，为电解体系同步无害化去除 NO_3^--N 奠定了研究基础。

（2）单种非贵金属修饰阴极催化还原 NO_3^--N 的反应特性及比较

针对固定的模拟废水，在无隔膜电解体系中，主要的操作条件包括电流密度、极板间距、搅拌强度和反应温度。由于在实际应用过程中，对反应温度进行控制具有较高的难度，且耗费较大的能量。因此，本节根据非贵金属催化元素的初步遴选结果，对 Fe、Cu、Co、Pb 和 Zn 修饰 Ti 基阴极催化还原模拟废水中的 NO_3^--N 的反应特性进行研究并做对比分析，主要涉及电流密度、极板间距和搅拌强度三个条件因素。

① 电流密度对 NO_3^--N 催化还原的影响及对比　以 Fe、Cu、Co、Pb 和 Zn 修饰 Ti 基阴极分别和 Ti/Ir-Ru 阳极组成 5 组无隔膜电解体系。设置极板间距为 6mm、搅拌强度为 450r/min、电解时间为 60min，在室温（23～26℃）条件下进行电解实验，考察电流密度对各组电解体系硝酸盐催化还原反应的影响。电流密度对硝酸盐氮去除率和总氮去除率的影响规律如图 3-7 所示。电流密度对各反应体系产物生成情况的影响规律如表 3-1 所列。各反应体系电解过程端电压的变化情况如图 3-8 所示。

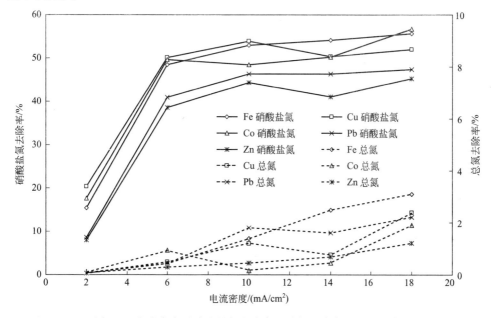

图 3-7　电流密度对硝酸盐氮去除率和总氮去除率的影响规律

表 3-1　电流密度对各反应体系产物生成情况的影响规律

催化元素	产物生成比例	电流密度/(mA/cm²)				
		2	6	10	14	18
Fe	NO_2^--N 生成比例/%	39.6	4.5	1.1	0.7	0.7
	NH_4^+-N 生成比例/%	59.7	94.6	94.9	93.6	91.3
	其他氮素生成比例/%	0.7	0.9	4.0	5.6	7.9
Cu	NO_2^--N 生成比例/%	95.4	10.6	6.0	8.9	8.9
	NH_4^+-N 生成比例/%	4.3	88.3	90.9	89.4	85.1
	其他氮素生成比例/%	0.3	1.1	3.1	1.7	6.0
Co	NO_2^--N 生成比例/%	2.8	0.2	0.0	0.0	0.0
	NH_4^+-N 生成比例/%	96.4	97.7	99.6	99.0	96.0
	其他氮素生成比例/%	0.7	2.1	0.4	1.0	4.0
Pb	NO_2^--N 生成比例/%	18.1	3.8	3.5	3.3	3.1
	NH_4^+-N 生成比例/%	81.4	95.0	91.8	92.2	91.7
	其他氮素生成比例/%	0.5	1.2	4.7	4.5	5.2
Zn	NO_2^--N 生成比例/%	55.7	10.8	9.4	8.0	5.1
	NH_4^+-N 生成比例/%	43.6	88.3	89.4	90.1	91.6
	其他氮素生成比例/%	0.7	0.8	1.1	1.9	3.3

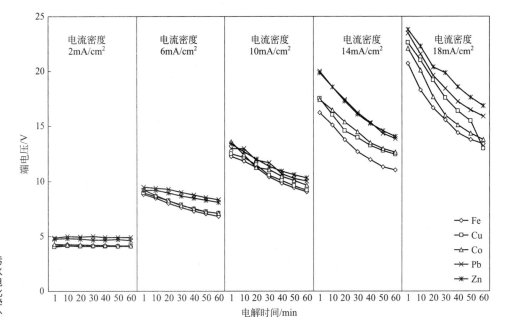

图 3-8　各反应体系电解过程端电压的变化情况

由图 3-7 可见，总体上电流密度对 5 种阴极硝酸盐氮催化还原效率的影响规律基本一致。在其他实验条件恒定的情况下，模拟废水中的硝酸盐氮去除率随着电流密度的增加而增加。相对而言，在不同的电流密度条件下，Fe、Cu 和 Co 三种元素对硝酸盐氮的催化效率要整体略高于 Pb 和 Zn。实验条件下，$6mA/cm^2$ 是硝酸盐氮去除率随电流密度变化的转折点，小于 $6mA/cm^2$ 时硝酸盐氮去除率的变化趋势较为明显，而大于 $6mA/cm^2$ 后硝酸盐氮去除率随着电流密度渐增的幅度明显降低。Fe、Cu 和 Co 修饰 Ti 基阴极的电解体系中：当电流密度为 $6mA/cm^2$ 时，硝酸盐氮去除率分别可达 48.5%、50.2% 和 49.6%；而当电流密度增至 $18mA/cm^2$ 时，硝酸盐氮去除率分别达到 55.7%、51.9% 和 56.7%，仅增加了 7.2%、1.7% 和 7.1%。从模拟废水的硝酸盐氮去除率随电流密度的变化规律来看，可认为电流密度是非贵金属修饰阴极催化还原硝酸盐氮反应的一个主要影响因素。实验条件下，电流密度在较小的情况下可能成为硝酸盐氮催化还原的控制步骤，其值的变化对硝酸盐氮催化还原反应整体速率具有较大的影响。当电流密度增至一定程度时，其他条件因素成为反应的控制因素，因此硝酸盐氮去除率不再受电流密度的显著影响。

实验过程中，对各组电解体系逸出的气体进行 pH 监测，结果均为碱性。而全部 25 次有效实验中，最高总氮去除率不超过 4%，有 18 次实验结果中总氮去除率不超过 2%。可以推断，在实验电解体系中，电流密度的变化不会使氮素化合物在液相和气相之间的转化规律发生本质性的变化。各种催化阴极在不同的电流密度下，均仅能使硝酸盐氮主要催化还原为在液相中留存的氮素化合物。实验结果中存在的少量总氮去除率是由于反应产物 NH_4^+-N 转化为 $NH_{3(g)}$-N，并向气相中迁移。各种催化阴极电解体系中，总氮去除率均有随着电流密度增加而增大的变化规律，其原因可能是电流密度增加使得电解热效应增大，从而产生了更多的 $NH_{3(g)}$-N 并逃逸。

表 3-1 中的数据显示了各种元素修饰 Ti 基阴极电解体系在不同电流密度条件下的硝酸盐催化还原产物组成情况。同 3.2 节中分析，此处的产物生成比例情况分析仅针对液相监测数据开展。在低电流密度（$2mA/cm^2$）条件下，各种催化阴极均趋向于生成更多的亚硝酸盐；随着电流密度的增加，亚硝酸盐生成比例总体上有降低趋势。电流密度的大小直接决定了参与电解体系内还原反应的电子数目，即电流密度和催化还原的还原剂数量呈正相关。亚硝酸盐可视为硝酸盐催化还原的中间产物，还原剂数量的充足与否必然会与硝酸盐催化还原的彻底性存在关系。分析比较各类催化阴极电解体系的亚硝酸盐生成比例发现，Co 修饰 Ti 基阴极对亚硝酸盐选择性较差，即使在 $2mA/cm^2$ 电流密度条件下，仍仅有 2.8% 的亚硝酸盐生成比例；当电流密度超过 $10mA/cm^2$ 时，模拟废水在反应结束之后，均无亚硝酸盐检出。Cu 和 Zn 修饰 Ti 基阴极电解体系能在较大的电流密度条件下，保持一定的亚硝酸盐生成比例。当电流密度为 $18mA/cm^2$ 时，Cu 和 Zn 修饰 Ti 基阴极电解体系

的反应出水中，亚硝酸盐浓度分别达到了 2.3mg/L 和 1.1mg/L。就硝酸盐无害化去除的整体工艺要求而言，期望在阴极催化还原硝酸盐时，将硝酸盐绝大部分还原生成铵盐。在这个角度上，Co 修饰 Ti 基阴极的硝酸盐催化还原反应特性随电流密度变化的规律较符合工艺要求。当电流密度超过 $6mA/cm^2$ 之后，各类催化阴极的铵盐生成比例均占主要部分。"其他氮素生成比例"在总体上有随着电流密度增加而增加的趋势。原因可能是由于 $NH_{3(g)}$-N 逸出量随电解热效应的增加而增加，而这一部分氮素化合物生成比例计入了"其他氮素生成比例"。

图 3-8 中的数据描述了各电解体系反应过程中的端电压变化情况。电流密度的增加会引起电解端电压的明显增加；随着电解反应的进行，端电压逐步降低，同时电解端电压随反应进行而降低的幅度随着电流密度的增加而增大。横向比较各类催化阴极电解体系的端电压大小可以发现：硝酸盐去除率较低的 Pb 和 Zn 修饰 Ti 基阴极电解体系端电压在各个电流密度条件下要略高于其他 3 组电解体系；Fe 修饰 Ti 基阴极电解体系的电解端电压总体上最低。从经济合理性角度分析，具有较低电解端电压的反应体系可使得工艺能耗较少。Fe 修饰 Ti 基阴极电解反应特性随电流密度变化的规律较为符合工艺经济性的要求。

综合考虑硝酸盐氮去除率、产物生成情况和工艺能耗大小，认为针对本节研究的单种非贵金属修饰阴极催化还原模拟废水中硝酸盐，选用 $6mA/cm^2$ 的电流密度具有较高的合理性。在后续对其他条件因素的研究中，均采用 $6mA/cm^2$ 作为电流密度条件参数。

② 极板间距对催化还原的影响及对比 以 Fe、Cu、Co、Pb 和 Zn 修饰 Ti 基阴极分别和 Ti/Ir-Ru 阳极组成 5 组无隔膜电解体系。设置电流密度为 $6mA/cm^2$、

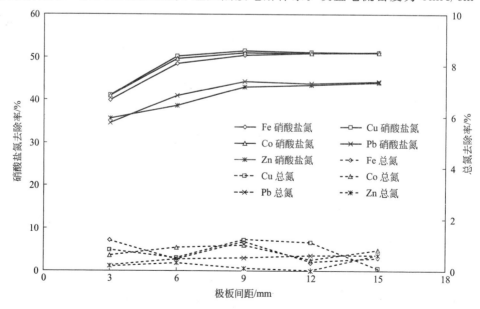

图 3-9 极板间距对硝酸盐氮去除率和总氮去除率的影响规律

搅拌强度为 450r/min、电解时间为 60min，在室温（23～26℃）条件下进行电解实验，考察极板间距对各组电解体系硝酸盐催化还原反应的影响。极板间距对硝酸盐氮去除率和总氮去除率的影响规律如图 3-9 所示。极板间距对各反应体系产物生成情况的影响规律如表 3-2 所列。不同极板间距的各反应体系电解过程端电压的变化情况如图 3-10 所示。

表 3-2　极板间距对各反应体系产物生成情况的影响规律

催化元素	产物生成比例	极板间距/mm				
		3	6	9	12	15
Fe	NO_2^--N 生成比例/%	2.3	4.5	3.2	1.8	2.0
	NH_4^+-N 生成比例/%	93.7	94.6	93.9	97.3	96.5
	其他氮素生成比例/%	4.0	0.9	2.9	1.0	1.5
Cu	NO_2^--N 生成比例/%	9.6	10.6	9.4	10.8	7.7
	NH_4^+-N 生成比例/%	87.5	88.3	87.8	86.4	91.8
	其他氮素生成比例/%	2.9	1.1	2.8	2.8	0.5
Co	NO_2^--N 生成比例/%	0.0	0.2	0.0	0.0	0.0
	NH_4^+-N 生成比例/%	97.7	97.7	97.5	98.7	97.6
	其他氮素生成比例/%	2.3	2.1	2.5	1.3	2.4
Pb	NO_2^--N 生成比例/%	4.8	3.8	3.7	4.2	4.6
	NH_4^+-N 生成比例/%	94.2	95.0	94.6	93.9	93.7
	其他氮素生成比例/%	1.0	1.2	1.7	1.8	1.6
Zn	NO_2^--N 生成比例/%	12.6	10.8	12.1	11.2	9.4
	NH_4^+-N 生成比例/%	86.7	88.3	87.6	88.7	88.8
	其他氮素生成比例/%	0.7	0.8	0.3	0.1	1.8

由图 3-9 中的数据可见，在恒流情况下，电解体系极板间距的改变对硝酸盐氮阴极催化还原效率也存在一定程度的影响。总体上，各组催化阴极电解体系的极板间距由小增大时，硝酸盐氮去除率随之增加；极板间距增至一定值后，硝酸盐氮去除率基本上不再受其显著影响。Fe、Cu 和 Co 修饰 Ti 基阴极电解体系的极板间距从 3mm 增至 6mm 时，硝酸盐氮去除率从 39.9%、41.1% 和 40.9% 分别增至 48.5%、50.2% 和 49.6%；极板间距进一步增至 15mm 时，硝酸盐氮去除率分别为 51.1%、51.0% 和 51.0%，仅比 6mm 时增加了 2.6%、0.8% 和 1.4%。同样，Pb 和 Zn 修饰 Ti 基阴极电解体系的极板间距以 9mm 为转折点，转折点前极板间

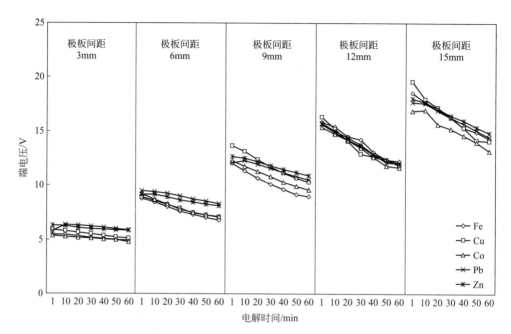

图 3-10　不同极板间距的各反应体系电解过程端电压的变化情况

距对硝酸盐氮去除率有相对显著的影响，转折点后极板间距对硝酸盐氮去除率无明显影响。由于实验装置的限制，无法对极端小的极板间距条件进行考察。理论分析认为，平行板电极在缩小至一定距离后，其层流黏滞作用会明显增加，从而限制电解体系中的物质传递和交换，必定会大大地降低硝酸盐氮去除率。因此可将极板间距视为硝酸盐氮催化还原反应的一个主要影响因素，当极板间距较小时将会成为整体反应速率的控制因素。

实验过程中，对各组电解体系逸出的气体进行 pH 监测，结果均为碱性。结合总氮去除率的数据分析认为，实验条件下极板间距的改变也不会在本质上影响硝酸盐催化还原反应在气液两相之间的转化规律。即总氮仅能以少量 $NH_{3(g)}$-N 逸出的形式得到极少的去除，硝酸盐难以在电解体系中直接催化还原为 N_2-N。极板间距的改变对各组电解体系的总氮去除率影响没有明显的规律性，总氮去除率的不规则变化可能是由实验操作的误差引起的。

表 3-2 中的数据显示了各种元素修饰 Ti 基阴极电解体系在不同极板间距条件下的硝酸盐催化还原产物组成情况。实验结果显示，极板间距的改变对硝酸盐催化还原产物生成比例无显著的影响。在实验条件下，5 种催化阴极的硝酸盐催化还原产物均以铵盐为主，铵盐生成比例可达 90% 左右。5 种催化阴极中：Zn 和 Cu 修饰 Ti 基阴极对亚硝酸盐具有最高的选择性；Fe 和 Pb 修饰 Ti 基阴极次之；Co 修饰 Ti 基阴极最小。

图 3-10 描述了不同极板间距下各电解体系反应过程中的端电压变化情况。极

板间距对电解端电压的影响规律和电流密度相似：第一，极板间距增加会引起电解端电压的明显增加；第二，随着电解反应的进行，端电压逐步降低；第三，电解端电压随反应进行而降低的幅度随着极板间距的增加而增大。本节共进行了 25 次有效实验，未发现实验的 5 种催化阴极在各个极板间距条件下有较为统一的电解端电压大小排序。例如，在极板间距为 9mm 时，Fe 修饰 Ti 基阴极电解体系的端电压最小，而在极板间距为 15mm 时，Co 修饰 Ti 基阴极电解体系的端电压最小。因此在一定程度上可以印证，在电解体系内，阴极催化还原模拟废水中的硝酸盐是一个复杂的反应，受到多方面因素的影响，其反应速率的大小由各个条件参数综合决定。

　　综合考虑硝酸盐氮去除率、产物生成情况和工艺能耗大小，认为针对本节研究的单种非贵金属修饰阴极催化还原模拟废水中硝酸盐，选用 6mm 的极板间距具有较高的合理性。在后续对其他条件因素的研究中，均采用 6mm 作为极板间距条件参数。

　　③ 搅拌强度对催化还原的影响及对比　以 Fe、Cu、Co、Pb 和 Zn 修饰 Ti 基阴极分别和 Ti/Ir-Ru 阳极组成 5 组无隔膜电解体系。设置电流密度为 $6mA/cm^2$、极板间距为 6mm、电解时间为 60min，在室温（23～26℃）条件下进行电解实验，考察搅拌强度对各组电解体系硝酸盐催化还原反应的影响。搅拌强度对硝酸盐氮去除率和总氮去除率的影响规律如图 3-11 所示。搅拌强度对各反应体系产物生成情况的影响规律如表 3-3 所列。不同搅拌强度下各反应体系电解过程端电压的变化情况如图 3-12 所示。

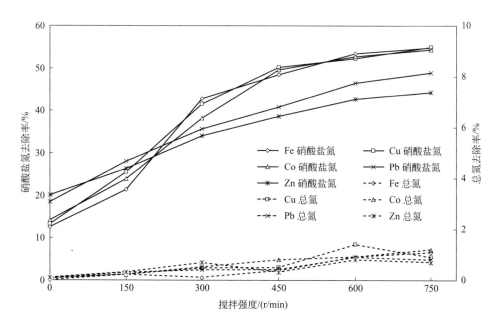

图 3-11　搅拌强度对硝酸盐氮去除率和总氮去除率的影响规律

表 3-3　搅拌强度对各反应体系产物生成情况的影响规律

催化元素	产物生成比例	搅拌强度/(r/min)					
		0	150	300	450	600	750
Fe	NO_2^--N 生成比例/%	1.9	3.0	2.6	4.5	4.0	3.9
	NH_4^+-N 生成比例/%	97.9	95.0	97.0	94.6	93.9	93.6
	其他氮素生成比例/%	0.2	2.1	0.3	0.9	2.1	2.5
Cu	NO_2^--N 生成比例/%	11.1	15.8	11.1	10.6	10.1	9.4
	NH_4^+-N 生成比例/%	88.3	83.0	87.3	88.3	86.8	88.5
	其他氮素生成比例/%	0.6	1.3	1.6	1.1	3.1	2.0
Co	NO_2^--N 生成比例/%	0.0	0.0	0.3	0.2	0.0	0.0
	NH_4^+-N 生成比例/%	99.6	98.0	98.3	97.7	97.9	97.3
	其他氮素生成比例/%	0.4	2.0	1.4	2.1	2.1	2.7
Pb	NO_2^--N 生成比例/%	6.3	2.7	2.7	3.8	4.2	4.0
	NH_4^+-N 生成比例/%	93.1	95.9	96.2	95.0	93.8	93.9
	其他氮素生成比例/%	0.6	1.5	1.1	1.2	2.1	2.1
Zn	NO_2^--N 生成比例/%	15.7	12.2	10.6	10.8	12.5	13.2
	NH_4^+-N 生成比例/%	83.6	86.5	86.7	88.3	85.5	85.1
	其他氮素生成比例/%	0.7	1.4	2.7	0.8	2.0	1.7

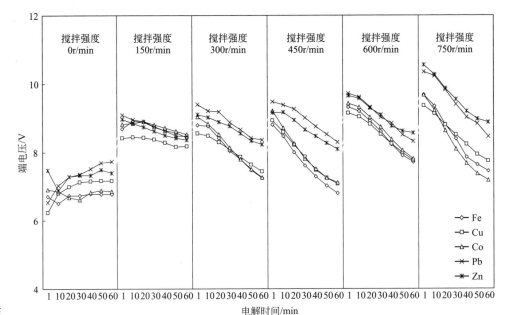

图 3-12　不同搅拌强度下各反应体系电解过程端电压的变化情况

由图 3-11 中的数据可见,在实验条件下,各组催化阴极电解体系对模拟废水中 NO_3^--N 的催化还原效率(去除率)随着搅拌强度的增加而增大。观察电解体系不搅拌时的情况,Fe、Cu、Co、Pb 和 Zn 修饰 Ti 基阴极电解体系的 NO_3^--N 去除率分别仅为 12.6%、13.3%、14.2%、18.5% 和 20.1%；而在 750r/min 搅拌强度下，NO_3^--N 去除率分别可达 54.8%、54.9%、54.4%、49.0% 和 44.3%。从 NO_3^--N 去除率的变化规律来看，5 组催化电解体系具有明显的相似性。当搅拌强度从极小开始增加时，电解体系的 NO_3^--N 去除率明显增加；随着搅拌强度的进一步增加，NO_3^--N 去除率的增幅逐渐降低。搅拌强度从 0r/min 增至 450r/min 时，Fe、Cu、Co、Pb 和 Zn 修饰 Ti 基阴极电解体系的 NO_3^--N 去除率分别增加了 35.9%、36.9%、35.5%、22.4% 和 18.5%；而搅拌强度从 450r/min 增至 750r/min 时，NO_3^--N 去除率仅分别增加了 6.3%、4.7%、4.7%、8.1% 和 5.7%。5 种催化阴极电解体系进行比较，Fe、Cu 和 Co 修饰 Ti 基阴极的 NO_3^--N 催化还原效率受搅拌强度的影响程度要高于 Pb 和 Zn 修饰 Ti 基阴极。搅拌强度是关系到电解体系内物质传递和交换速率的一个主要条件因素。所有的电化学反应中，传质过程均是一个不可或缺的步骤，有时甚至是反应速率的控制步骤。结合实验结果认为，搅拌强度也是影响 NO_3^--N 催化还原反应速率的一个主要条件因素，当搅拌强度较小时可能会成为 NO_3^--N 催化还原反应的控制因素。

实验过程中，对各组电解体系逸出的气体进行 pH 监测，结果均为碱性。同样，30 次有效实验中，总氮去除率均处于极低水平。因此认为，在实验条件下的电解体系中，改变搅拌强度也不能从本质上改变模拟废水中 NO_3^--N 催化还原反应在气液两相之间的转化规律。模拟废水中 NO_3^--N 基本上不可能在实验采用的 5 种非贵金属修饰阴极电解体系的作用下，直接催化还原为无害化的 N_2-N。在总体趋势上，随着搅拌强度的增加，总氮去除率略有提高，其原因可能是剧烈的搅动有利于 $NH_{3(g)}-N$ 逸散到气相中。

表 3-3 中的数据显示了各种元素修饰 Ti 基阴极电解体系在不同搅拌强度条件下的 NO_3^--N 催化还原产物组成情况。5 组电解体系的实验结果均显示，搅拌强度的改变基本上不影响以液相氮素化合物监测数据计算获得的各类产物生成比例。各搅拌条件下，5 种催化阴极的 NO_3^--N 催化还原产物仍均以 NH_4^+-N 为主。Zn 和 Cu 修饰 Ti 基阴极对 NO_2^--N 具有最高的选择性；Fe 和 Pb 修饰 Ti 基阴极次之；Co 修饰 Ti 基阴极最小。

图 3-12 描述了不同搅拌强度下各电解体系反应过程中的端电压变化情况。在不同的搅拌强度下，电解反应过程中的端电压变化趋势呈现了 2 种情况：第一，当电解体系不搅拌时，随着电解反应的进行，端电压逐步上升；第二，当电解体系存在搅拌时，随着电解反应的进行，端电压逐步下降，且总体上搅拌强度越大，端电压下降幅度越大。另外，随着搅拌强度的增加，各类阴极电解体系的初期端电压呈现了上升的趋势。分析认为，在电解初期，依靠电解质的电迁作用，可形成暂时的电解体系电流通路。搅拌强度越低，电子迁移当量路径越短，表观现象为极板间电阻越低，因此在一定程度上降低了电解端电压。随着反应的进行，电解体系内将存在 2 种变化：第一，由于电迁作用导致的电量累积，将会在平行板电极之间形成逆

电场，阻碍电解液中的离子迁移，增加极板间的电阻；第二，由于外电路的电子供给，通过电解体系内部的催化还原机制，转移到氮素化合物中，在将 NO_3^--N 催化还原的同时形成更多的电解离子，增加电解液电导率，降低电解液的电阻。搅拌强度的大小将与以上内部机制相关联，最终形成电解端电压的变化现象。

在不搅拌的情况下，由于电解初期体系内电解质浓度恒定，且拥有自由的电迁环境，导致其初始端电压较小。由于模拟废水中 NO_3^--N 的催化还原反应需要在阴极表面进行，而 NO_3^--N 向阴极传质和电迁作用的自发方向相反。因此随着反应的进行，由于电解体系内无强制交流机制，和存在搅拌的 5 组实验相比，以上"第一"种变化达到最强，而"第二"种变化达到最弱。在两种变化的共同作用下，最终形成了不搅拌实验条件下的电解端电压变化趋势。随着搅拌强度的增加，电解初期的自由电迁环境逐渐变差，端电压逐步上升。而在电解反应进程中，以上"第一"种变化的作用效果逐渐变弱，"第二"种变化的作用效果逐渐变强，最终形成了电解端电压随搅拌强度变化的总体规律。

将 5 种催化阴极电解体系的端电压变化趋势进行横向比较发现，具有相对较低 NO_3^--N 去除率的 Pb 和 Zn 修饰 Ti 基阴极电解体系在各种搅拌强度条件下要整体上高于 Fe、Cu 和 Co 修饰 Ti 基阴极电解体系。这一现象与非贵金属修饰电极在电解体系内的电化学特性和 NO_3^--N 催化还原功能有关。

由于电解端电压随搅拌强度变化规律的实验结果和机理分析之间存在较好的吻合性，可以印证，对模拟废水中 NO_3^--N 催化还原反应特性和指标的分析研究具有一定的可靠性。

综合考虑 NO_3^--N 去除率、产物生成情况和工艺能耗大小，认为针对本节研究的单种非贵金属修饰阴极催化还原模拟废水中 NO_3^--N，选用 450r/min 的搅拌强度具有较高的合理性。

3.4.3.2 复合涂层阴极催化还原硝酸盐

(1) 复合涂层阴极制备方案

① 金属元素复配方案 采用未退火处理的 Ti 基体，以无水乙醇为溶剂，按金属离子总浓度为 2.0mol/L 配制涂层前驱物溶液。金属元素的复配方案如表 3-4 所列。阴极制备的热分解条件为焙烧温度 500℃、焙烧时间 10min（次间）+60min（最终）、涂刷次数 8 次。

表 3-4 金属元素复配方案

元素比例	复配方案编号									
	1	2	3	4	5	6	7	8	9	10
Fe/%	100	0	0	80	10	10	45	45	10	33.3
Cu/%	0	100	0	10	80	10	45	10	45	33.3
Co/%	0	0	100	10	10	80	10	45	45	33.3

Fe、Cu 和 Co 三种金属元素的复配方案可以分为 4 类，即单种金属、一主两辅、两主一辅和均配。以制备获得的各类涂层阴极和 Ti/Ir-Ru 阳极组成无隔膜电解体系，设置电流密度为 $6mA/cm^2$、极板间距为 6mm、搅拌强度为 450r/min、电解时间为 60min，在室温（23～26℃）条件下进行电解实验。不同金属元素复配方案下 NO_3^--N 催化还原效率（去除率）和总氮去除率的实验结果如图 3-13 所示。金属元素复配方案对各反应体系产物生成情况的影响规律如表 3-5 所列。不同金属元素复配反应体系电解过程端电压的变化情况如图 3-14 所示。

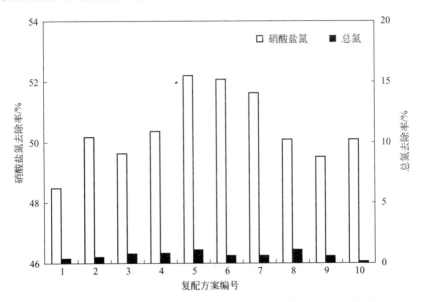

图 3-13　不同金属元素复配方案下硝酸盐的去除率和总氮去除率

表 3-5　金属元素复配方案对各反应体系产物生成情况的影响规律

复配方案编号	NO_2^--N 生成比例/%	NH_4^+-N 生成比例/%	其他氮素生成比例/%
1	4.5	94.6	0.9
2	10.6	88.3	1.1
3	0.2	97.7	2.1
4	3.5	93.7	2.7
5	6.9	90.5	2.6
6	0.0	98.1	1.9
7	7.2	91.3	1.5
8	1.9	95.4	2.8
9	4.1	94.6	1.3
10	4.7	94.9	0.4

根据图 3-13 中的数据显示，采用金属元素复配的方法制备的 Ti 基催化阴极在

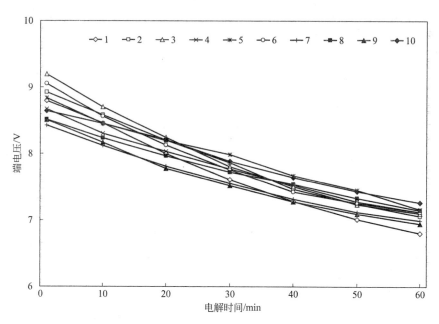

图 3-14　不同金属元素复配反应体系电解过程端电压的变化情况

电解过程中的 NO_3^--N 催化去除效率（去除率）基本上要高于单种金属元素修饰 Ti 基阴极。实验条件下，单种非贵金属修饰 Ti 基阴极电解体系的最高 NO_3^--N 去除率为 50.2%（Cu），而金属元素复配修饰 Ti 基阴极电解体系最高可达 52.2%（Fe∶Cu∶Co=1∶8∶1）。实验过程中各电解体系的逸出气体均为碱性，可判断为 $NH_{3(g)}$-N。结合总氮去除率所体现出的极低性，认为模拟废水中 NO_3^--N 在复合涂层阴极作用下的催化还原反应基本特性和单种非贵金属修饰阴极相同，即 NO_3^--N 难以在阴极的催化还原作用下直接生成 N_2-N。

由表 3-5 可见，实验条件下，无论采用何种金属元素复配方案，模拟废水中 NO_3^--N 催化还原的主要产物均为 NH_4^+-N。按液相监测数据进行计算，各组电解体系的 NO_3^--N 催化还原产物中"其他氮素生成比例"指标均处于极低水平。除去少量总氮去除率中仍包括的 $NH_{3(g)}$-N 贡献以外，可认为各组电解体系几乎无活性中间态氮素化合物留存。金属元素复配方案对 NO_3^--N 催化还原产物组成情况的影响主要表现在 NO_2^--N 生成比例。金属元素复配方案对应的 NO_2^--N 生成比例从高到低的排序为：2＞7＞5＞10＞1＞9＞4＞8＞3＞6。单种非贵金属修饰阴极对 NO_2^--N 的选择性排序为 Cu＞Fe＞Co，而复合涂层阴极对 NO_2^--N 的选择性基本上与各类组成元素的 NO_2^--N 选择性和所占比例呈正相关。因此认为，同一电解条件下，复合涂层阴极的 NO_2^--N 选择性是由所选用金属元素本身的固有特性所决定的。

由图 3-14 可见，各组电解体系的端电压随着反应时间的变化呈现较为相似的规律。而图 3-13 和表 3-5 的结果显示,各组电解体系在 NO_3^--N 催化还原效率和主要产物种类上没有特别大的差异。表观现象和监测指标互为印证,可见实验数据具有较高的可靠性。由于各组电解体系间的端电压差异在数值上较小,且实验过程中不可避免地具有误差,因此在本组实验中不对其进行分析。

按拟定的技术方案,在 NO_3^--N 的阴极催化还原环节,期望获得较高的 NO_3^--N 去除率,且产物以 NH_4^+-N 为主,尽量避免产生污染物 NO_2^--N,增加后处理的负担。综合实验数据认为,以 Fe∶Cu∶Co=1∶1∶8 为金属元素复配方案既能获得较高的 NO_3^--N 去除率,且 NO_2^--N 生成比例极低,能较好地满足工艺需求。

② 基体处理和溶剂的选择　在热分解制备复合涂层阴极的过程中,基体处理和溶剂选择关系到阴极的电学性能和涂层表面特性。实验同时考察基体处理和溶剂选择方案对模拟废水中 NO_3^--N 催化还原反应特性的影响。阴极制备的其他条件:金属元素复配方案为 Fe∶Cu∶Co=1∶1∶8、金属离子浓度为 2.0mol/L、焙烧温度为 500℃、焙烧时间为 10min(次间)+60min(最终)、涂刷次数为 8 次。电解条件:电流密度为 6mA/cm² 和 10mA/cm²、极板间距为 6mm、搅拌强度为 450r/min、电解时间为 60min、反应温度为室温(23~26℃)。各项氮素指标的监测数据如表 3-6 所列,其中 ϕ 代表硝态氮(NO_3^--N)的去除率,ψ 代表总氮(TN)的去除率,α 代表亚硝态氮(NO_2^--N)的生成比例,β 代表氨氮(NH_4^+-N)的生成比例,γ 代表其他氮元素的生成比例。各反应体系电解过程端电压的变化情况如图 3-15 所示。

表 3-6　各项氮素指标的监测数据

溶剂	基体处理	电流密度/(mA/cm²)	氮素指标/%				
			ϕ	ψ	α	β	γ
去离子水	退火	6	50.4	0.6	0.3	98.1	1.6
		10	51.9	0.8	0.3	97.0	2.8
	未退火	6	52.6	0.2	0.6	98.9	0.5
		10	59.4	1.2	0.0	97.2	2.8
无水乙醇	退火	6	46.5	0.8	0.3	97.7	2.0
		10	49.9	1.0	0.0	97.5	2.5
	未退火	6	52.1	0.8	0.0	98.1	1.9
		10	56.4	1.4	0.0	96.7	3.3

由表 3-6 可见,基体的处理和溶剂的选择均对复合涂层阴极在电解体系中的 NO_3^--N 催化还原性能存在一定程度的影响。总体上,不对 Ti 基体进行退火处理制备的修饰阴极的 NO_3^--N 催化还原效率较高;以去离子水为涂层前驱物溶剂制备的修饰阴极的 NO_3^--N 催化还原效率较高。以去离子水制备涂层前驱物溶液,修饰

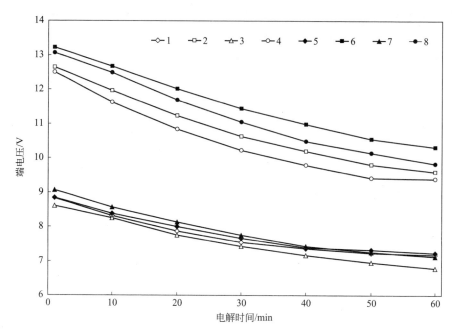

图 3-15　各反应体系电解过程端电压的变化情况

未退火处理的 Ti 基制得的阴极，在电流密度 $10mA/cm^2$ 的实验条件下，$NO_3^- $-N 去除率可达 59.4%。同等实验条件下，其效果明显优于前期制备的各类阴极。基体处理和溶剂选择方案对总氮去除率和 $NO_3^- $-N 催化还原产物生成情况无明显影响，即总氮去除率极低，产物中 $NH_4^+ $-N 占绝大部分。监测获得各电解体系逸出气体为碱性，结合前期研究分析结论认为基体处理和溶剂选择仅对电解体系的 $NO_3^- $-N 催化还原效率产生影响，不改变反应的主要方向和历程。

由图 3-15 可见，8 组电解体系的端电压随电解时间变化的趋势具有一定的相似性。但将 8 条端电压变化曲线进行内部比较可以发现：第一，Ti 基经退火处理的电解体系电解端电压高于未经退火处理；第二，以无水乙醇为阴极涂层前驱物溶剂的电解体系电解端电压高于以去离子水为溶剂。

Ti 金属的电导率大约为 $2S/\mu m$，易于表面改性处理，且具有较高的抗腐蚀性，比较适合作电极基体材料。对其进行热处理后，反而能影响其内部显微结构，不利于阴极的催化功能。在热分解涂层前驱物中，加溶剂的目的是分散金属元素，使其能被均匀地涂刷到 Ti 基表面。研究所采用的涂层前驱物为金属硝酸盐，无论是在去离子水中还是无水乙醇中均能形成高度分散的溶解体系。由于无水乙醇是有机溶剂，在阴极的热分解过程中，可能受 Ti 基的强作用力吸附，会造成阴极表面的溶剂挥发未完全，少量 C 沉积在阴极表面，从而影响阴极在电解体系中的 $NO_3^- $-N 催化还原效率。

综上认为，以未退火处理的 Ti 金属为基体，选择去离子水为涂层前驱物溶剂

制备修饰阴极在 NO_3^--N 催化还原反应中具有较高的效率。

③ 前驱物溶液金属离子浓度的选择　考察前驱物溶液金属离子浓度对所制备阴极在电解体系中 NO_3^--N 催化还原性能的影响。阴极制备的其他条件：Ti 基不经退火处理、金属元素复配方案为 Fe：Cu：Co＝1：1：8、前驱物溶剂为去离子水、焙烧温度为 500℃、焙烧时间为 10min（次间）＋60min（最终）、涂刷次数为 8次。由于前驱物溶液金属离子浓度对阴极表面催化剂的负载量有影响，利用前后称重法（万分之一天平）计算获得各组阴极表面复合涂层的负载量如表 3-7 所列。电解条件：电流密度为 6mA/cm²、极板间距为 6mm、搅拌强度为 450r/min、电解时间为 60min、反应温度为室温（23～26℃）。前驱物溶液金属离子浓度对反应体系各项氮素指标变化的影响规律如表 3-8 所列。各反应体系电解过程端电压的变化情况如图 3-16 所示。

表 3-7　各组阴极表面复合涂层的负载量

金属离子浓度/(mol/L)	0.5	1.0	1.5	2.0	2.5
负载量/(mg/cm²)	0.396	0.572	0.704	0.916	1.06

表 3-8　前驱物溶液金属离子浓度对反应体系各项氮素指标变化的影响规律

氮素指标/%	金属离子浓度/(mol/L)				
	0.5	1.0	1.5	2.0	2.5
ϕ	47.0	48.6	49.7	52.6	53.0
ψ	0.6	0.6	0.2	0.2	0.7
α	0.0	0.5	0.4	0.6	0.6
β	98.0	98.2	98.6	98.9	97.7
γ	2.0	1.4	0.9	0.5	1.7

由表 3-7 可见，在阴极制备过程中，复合涂层的负载量和前驱物金属离子浓度呈明显的正相关性。表 3-8 中的数据显示，随着前驱物金属离子浓度的增加，制备获得的阴极在电解体系内的 NO_3^--N 去除率增加；总氮去除率维持在较低的水平内；NO_3^--N 催化还原产物组成情况基本无变化。图 3-16 显示，前驱物金属离子浓度在 0.5～2.5mol/L 之间选择，对电解过程端电压的变化无显著影响。实验条件下经 60min 电解，反应体系端电压可从 8.5V 左右降至 6.8V 左右。

前驱物溶液金属离子浓度的选择可能会对复合涂层负载量和催化元素分布的均匀性产生一定影响。同前节分析，前驱物溶液金属离子浓度的不同仅对电解体系的 NO_3^--N 催化还原效率产生影响，不改变反应的主要方向和历程。以实验结果为依据，选择 2.0mol/L 为制备复合涂层阴极的前驱物溶液金属离子浓度参数。

④ 前驱物溶液涂刷次数的选择　考察前驱物溶液涂刷次数对所制备阴极在电解体系中 NO_3^--N 催化还原性能的影响。阴极制备的其他条件：Ti 基不经退火处

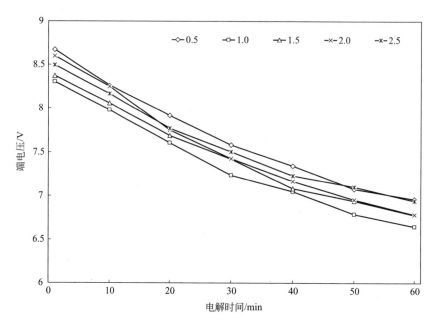

图 3-16　各反应体系电解过程端电压的变化情况

理、金属元素复配方案为 Fe：Cu：Co＝1：1：8、前驱物溶剂为去离子水、焙烧温度为 500℃、焙烧时间为 10min（次间）＋60min（最终）。涂刷次数对阴极表面催化剂的负载量有影响，利用前后称重法计算获得各组阴极表面复合涂层的负载量如表 3-9 所列。电解条件：电流密度为 6mA/cm²、极板间距为 6mm、搅拌强度为 450r/min、电解时间为 60min、反应温度为室温（23～26℃）。涂刷次数对反应体系各项氮素指标变化的影响规律如表 3-10 所列。各反应体系电解过程端电压的变化情况如图 3-17 所示。

表 3-9　各组阴极表面复合涂层的负载量

涂刷次数/次	2	4	6	8	10
负载量/(mg/cm²)	0.432	0.840	0.860	0.916	0.928

表 3-10　涂刷次数对反应体系各项氮素指标变化的影响规律

| 氮素指标/% | 涂刷次数/次 | | | | |
	2	4	6	8	10
ϕ	49.8	52.1	52.1	52.6	52.9
ψ	0.3	0.9	0.8	0.2	0.3
α	0.4	0.4	0.5	0.6	0.6
β	98.1	97.1	97.2	98.9	98.5
γ	1.5	2.5	2.3	0.5	1.0

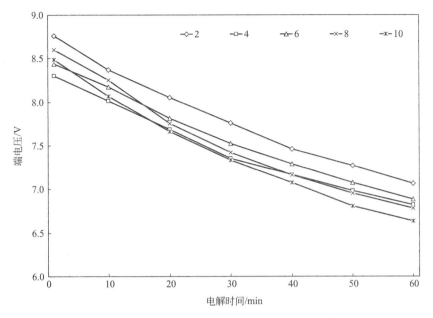

图 3-17 不同涂刷次数的体系电解过程端电压的变化情况

由表 3-9 可见,阴极表面的催化涂层负载量随着涂刷次数的增加而增加,但涂刷次数超过 4 次后,负载量的增加幅度降低。表 3-10 显示,随着涂刷次数的增加,制备获得的阴极在电解体系内的 NO_3^--N 去除率增加;TN 去除率维持在较低的水平内;NO_3^--N 催化还原产物组成情况基本无变化。图 3-17 中的数据显示,涂刷次数为 2 次的电解过程端电压略高于其他 4 组条件,其他 4 组电解端电压无明显差别。同上分析,前驱物溶液涂刷次数对整个电解反应的影响也仅存在于 NO_3^--N 催化还原效率方面。

在保证反应效果和控制工艺能耗的基础上,为降低工艺操作的烦琐性,结合实验数据,选择 4 次为制备复合涂层阴极的前驱物溶液涂刷次数参数。

⑤ 焙烧温度的选择 大多金属硝酸盐热分解,阴极涂层采用的硝酸铁分解温度为 125℃、硝酸铜分解温度为 170℃、硝酸钴分解温度为 195℃。在热分解制备涂层修饰阴极的过程中,焙烧温度是一个很重要的工艺条件。一般情况下,焙烧温度和涂层修饰元素的结构形态,及其与基体的结合状态有密切的关系。

考察焙烧温度对所制备阴极在电解体系中 NO_3^--N 催化还原性能的影响。阴极制备的其他条件:Ti 基不经退火处理、金属元素复配方案为 Fe∶Cu∶Co=1∶1∶8、前驱物溶剂为去离子水、焙烧时间为 10min(次间)+60min(最终)、涂刷次数为 4 次。电解条件:电流密度为 6mA/cm²、极板间距为 6mm、搅拌强度为 450r/min、电解时间为 60min、反应温度为室温(23~26℃)。焙烧温度对反应体系各项氮素指标变化的影响规律如表 3-11 所列。不同焙烧温度下各反应体系电解过程的端电压变化情况如图 3-18 所示。

表 3-11　焙烧温度对反应体系各项氮素指标变化的影响规律

氮素指标/%	焙烧温度/℃				
	300	400	500	600	700
ϕ	46.6	48.5	52.1	44.9	阴极烧结无法用于电解
ψ	1.0	0.6	0.9	0.8	
α	0.6	0.5	0.4	0.3	
β	96.8	98.0	97.1	97.1	
γ	2.7	1.4	2.5	2.7	

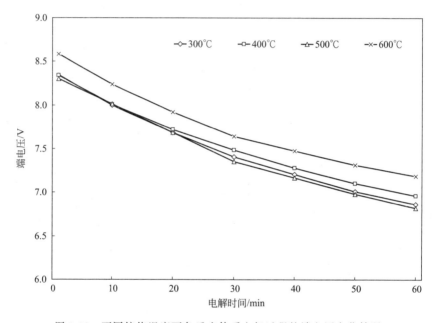

图 3-18　不同焙烧温度下各反应体系电解过程的端电压变化情况

由表 3-11 中的数据可见，焙烧温度对所制备阴极在电解体系中的 $NO_3^- $-N 催化还原性能存在一定程度的影响。实验条件下，焙烧温度在 500℃时 $NO_3^- $-N 去除率达到最高。焙烧温度对催化性能的影响呈现一般性规律，即温度较低时，活化程度较低，催化性能较差，而过高的焙烧温度会导致阴极表面烧结，在 700℃条件下阴极无法在正常条件下进行电解反应。焙烧温度对模拟废水电解反应的总氮去除率和产物生成比例指标无明显影响。图 3-18 显示，焙烧温度在 500℃以下，反应过程中电解端电压（尤其是反应初期）无明显变化；焙烧温度为 600℃时，电解端电压整体高于其他 3 组，可能是由于高温焙烧致使阴极导电性下降。

为满足电解体系对模拟废水中 $NO_3^- $-N 催化还原的高效性要求，选择 500℃作为复合涂层阴极制备时的焙烧温度条件参数。

⑥ 焙烧时间的选择　焙烧时间也是修饰阴极制备过程中的一个重要条件因素。

通过对比实验考察焙烧时间对所制备阴极在电解体系中 NO_3^--N 催化还原性能的影响。阴极制备的其他条件：Ti 基不经退火处理、金属元素复配方案为 Fe：Cu：Co=1：1：8、前驱物溶剂为去离子水、焙烧温度为 500℃、涂刷次数为 4 次。电解条件：电流密度为 6mA/cm²、极板间距为 6mm、搅拌强度为 450r/min、电解时间为 60min、反应温度为室温（23～26℃）。焙烧时间对反应体系各项氮素指标变化的影响规律如表 3-12 所列。不同焙烧时间下各反应体系电解过程的端电压变化情况如图 3-19 所示。

表 3-12　焙烧时间对反应体系各项氮素指标变化的影响规律

氮素指标/%	焙烧时间/min				
	2+12	5+30	10+60	15+90	20+120
ϕ	47.8	48.4	52.1	46.7	45.1
ψ	0.2	0.8	0.9	1.4	1.0
α	0.6	0.7	0.4	0.4	0.4
β	98.9	97.2	97.1	96.0	97.2
γ	0.5	2.1	2.5	3.6	2.4

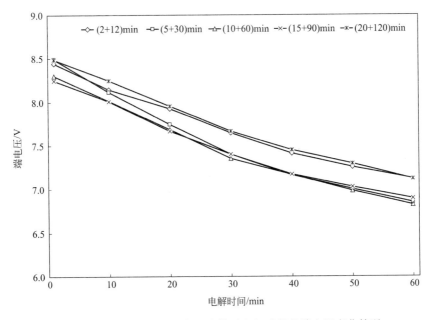

图 3-19　不同焙烧时间下各反应体系电解过程的端电压变化情况

由表 3-12 中的数据可见，焙烧时间对所制备阴极在电解体系中 NO_3^--N 催化还原性能的影响规律类似于焙烧温度。焙烧时间和焙烧温度是前驱物热分解反应的两个主要影响因素，决定了阴极表面催化剂的活化程度，以及涂层与基体之间结合的力学和电学性能。过短或过长的焙烧时间均不利于阴极在电解过程中的 NO_3^--N

催化还原作用。从总氮去除率和产物组成情况上分析，焙烧时间也不能改变电解反应的主要方向和历程。由图 3-19 可见，虽然焙烧时间过长也会对 $NO_3^- -N$ 催化还原效率存在影响，但阴极整体的导电性能不会因此发生突变，出现⑤中焙烧温度为700℃的实验现象。

由于各组电解体系的产物组成情况和端电压大小比较相似，为满足电解体系对模拟废水中 $NO_3^- -N$ 催化还原的高效性要求，选择 10min（次间）＋60min（最终）作为复合涂层阴极制备时的焙烧时间条件参数。

（2）复合涂层阴极催化还原硝酸盐

通过对复合涂层阴极制备方案的研究，认为最能满足模拟废水中硝酸盐催化还原要求的阴极制备条件为：Ti 基不经退火处理、金属元素复配方案为 Fe：Cu：Co=1：1：8、前驱物溶剂为去离子水、焙烧温度为 500℃、焙烧时间为 10min（次间）＋60min（最终）、涂刷次数为 4 次。以该方案制备非贵金属复合涂层修饰 Ti 基阴极开展模拟废水中硝酸盐催化还原反应特性研究，并探讨其内部机制和反应机理。

① 电流密度的影响　电流密度是电化学反应体系中最重要的条件因素之一，在极板尺寸恒定的情况下，直接决定了参与电解液中氧化还原反应的电子数。将复合涂层催化阴极和 Ti/Ir-Ru 阳极组成无隔膜电解体系，取 200mL $NO_3^- -N$ 浓度为50mg/L 的模拟废水进行实验，考察电流密度对电解反应的影响。实验过程中利用磁力搅拌器的温控功能控制热板温度为 25℃，并实时监测反应体系温度。电解其他条件：极板间距为 6mm、搅拌强度为 450r/min、电解时间为 60min。电流密度对各项氮素指标变化的影响规律如表 3-13 所列。电解过程中反应体系的三个表观参数（端电压、电导率和体系温度）的变化规律如图 3-20 所示（图中左纵坐标为电导率，右纵坐标为端电压和体系温度共用标尺）。

表 3-13　电流密度对各项氮素指标变化的影响规律

氮素指标/%	电流密度/(mA/cm²)				
	2	6	10	14	18
ϕ	15.8	52.1	59.6	57.1	55.1
ψ	0.1	0.9	2.2	4.0	4.2
α	13.3	0.4	0.2	0.2	0.5
β	85.8	97.1	95.1	92.1	91.3
γ	0.9	2.5	4.7	7.8	8.1

由表 3-13 中的数据可见，随着电流密度的增加，模拟废水的 $NO_3^- -N$ 去除率先增后减；总氮去除率在较低的水平内有所增加。各电流密度条件下，$NO_3^- -N$ 催化还原的主要产物均为 $NH_4^+ -N$。实验条件下，除电流密度为 $2mA/cm^2$ 时，$NO_2^- -N$ 生成比例可达 13.3%以外，其他电流密度条件下 $NO_2^- -N$ 生成比例均处于极低的水

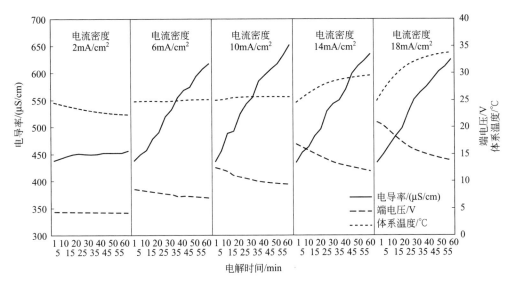

图 3-20　电解过程中反应体系的三个表观参数的变化规律

平。实验过程中，监测体系逸出气体为碱性，可以判断为 $NH_{3(g)}$-N。由于模拟废水中的总氮以 $NH_{3(g)}$-N 逸出的形式得到部分去除，而指标"其他氮素生成比例（γ）"为 100%减去液相监测数据计算获得的 α 和 β 值，因此 γ 值呈现随电流密度增大而增大的表面现象。实际上在各电流密度条件下，将"其他氮素生成比例"换算成"其他氮素浓度"后减去总氮去除浓度（对应于总氮浓度）的值极小。在本质上可认为，各电流密度条件下，电解体系中均无明显的活性氮素化合物留存。

图 3-20 显示出在电流密度为 $2mA/cm^2$ 时，反应体系的电导率和电解端电压均不发生明显的变化。电流密度为 6~18mA/cm² 时，反应前后的电导率出现了明显的增幅，端电压随电解时间逐渐降低。反应体系的表观参数变化规律正好与模拟废水中 NO_3^--N 去除率的大小相对应。尤其是电流密度为 $10mA/cm^2$ 时，NO_3^--N 去除率达到最高 59.6%，而电导率也从 $436\mu S/cm$ 增至 $652\mu S/cm$，达到最大增幅。由于电解热效应的作用，同一实验条件下，反应体系温度随着电流密度的增加而增加。结合基本物理知识可以断定，由于热效应的作用，使得电解体系的总氮去除率和 γ 值随着电流密度的增加而增加。

将复合涂层阴极的 NO_3^--N 催化还原反应特性与单种 Co 元素修饰 Ti 基阴极进行比较可以发现：第一，复合涂层阴极在 NO_3^--N 催化还原的高效电流密度区间（6~14mA/cm²）具有明显的效率优势；第二，虽然复合涂层阴极在低电流密度（$2mA/cm^2$）条件下的 NO_2^--N 生成比例高于单种 Co 元素修饰 Ti 基阴极，但随着电流密度的增加，复合涂层阴极能迅速消除 NO_2^--N 的选择性，满足整体技术方案要求；第三，同一电流密度条件下，复合涂层阴极电解体系的端电压较低，使得工艺能耗降低。由此可见，由于各类金属的协同作用，使得复合涂层阴极比单种金属

修饰阴极在 NO_3^--N 催化还原反应中具有更好的适用性。

理论分析认为水中的 NO_3^--N 催化还原是一个多步骤的异相催化过程。从异相催化反应所经历的几个主要步骤分析，电流密度影响电解催化还原 NO_3^--N 反应的内部机制。

a. 反应物向催化表面传质。本电解体系中，催化还原反应需要在阴极表面进行，模拟废水中待还原的物质主要为 NO_3^--N 和 NO_2^--N，二者均为阴离子，因此，在本系统内，反应物向催化表面的传质方向与电迁自发方向相反。

b. 反应物在催化表面吸附。一般反应物在催化剂表面的吸附量和吸附强度由催化元素性质、比表面积大小、催化剂表面性质、吸附质种类和环境参数决定。各组实验均采用同一阴极，其对同类吸附质的吸附能力应基本相当。

c. 被吸附物发生化学反应。在阴极电场作用下，产生还原物质（H_2 或 H），将吸附在阴极表面的 NO_3^--N 或 NO_2^--N 还原。增加有效还原剂的量，有利于还原反应的进行。

d. 产物在催化表面脱附。产物脱附速率也和催化剂本身的物化和结构性质相关。本电解体系的主要产物均为 NH_4^+-N。在相同实验条件下，NH_4^+-N 从同一阴极表面脱附的行为特点应该基本相当。

e. 产物向溶液传质。电解反应主要产物 NH_4^+-N 为阳离子，由阴极表面催化生成后向溶液的传质方向和电迁自发方向相反。

结合实验结果和 a～e 分析认为：随着电流密度的增加，电解端电压增加，极板间电场强度增加，a 和 e 步骤中电迁现象对传质的抑制作用强化，不利于 NO_3^--N 催化还原反应进行；b 和 d 步骤主要受到复合涂层阴极特性和吸附质物化性能的影响，电流密度变化对该过程应无明显影响；就 c 步骤而言，电流密度的增加使得阴极电子转移量增加，活性还原物质的产量增加，有利于 NO_3^--N 催化还原反应的进行。在实验电解体系内，受催化涂层阴极表面性质和状态恒定的影响，当电流密度达到一定程度后，b 和 d 成为反应控制因素，致使 NO_3^--N 的催化还原去除率维持在一定的阈值内。电流密度增加对 NO_3^--N 催化还原的传质过程和化学反应过程分别具有抑制（a 和 e）和促进（c）作用，两种因素的耦合作用使得电流密度对 NO_3^--N 去除率的影响呈现表 3-13 所示结果。电解体系中 NO_3^--N 的催化还原是一个多步骤反应，且催化元素对产物具有特定的选择性。在电流密度较小时，阴极表面产生活性还原物质不足，由 NO_3^--N 至 NH_4^+-N 的催化还原反应部分停留在中间产物 NO_2^--N 生成的步骤上，导致出水中 NO_2^--N 生成比例较大。电流密度达到一定值之后，阴极表面拥有足量的活性还原物质，满足将中间产物 NO_2^--N 进一步还原为 NH_4^+-N 的要求，从而降低出水中的 NO_2^--N 生成比例。

综合考虑 NO_3^--N 去除率、产物生成情况和工艺能耗大小，认为针对本节研究的复合涂层阴极催化还原模拟废水中 NO_3^--N，选用 $10mA/cm^2$ 的电流密度具有较高的合理性。在后续对其他条件因素的研究中，均采用 $10mA/cm^2$ 作为电流密度条件参数。

② 极板间距的影响　极板间距也是电化学反应体系中的一个重要条件因素，将复合涂层催化阴极和 Ti/Ir-Ru 阳极组成无隔膜电解体系，取 200mL NO_3^--N 浓度为 50mg/L 的模拟废水进行实验，考察极板间距对电解反应的影响。实验过程中利用磁力搅拌器的温控功能控制热板温度为 25℃，并实时监测反应体系温度。电解其他条件：电流密度为 $10mA/cm^2$、搅拌强度为 450r/min、电解时间为 60min。极板间距对各项氮素指标变化的影响规律如表 3-14 所列。电解过程中反应体系的三个表观参数（端电压、电导率和体系温度）的变化规律如图 3-21 所示。

表 3-14　极板间距对反应体系各项氮素指标变化的影响规律

氮素指标/%	极板间距/mm				
	3	6	9	12	15
ϕ	42.7	59.6	59.7	59.6	61.2
ψ	0.8	2.2	4.3	4.3	4.0
α	0.3	0.2	0.1	0.1	0.1
β	97.2	95.1	92.1	92.3	93.0
γ	2.5	4.7	7.8	7.7	6.9

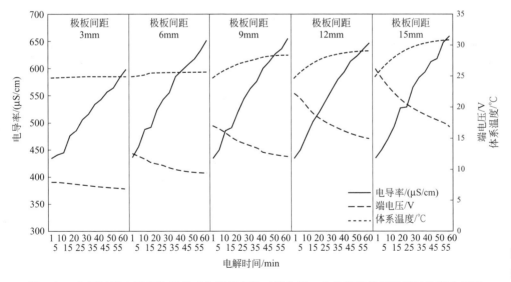

图 3-21　电解过程中反应体系的三个表观参数（端电压、电导率和体系温度）的变化规律

首先对各反应体系表观参数的变化规律进行研究。一般而言，端电压在电解系中的电压降可分为：阴阳两极电极压降、阴极固液接触面反应压降、阳极固液接触面反应压降和电解液电阻压降，公式表达式为：

第 3 章　电化学氧化技术

$$U = \Delta U_{电极} + \Delta U_{阴极界面} + \Delta U_{阳极界面} + \Delta U_{电解液} \tag{3-1}$$

其中，$\Delta U_{电极}$ 由电极材料、形状、修饰方案和电流密度等固定因素决定，极板间距的改变对 $\Delta U_{电极}$ 不会产生影响；$\Delta U_{阴极界面}$ 和 $\Delta U_{阳极界面}$ 由电极平衡电位和过电位组成，受电极表面状态、电解液组分和电流密度的影响。由于阳极是 DSA 电极，阴极受体系反应电子的保护，且电解液中无金属离子在阴极沉积。在恒流电解过程中，两极的表面状态可视为恒定，$\Delta U_{阴极界面}$ 和 $\Delta U_{阳极界面}$ 的改变仅受电解液组分的影响。极板间距的改变会在一定程度上影响 $NO_3^- \text{-}N$ 催化还原效率，致使电解液组分发生动态变化，从而影响 $\Delta U_{阴极界面}$ 和 $\Delta U_{阳极界面}$。体系温度为 298K 时，由 Nernst 方程可知，半电池反应的组分浓度变化引起的电极电势波动计算公式为 $\{(0.0592/n)\lg[氧化型]/[还原型]\}$。由于电解质组分浓度变化而引起的电极电势变化值相对较小，仍可将电解过程中的 $\Delta U_{阴极界面}$ 和 $\Delta U_{阳极界面}$ 视为一个恒定的值。

$\Delta U_{电解液}$ 由电导池系数（K_{cell}）、电导率（ρ）和电流密度（C）决定。K_{cell} 与极板间距（l）成正比，与极板面积（A）成反比，$\Delta U_{电解液}$ 的计算公式可表达为：

$$\Delta U_{电解液} = \frac{K_{cell}}{\rho} \times I = k \frac{l}{\rho A} \times CA = k \frac{lC}{\rho} \tag{3-2}$$

式中，k 为 K_{cell} 与 l 和 A 的比例系数，在不同的电解体系中 k 应该是一个变量，但在恒定的条件下可视为定值；I 为电流强度。将 $\Delta U_{电解液}$ 代入端电压的电压降计算公式可得：

$$U = \Delta U_{电极 + 阴极界面 + 阳极界面} + k \frac{lC}{\rho} \tag{3-3}$$

在各电解体系反应初期，各电解体系的 ρ 未发生明显变化，忽略边缘电场、湍流状态等因素对 K_{cell} 的影响，假设 k 为常数，则有：

$$U = \Delta U_{电极 + 阴极界面 + 阳极界面} + Dl \tag{3-4}$$

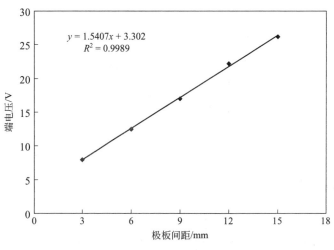

图 3-22　回归曲线

将图 3-21 中电解初期（1min）各极板间距条件下的端电压做最小二乘法线性回归，可得回归曲线如图 3-22 所示。

　　由图 3-22 可见，电解初期端电压和极板间距之间呈现很好的线性增长关系，其 R^2 值达到 0.9989，由此可以印证电压降计算模型和参数假设具有一定的准确性。由图 3-22 可知，在实验条件下，$\Delta U_{电极+阴极界面+阳极界面}$ 的值为 3.302V，即电解端电压必须要高于该值才能进行有效的电解反应。通过公式 $y = 1.5407x + 3.302$ 反推 k 值为 0.6687。仍然假设 k 值不变，将各电解体系的端电压和电导率变化情况代入如下计算公式，验看 $\Delta U_{电极+阴极界面+阳极界面}$ 的变化情况如表 3-15 所列。

$$\Delta U_{电极+阴极界面+阳极界面} = U - k\frac{lC}{\rho} \tag{3-5}$$

表 3-15　$\Delta U_{电极+阴极界面+阳极界面}$ 的变化情况

电解时间/min	极板间距/mm				
	3	6	9	12	15
1	3.317	3.298	3.137	3.711	3.141
5	3.342	3.249	3.124	3.568	2.310
10	3.248	3.394	3.391	3.342	2.059
15	3.402	2.913	2.898	3.042	2.054
20	3.418	3.179	2.935	2.768	2.267
25	3.464	3.132	3.073	2.704	1.439
30	3.409	2.992	3.015	2.692	1.947
35	3.443	3.110	2.915	2.642	1.895
40	3.415	3.054	2.719	2.489	1.685
45	3.407	2.997	2.708	2.575	1.810
50	3.398	2.910	2.783	2.452	1.569
55	3.444	3.029	2.777	2.472	2.021
60	3.454	3.226	2.877	2.511	1.602

　　由表 3-15 可见，假设 k 值不变，在极板间距较小时，$\Delta U_{电极+阴极界面+阳极界面}$ 的值维持在 3.302V 左右，与以上论述得出的结论较为吻合。若极板间距增大，计算获得的 $\Delta U_{电极+阴极界面+阳极界面}$ 值呈现降低的趋势，与其物理意义分析结论相悖。由此可认为，在电解的实际过程中，随着极板间距的增加，k 值会相应地降低。k 值降低的物理意义为相同电学条件下，电解液电压降会有所降低。在电导池内部，电导率表征了电解液的导电性能，其电解液电压降为定值。由此可见，在较大极板间距条件下，电解液电压降的降低应发生在极板的界面边缘。

结合以上数学分析结论，对极板间距影响电解反应规律的内部机制进行探讨。

由表3-14可见，随着极板间距的增加，模拟废水的 NO_3^--N 去除率呈增加趋势；TN去除率在较低的水平内有所增加［逸出气体可判断为 $NH_{3(g)}-N$］；NO_3^--N 催化还原产物组成情况无明显变化。由此可见，在实验条件下，极板间距的改变也只能影响电解体系对 NO_3^--N 催化还原的效率，而不影响反应的主要方向和历程。

分析认为，针对同一种模拟废水，在恒电流密度情况下，复合涂层阴极上的吸附和催化还原动力学参数基本一致，即极板间距的改变不会影响模拟废水中 NO_3^--N 表面异相催化还原中的"吸附""反应"和"脱附"步骤。由此可见，极板间距的改变应该是从传质步骤影响 NO_3^--N 催化还原效率的。在平行板电解体系中，必定会由于固液两相的黏滞作用，从而产生表面层流层。由Fick定律可知，层流层的当量厚度会影响物质的层流传质速率。当极板间距较小时，极板对其间流体的黏滞作用增强，层流层当量厚度增加，NO_3^--N 或 NO_2^--N 的层流扩散速率降低，从而导致了阴极表面的待还原物质量不足，使得 NO_3^--N 催化还原效率降低。同理，层流层当量厚度也会影响催化还原产物向电解液内部转移，影响 NO_3^--N 催化还原效率。反应体系表观参数变化规律的数学分析结论认为，随着极板间距的增加，在极板的界面边缘会发生电解液电压降的降低。极板的界面边缘即可以理解为层流层。在层流层中可以忽略对流传质作用，只考虑扩散和电迁作用。由于 NO_3^--N 或 NO_2^--N 向阴极表面传质或 NH_4^+-N 向电解液内部传质的方向和电迁作用相反，层流层电压降的降低有利于提高 NO_3^--N 催化还原反应的传质速度，从而提高 NO_3^--N 催化还原的整体速率。受其他条件因素的影响，实验条件下，NO_3^--N 催化还原效率随极板间距扩大的增加具有一定的限度。极板间距的增加致使端电压增加，强化了电解热效应，从而使TN去除率和按液相监测数据计算出的"其他氮素生成比例"增加。

综合考虑 NO_3^--N 去除率、产物生成情况和工艺能耗大小，认为针对本节研究的复合涂层阴极催化还原模拟废水中 NO_3^--N，选用6mm的极板间距具有较高的合理性。在后续对其他条件因素的研究中，均采用6mm作为极板间距条件参数。

③ 搅拌强度的影响　在实验电解体系中，依靠磁力搅拌对电解液进行强制对流，从而改变电解质在反应步骤中的传质过程。将复合涂层催化阴极和 Ti/Ir-Ru 阳极组成无隔膜电解体系，取200mL NO_3^--N 浓度为50mg/L的模拟废水进行实验，考察搅拌强度对电解反应的影响。实验过程中利用磁力搅拌器的温控功能控制热板温度为25℃，并实时监测反应体系温度。电解其他条件：电流密度为 $10mA/cm^2$、极板间距为6mm、电解时间为60min。搅拌强度对各项氮素指标变化的影响规律如表3-16所列。不同搅拌强度下各反应体系三个表观参数（端电压、电导率和体系温度）的变化规律如图3-23所示。

表 3-16　搅拌强度对反应体系各项氮素指标变化的影响规律

氮素指标/%	搅拌强度/(r/min)				
	0	300	450	600	750
ϕ	9.1	40.7	59.6	58.6	61.5
ψ	0.0	1.4	2.2	2.5	2.5
α	4.3	0.3	0.2	0.2	0.1
β	95.1	96.0	95.1	94.5	95.1
γ	0.5	3.7	4.7	5.3	4.8

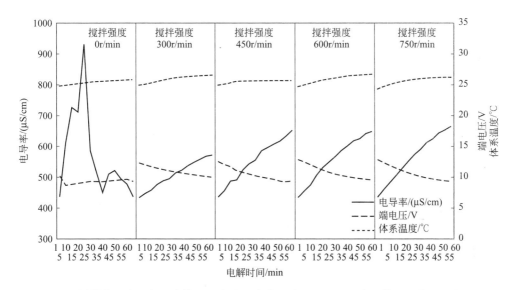

图 3-23　不同搅拌强度下各反应体系三个表观参数（端电压、电导率和体系温度）的变化规律

由表 3-16 可见，复合涂层阴极电解体系中搅拌强度对反应影响的基本规律类似于单种金属修饰阴极电解体系。随着搅拌强度由小增大，电解体系的 $NO_3^- $-N 去除率先有明显的增加，后趋于稳定；TN 在较低水平内略有增加［逸出气体可判断为 $NH_{3(g)}$-N］；NO_3^--N 催化还原产物组成情况也无明显的变化（在 0r/min 条件下，虽然 NO_2^--N 生成比例为 4.3%，但折算成出水 NO_2^--N 浓度仅为 0.2mg/L）。由此可见，在实验条件下，搅拌强度的改变也只能影响电解体系对 NO_3^--N 阴极催化还原的效率，而不影响反应的主要方向和历程。

由图 3-23 可知，电解体系存在外力搅拌（300～750r/min）与否对表观参数的变化规律存在较大的影响。搅拌强度为 450r/min、600r/min 和 750r/min 的三组实验结果中各项氮素指标无明显区别，同时反应体系表观参数的变化规律和幅度也基本一致。可以确定，搅拌强度超过 450r/min 后，搅拌强度不再为影响模拟废水中 NO_3^--N 催化还原反应的主要条件因素。与高搅拌强度条件的实验结果比较，搅拌强度为 300r/min 时，虽然 NO_3^--N 去除率低（约 20%），但其表观参数的变化规律相似，仅有幅度上的差异。分析认为，搅拌强度为 300r/min 时，反应物/产物在表面异相催化还原反应步骤中的传质动力不足，导致 NO_3^--N 去除率减小，但此时电解体系内部的物质转化和参数变化主要规律未受破坏。电解体系不搅拌时，NO_3^--N 去除率较低，且电导率发生剧增剧降的变化。分析认为，由于电解体系中 NO_3^--N 阴极催化还原反应所要求各类主要离子的目标传质方向和电迁作用方向相反，需要通过外力搅拌克服传质阻力，促进目标反应的进行。不对电解体系外加搅拌，仅依靠扩散动力，必定不能满足 NO_3^--N 高效催化还原的要求。在电解初期由于离子迁移的当量路径较短，致使端电压较小。而图 3-23 中无搅拌时的电导率变化数据也显示，电解初期，由于离子的定向移动和两极表面离子层的反向电势，使电导率测量区域的离子浓度增加，电导率剧增；离子迁移平衡后，电导率测量区域的离子浓度又会减少，电导率下降。由于电解体系内未发生大量的 NO_3^--N 还原转化，经过 60min 反应，进水和出水电导率无明显变化。

此外，随着搅拌强度的增加，电解体系内生成的 $NH_{3(g)}-N$ 向气相逸散的能力也略有增加。因此，TN 去除率和按液相监测数据计算出的"其他氮素生成比例"在一定程度上略有增加。

综合考虑 NO_3^--N 去除率、产物生成情况和工艺能耗大小，认为针对本节研究的复合涂层阴极催化还原模拟废水中 NO_3^--N，选用 450r/min 的搅拌强度具有较高的合理性。在后续对其他条件因素的研究中，均采用 450r/min 作为搅拌强度条件参数。

④ 体系温度的影响　温度是电解体系内能的宏观表现，实质上是表示电解液内分子、离子无规则运动的活跃程度。同时，对部分化学反应而言，温度又与反应动力学参数有密切的关系，对反应速率有很大的影响。将复合涂层催化阴极和 Ti/Ir-Ru 阳极组成无隔膜电解体系，取 200mL NO_3^--N 浓度为 50mg/L 的模拟废水进行实验，考察体系温度对电解反应的影响。实验过程中利用磁力搅拌器的温控功能控制热板温度，并实时监测反应体系温度。电解其他条件：电流密度为 $10mA/cm^2$、极板间距为 6mm、搅拌强度为 450r/min、电解时间为 60min。体系温度对各项氮素指标变化的影响规律如表 3-17 所列。体系温度对复合涂层阴极电解体系的端电压和电导率的影响规律见图 3-24。

表 3-17　体系温度对各项氮素指标变化的影响规律

氮素指标/%	热板温度/℃						
	17	25	30	35	40	50	60
ϕ	48.2	59.6	64.3	66.5	71.7	75.5	72.5
ψ	0.8	2.2	6.3	12.5	15.5	20.5	24.7
α	0.2	0.2	0.2	0.2	0.4	0.5	0.4
β	97.9	95.1	89.2	80.1	77.5	71.8	65.1
γ	1.8	4.7	10.6	19.7	22.1	27.7	34.6

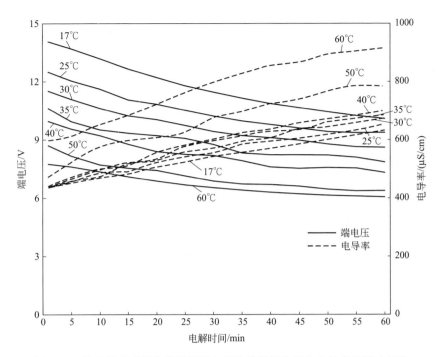

图 3-24　体系温度对复合涂层阴极电解体系的端电压和电导率的影响规律

实验采用磁力搅拌器控制热板温度，实现对电解体系温度的控制。由表 3-17 可见，在低温（17℃）条件下，电解体系不能将热量快速地散失，维持预设温度。该条件下，体系温度随着电解过程略有上升。而其他条件下，磁力搅拌器的热板基本可实现对体系温度的控制。由于各组实验过程中体系温度仍有明显的层次，可以用于分析体系温度对电解反应的影响。

由表 3-17 可见，体系温度对复合涂层阴极电解体系的 NO_3^--N 催化还原效率存在较大的影响。实验条件下，NO_3^--N 去除率随着体系温度的升高而增加，最后趋于稳定。体系温度由 17℃（用热板温度代替体系温度，下同）升至 30℃，NO_3^--N 去除率可由 48.2% 增至 64.3%，增幅为 16.1%。体系温度为 50℃ 时，NO_3^--N 去除率可达 75.5%，即出水 NO_3^--N 浓度可降至 12.2mg/L。在各组实验中，NO_3^--N 催化还原生成的 NO_2^--N 量均较少，NO_2^--N 生成比例不超过 0.5%。

随着体系温度的升高，TN 去除率有一定程度的增加。实验过程中监测体系逸出的气体为碱性，可以判断为 $NH_{3(g)}$-N。通过前期的实验结论、涂层阴极催化还原 NO_3^--N 的反应特性研究和各项氮素化合物的性质特征分析，认为在体系不含氯的情况下，逸散到气相中的氮素化合物，可以全部计算为 $NH_{3(g)}$-N。假设逸散到空气中的 $NH_{3(g)}$-N 仍留存在液相内，根据实验数据计算可得在各种体系温度下，反应结束后 $NH_{3(g)}$-N 的当量浓度为 0.4mg/L、1.1mg/L、3.2mg/L、6.2mg/L、7.7mg/L、10.2mg/L 和 12.4mg/L（体系温度由小至大）。根据 γ 值计算出"其他氮素生成比例"对应的浓度值为 0.4mg/L、1.4mg/L、3.4mg/L、6.5mg/L、7.9mg/L、10.5mg/L 和 12.5mg/L（体系温度由小至大）。两组浓度值非常相近，且"其他氮素生成比例"对应的浓度值略大。在指标计算过程中，"其他氮素生成比例"包含了逸散到气相中的 $NH_{3(g)}$-N 贡献值。将两者相减后可以发现，不论在何种体系温度条件下，电解产生的活性氮素化合物（NO-N、N_2O-N 或 NH-N 等）均无大量留存现象发生。TN 去除率和"其他氮素生成比例"增加的原因是由于体系温度的升高，致使 NO_3^--N 催化还原产生的 NH_4^+-N 较多地转化为 NO_3^--N，并向气相逸散。若不考虑 NO_3^--N 由液相向气相的物理转移过程，可认为体系温度对 NO_3^--N 催化还原的产物组成情况基本无影响。

由图 3-24 可知，体系温度的升高使得电解过程中端电压整体下降，反应前后电导率增幅增加。体系温度的升高最直接的影响就是提高了电解液内分子和离子的运动活性。由于模拟废水中 NO_3^--N 在阴极表面的异相催化还原过程需要外加动力克服电迁阻力实现有效传质，体系温度的升高增强了各类氮素化合物离子在液相中运动的能量，使得 NO_3^--N 催化还原各步骤中的传质环节效率增加。将 NO_3^--N 去除率和前几节进行比较可发现，升高体系温度可以将 NO_3^--N 去除率提高至 70%以上，而强化电流密度、极板间距或搅拌强度，均最多只能获得 60% 左右的 NO_3^--N 去除率。分析可知，电流密度、极板间距和搅拌强度均在一定程度上影响了 NO_3^--N 催化还原的传质步骤，尤其是在剧烈搅拌情况下，NO_3^--N 去除率也只能达到 61.5%。因此认为，体系温度的提高对电解反应的影响可能不仅仅是强化离子传质，对 NO_3^--N 催化还原的反应步骤也可能存在促进作用。

就一般水处理工艺而言，大幅度地调整水质温度是不可能的。综合考虑 NO_3^--N 去除率、产物生成情况、工艺能耗大小和自然环境下的水质温度条件，认为针对本节研究的复合涂层阴极催化还原模拟废水中 NO_3^--N，选用 30℃的体系温度具有较高的合理性。在后续对其他条件因素的研究中，均采用 30℃作为体系温度条件参数。

（3）NO_3^--N 初始浓度的影响规律

虽然就实际地下水而言，NO_3^--N 初始浓度不是一个可选择的条件因素，但为了探索复合涂层阴极催化还原 NO_3^--N 的反应特性，需要对 NO_3^--N 初始浓度条件进行研究。将复合涂层催化阴极和 Ti/Ir-Ru 阳极组成无隔膜电解体系，取 200mL 不同浓度的 NO_3^--N 模拟废水进行实验，考察初始浓度对电解反应的影响。电解条件：电流密度为 $10mA/cm^2$、极板间距为 6mm、搅拌强度为 450r/min、体系温度为 30℃、电解时间为 60min。NO_3^--N 初始浓度对各项氮素指标变化的影响规律如表 3-18 所列。

由表 3-18 可见，随着 NO_3^--N 初始浓度的增加，复合涂层阴极电解体系的 NO_3^--N 去除率先增大后减小。但 NO_3^--N 去除率的变化趋势只是一种表面现象，实质上随着 NO_3^--N 初始浓度的增加，电解体系对模拟废水中 NO_3^--N 的去除能力

表 3-18　NO_3^--N 初始浓度对各项氮素指标变化的影响规律

氮素指标/%	NO_3^--N 初始浓度/(mg/L)					
	25	50	75	100	150	200
ϕ	45.1	64.3	56.8	54.5	39.2	30.7
ψ	1.7	6.3	8.0	8.8	9.1	9.0
α	0.2	0.2	0.1	1.3	7.0	10.0
β	91.9	89.2	90.1	89.9	84.6	82.4
γ	7.9	10.6	9.8	8.8	8.4	7.7
NO_3^--N 去除量/(mg/L)	11.3	32.1	42.6	54.5	58.8	61.5

呈现增长的趋势，即复合涂层阴极对 NO_3^--N 的催化还原能力增强。实验条件下，当 NO_3^--N 初始浓度由 25mg/L 增至 200mg/L，对应的 NO_3^--N 去除量（浓度）可由 11.3mg/L 增至 61.5mg/L。TN 去除率随着 NO_3^--N 初始浓度的增加而增大，并趋于稳定。电解过程逸出的气体均呈碱性，可以判断为 $NH_{3(g)}$-N。根据对 ψ 和 γ 值的分析，本节实验数据计算结果依然显示"其他氮素生成比例"中绝大部分逸散到气相中的 $NH_{3(g)}$-N 的贡献值。NO_3^--N 初始浓度的改变不会导致电解反应留存大量的活性氮素化合物。随着 NO_3^--N 初始浓度的增加，NO_3^--N 催化还原产物中 NO_2^--N 生成比例增加，但 NH_4^+-N 仍是主要产物。

任何一个电解反应在整体上都可以看成由两个半反应组成，而 NO_3^--N 的还原即可以视为电解体系的阴极半反应。计算电解体系的电流有效利用率可以更直观地表示 NO_3^--N 初始浓度对电解反应的影响。实验条件下，外电路通过模拟废水的电子数为：

$$N_e = \frac{CAt}{F} = \frac{10 \times 25 \times 3600}{96485} \times 10^{-3} = 9.33 \times 10^{-3} \, (\text{mol})$$

式中，F 为法拉第常数，计算过程中各量纲进行了标准化处理。忽略留存量极少的活性氮素化合物，假设 NO_3^--N 催化还原产物只有 NO_2^--N 和 NH_4^+-N，那么外电路电子被催化电解体系有效利用的量为：

$$N_e' = \frac{\omega_{(NO_2^- \text{-N})} V \times 2 + \omega_{(NH_4^+ \text{-N})} V \times 8}{M_N}$$

式中，V 为模拟废水体积；M_N 为氮元素的摩尔质量（14g/mol）；ω 为质量浓度。电解体系的电流有效利用率计算公式为：

$$\delta = \frac{N_e}{N_e'} \times 100\%$$

假设各组实验的 NO_3^--N 催化还原产物除 NO_2^--N 以外均为 NH_4^+-N，计算可得各 NO_3^--N 初始浓度条件下的电流有效利用率如表 3-19 所列。

表 3-19　各硝酸盐初始浓度条件下的电流有效利用率

NO$_3^-$-N 初始浓度/(mg/L)	25	50	75	100	150	200
δ/%	13.8	39.3	52.1	66.1	68.2	69.7

由表 3-19 可见，随着 NO$_3^-$-N 初始浓度的增加，催化电解体系的电流有效利用率增加，并趋于稳定。从化学反应热力和动力学角度分析，初始浓度的增加既有利于 NO$_3^-$-N 还原反应平衡向右移动，又能加快反应速率。从表面异相催化反应的步骤分析，NO$_3^-$-N 初始浓度的增加既能增加电导率，减弱电迁作用对有效传质的抑制作用，又能强化 NO$_3^-$-N 在阴极表面的竞争吸附能力，使得电解体系中复合涂层阴极催化还原 NO$_3^-$-N 的能力增强。由于受表面状态、催化元素性质和电解条件的影响，复合涂层阴极的 NO$_3^-$-N 催化还原能力存在增长极限。而且在较高 NO$_3^-$-N 初始浓度条件下，还原产物 NO$_2^-$-N 不能被及时消除，出现了累积现象。不同 NO$_3^-$-N 初始浓度下各反应体系的三个表观参数（端电压、电导率和体系温度）的变化规律如表 3-20 所列。

表 3-20　不同 NO$_3^-$-N 初始浓度下各反应体系的三个表观参数
（端电压、电导率和体系温度）的变化规律

表观参数	NO$_3^-$-N 初始浓度/(mg/L)	电解时间/min											
		1	5	10	15	20	25	30	35	40	45	50	55	60
端电压/V	25	19.672	19.096	18.754	18.341	18.234	17.868	17.656	17.338	17.097	16.931	16.754	16.591	16.459
	50	11.514	11.097	10.626	10.247	10.046	9.743	9.426	9.216	9.112	8.979	8.783	8.642	8.605
	75	8.636	8.606	8.295	8.144	8.038	7.866	7.64	7.533	7.381	7.216	7.194	7.128	7.015
	100	7.293	7.141	6.98	6.852	6.674	6.489	6.355	6.276	6.174	6.028	5.898	5.849	5.817
	150	5.642	5.528	5.453	5.402	5.369	5.326	5.284	5.237	5.188	5.134	5.069	4.932	4.749
	200	4.738	4.696	4.62	4.586	4.561	4.528	4.447	4.426	4.401	4.377	4.333	4.265	4.24
电导率/(μS/cm)	25	226	231	239	246	253	261	264	271	277	281	285	290	293
	50	438	457	474	521	530	559	571	595	604	638	641	658	672
	75	613	636	668	686	723	754	774	804	823	852	871	885	902
	100	823	857	898	918	935	1004	1032	1067	1098	1135	1171	1202	1244
	150	1274	1274	1320	1360	1400	1428	1453	1492	1545	1579	1610	1654	1671
	200	1609	1635	1684	1701	1739	1781	1803	1846	1881	1921	1923	1928	1995
体系温度/℃	25	30.8	31.9	31.8	31.9	30.8	30.9	30.8	30.6	30.6	30.5	30.4	30.5	30.3
	50	30	30	30.9	30.6	30.1	30.2	30.7	30.7	30.2	30.1	30.6	30.9	30.4
	75	32.4	31.6	32	31.3	30.5	30.4	30.8	30.5	30.8	30.5	30.1	30.7
	100	30.5	31	30.7	30.1	30	30.7	30.8	30.4	29.9	30.1	31	30.5	30
	150	30.9	30.9	31.6	31.1	30.5	29.9	29.5	29.1	28.8	29.1	29	30.8	32.5
	200	30.3	30.8	31.3	31	30.5	30.4	31	31.1	30.8	30.3	30.3	31.1	30.9

由表 3-20 可见，随着 NO_3^--N 初始浓度的增加，模拟废水的电导率增加，端电压呈现整体下降趋势。端电压在电解体系中的电压降可由四部分组成，归并前三项后，一般认为溶液电导率和离子活度成正比，由于各组实验的电解液均为稀溶液，可认为电导率和离子浓度成正比。由于各组实验体系温度基本相同，假设在电解反应第 1min 时，体系内物质赋存状态并未发生明显变化，则此时应该存在如下关系：

$$\rho \propto \omega_{(NO_3^--N)}$$

式中，ω 为质量浓度。

观察电导率和 NO_3^--N 初始浓度的关系，如图 3-25 所示。

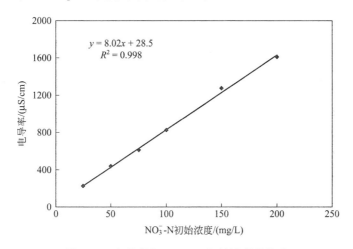

图 3-25　电导率和 NO_3^--N 初始浓度的关系

由图 3-25 可见，模拟废水的电导率和 NO_3^--N 初始浓度之间呈现良好的线性关系。

通过对电解体系内物理和电化学基本性质的分析，认为在恒定电解条件下，$\Delta U_{电极+阴极界面+阳极界面}$ 基本不受电解液内 NO_3^--N 浓度、产物浓度或其他氮素化合物浓度的影响，即电解过程中 $\Delta U_{电极+阴极界面+阳极界面}$ 可视为一个定值。本节对 NO_3^--N 浓度的工艺影响进行了系统的研究，以下对上述命题的真假进行论证。

设：$\chi = \dfrac{1}{\rho}$，则有 $U = \Delta U_{电极+阴极界面+阳极界面} + klC\chi$

以电解初期（1min）时的 χ 和 U 数据作图，如图 3-26 所示。

由图 3-26 可见，χ 和 U 存在良好的线性关系，一次函数 $y = 3.8981x + 2.4615$ 是经最小二乘法数据拟合的结果（进行了量纲处理）。由 χ 和 U 的函数关系可见，在电解初期，$\Delta U_{电极+阴极界面+阳极界面}$ 是一次函数的截距，可视为定值，即 $\Delta U_{电极+阴极界面+阳极界面} = 2.4615V$。

端电压的计算公式可变形为：

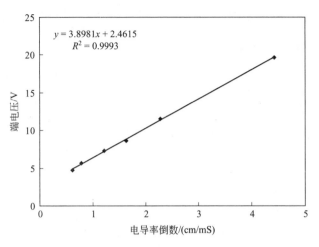

图 3-26　电导率倒数和端电压的关系

$$U' = U - \Delta U_{\text{电极+阴极界面+阳极界面}} = k\,\frac{lC}{\rho}$$

若假设命题为真，则将 $\Delta U_{\text{电极+阴极界面+阳极界面}} = 2.4615\text{V}$ 代入以上公式后，ρ 和 U' 应存在反比关系。以 ρ 为自变量，以 U' 为应变量，利用数据描点法观察 $\rho \rightarrow U'$ 的映射关系，如图 3-27 所示。

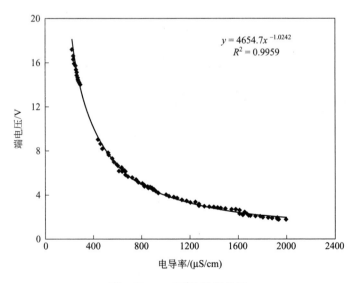

图 3-27　$\rho \rightarrow U'$ 的映射关系

由图 3-27 可见，将所有数据拟合，电解反应过程中端电压减去 $\Delta U_{\text{电极+阴极界面+阳极界面}}$ 的值和电导率呈较为明显的反比趋势，函数解析式为 $y = 4654.7 x^{-1.0242}$，$R^2 = 0.9959$。由此可认为在电解过程中 $\Delta U_{\text{电极+阴极界面+阳极界面}} = 2.4615\text{V}$ 在各反应时间点上较为准确，即 $\Delta U_{\text{电极+阴极界面+阳极界面}}$ 基本不受电解液内 $NO_3^- $-N 浓度、产物浓度或其他氮素化合物浓度的影响。

综上分析，只要满足一定的电解条件，非贵金属复合涂层阴极可在较大的浓度范围内实现有效的 NO_3^--N 催化还原。课题所研发的非贵金属修饰阴极催化电解体系在实际应用中具有广泛的处理对象基础。

（4）电解过程中氮素化合物的转化规律

利用复合涂层阴极电解体系催化还原模拟废水中的 NO_3^--N 是一个渐进的化学反应过程。将复合涂层催化阴极和 Ti/Ir-Ru 阳极组成无隔膜电解体系，分别取 200mL NO_3^--N 浓度为 50mg/L 和 100mg/L 的模拟废水进行实验，考察电解过程中氮素化合物的转化规律。电解其他条件：电流密度为 10mA/cm^2、极板间距为 6mm、搅拌强度为 450r/min、体系温度为 30℃。各项氮素化合物浓度在电解反应过程中的变化规律如图 3-28 和图 3-29 所示。电解过程中各反应体系的三个表观参数（端电压、电导率和体系温度）的变化规律如图 3-30 所示。

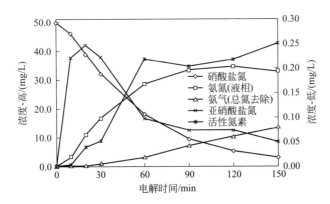

图 3-28　电解反应过程中氮素化合物浓度的变化规律（一）

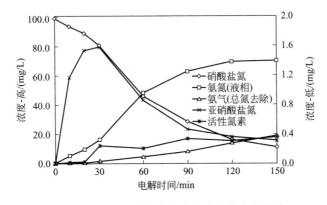

图 3-29　电解反应过程中氮素化合物浓度的变化规律（二）

分析图 3-28 和图 3-29 可知，相同实验条件下，NO_3^--N 浓度为 50mg/L 和 100mg/L 的模拟废水在电解过程中呈现了相似的氮素化合物转化规律。随着电解

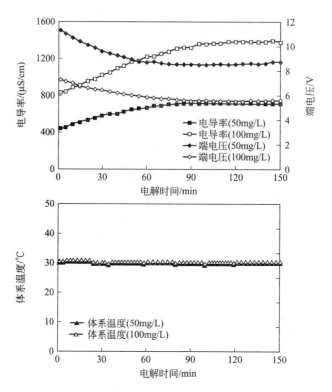

图 3-30　电解过程中各反应体系的三个表观参数
（端电压、电导率和体系温度）的变化规律

反应的进行，模拟废水中 NO_3^--N 被逐步地催化还原，电解 150min 后，两组实验出水的 NO_3^--N 浓度分别可降至 3.1mg/L 和 10.8mg/L。图中"氨氮（液相）"表示在模拟废水中监测到的 NH_4^+-N 浓度。实验过程监测到体系逸出的气体为 $NH_{3(g)}-N$，结合前期研究认为电解体系中的 TN 去除是由 $NH_{3(g)}-N$ 逸出造成的。为统一描述，以液相当量浓度的形式表示电解过程中逸出 $NH_{3(g)}-N$ 的量，并用"氨气（总氮去除）"标记。随着电解反应的进行，液相中 NH_4^+-N 逐步增加，并趋于稳定，$NH_{3(g)}-N$ 当量浓度逐渐增大。总体上，反应进程中电解体系的 NO_2^--N 和活性氮素化合物浓度均处于较低的水平。NO_2^--N 浓度在电解初期出现了累积现象，后被消除。

　　从电解过程中氮素化合物的转化规律和 NO_3^--N 化学还原的基本特性角度进行分析，模拟废水中的 NO_3^--N 首先被催化还原为 NO_2^--N，NO_2^--N 为中间不稳定状态产物，在有效催化环境中能被快速还原为更低价态的氮素化合物，因此 NO_2^--N 在电解反应前期中出现了低浓度小峰值。电解体系内，活性氮素化合物不能长时间留存，这些活性氮素化合物快速地结合生成 NH_4^+-N。电解体系内存在 NH_4^+-N 和 NH_3-N 的平衡，而 NH_3-N 在实验环境中向气相转移，导致了一定程度的 TN 去除。图 3-30 的表观数据也显示，电解体系首先经历了较大的端电压和电导率变化，并在反应后期趋于稳定。

（5）氢离子和氢氧根离子的影响

本章研究的模拟废水成分简单，离子组分仅有 Na^+、NO_3^-、H^+ 和 OH^-。一般实验条件下，Na^+ 在电解体系中仅作为支持电解质考虑，而不参与氧化还原反应。因此，电解体系对 NO_3^--N 的催化还原，实质上就是 e、H_2O、NO_3^-、H^+ 和 OH^- 在催化剂和电场作用下发生的一系列反应。尺寸恒定的电解体系中，电子 e 的量由电解条件中的电流密度决定，NO_3^- 浓度由实验水质决定，而 H^+ 和 OH^- 的组成情况可能会影响到水中 NO_3^--N 的催化还原反应。设计实验，考察 H^+ 和 OH^- 对 NO_3^--N 催化还原的影响。

取 3 组 200mL 的 NO_3^--N 浓度为 50mg/L 的模拟废水，分别添加 H_2SO_4 0.01mol/L、NaOH 0.02mol/L 和 Na_2SO_4 0.01mol/L 进行电解实验，并和不添加物质的实验结果进行对比分析。电解条件：电流密度为 $10mA/cm^2$、极板间距为 6mm、搅拌强度为 450r/min、体系温度为 30℃、电解时间为 60min。实验结果如图 3-31 所示。

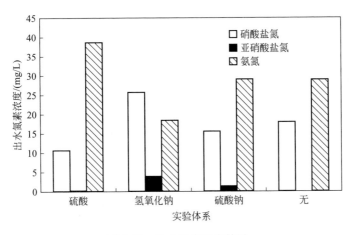

图 3-31　出水氮素浓度结果

比较分析各组实验结果可以发现：在模拟废水中添加 H_2SO_4 有利于提高 NO_3^--N 催化还原效率；添加 NaOH 滞缓了 NO_3^--N 催化还原反应的进行；添加 Na_2SO_4 在一定程度上可以促进 NO_3^--N 催化还原的进行，但其强化功能不能达到添加 H_2SO_4 时的效果。由此认为，水体中的 H^+ 浓度增加有利于 NO_3^--N 催化还原，而 OH^- 浓度增加不利于 NO_3^--N 催化还原，以 Na_2SO_4 为支持电解质仅可略微促进 NO_3^--N 催化还原效果。因此，可认为模拟废水中的 SO_4^{2-} 不会对 NO_3^--N 电解催化还原的化学反应特性产生显著的影响。支持电解质 Na_2SO_4 可弱化逆向电场对 NO_3^--N 或 NO_2^--N 有效传质的抑制作用，在一定程度上有利于 NO_3^--N 催化还原反应的进行。

分析认为，若模拟废水中 H^+ 浓度较高，从电极界面的反应动力学角度来看，阴极表面区域的 H^+ 接受电子，还原为活性还原剂 H 或 H_2 的产率较高。活性还原剂产率高有利于提高模拟废水中 $NO_3^- \text{-} N$ 催化还原的效率。从电极电化学角度分析，模拟废水中 H^+ 浓度增加，可使阴极反应 $H^+ \longrightarrow H_2$ 的过电位降低。阴极的过电位越低，即阴极和电解液的接触层电势差越小。研究表明，$NO_3^- \text{-} N$ 在阴极和电解液接触层中的有效传质对整个催化还原反应速率有较大的影响。模拟废水中 H^+ 浓度越大，$NO_3^- \text{-} N$ 向阴极表面移动的逆向电场斥力越小，越利于催化还原反应的进行。此外，在酸性条件下，H^+ 和 NO_3^- 之间发生的隐蔽反应，强化了 $NO_3^- \text{-} N$ 中 N 的得电子能力，易于发生还原反应。而在碱性环境中，除氧化还原条件、阴极过电位和酸性环境相反以外，OH^- 或能参与阴极表面和 $NO_3^- \text{-} N$ 的竞争吸附，抑制 $NO_3^- \text{-} N$ 的催化还原。

（6）$NO_3^- \text{-} N$ 催化还原机制

结合上述实验结果，基本上揭示了非贵金属复合涂层阴极电解体系催化还原模拟废水中 $NO_3^- \text{-} N$ 的反应特性，并通过理论和数据分析得出了相关条件因素对 $NO_3^- \text{-} N$ 催化还原反应的影响机制。为进一步探索电解体系中 $NO_3^- \text{-} N$ 的催化还原机理，设计对比实验，根据实验结果进行讨论和分析。

国际学界公认，水体中 $NO_3^- \text{-} N$ 的化学还原均是以 $NO_2^- \text{-} N$ 作为第一步反应的产物。通过实验对比分析 $NO_3^- \text{-} N$ 和 $NO_2^- \text{-} N$ 在电解体系内发生的变化，可以揭示 $NO_3^- \text{-} N$ 催化还原的基本历程。

以复合涂层阴极、Ti 阴极和 Ti/Ir-Ru 阳极组成 2 个无隔膜电解体系，取 200mL 浓度为 50mg/L 的 $NO_3^- \text{-} N$ 和 $NO_2^- \text{-} N$（$NaNO_2$ 配制）的 2 种模拟废水，分别在 2 个电解体系中进行实验。电解条件：电流密度为 $10mA/cm^2$、极板间距为 6mm、搅拌强度为 450r/min、体系温度为 30℃、电解时间为 60min。4 次实验出水中各项氮素化合物浓度如图 3-32 所示。

配制 50mg/L 的 $NH_4^+ \text{-} N$（不含氯）模拟废水，按以上电解条件，分别在 2 个电解体系中进行电解反应。实验结果表明，2 个电解体系均不能将模拟废水中 $NH_4^+ \text{-} N$ 氧化为其他氮素化合物。

由图 3-32 可见，$NO_3^- \text{-} N$ 和 $NO_2^- \text{-} N$ 模拟废水在同一反应体系中经 60min 电解后，其出水的各项氮素化合物浓度基本相同。由此可以得出以下推论：电解体系内的氧化还原环境可以将 $NO_2^- \text{-} N$ 还原为 $NH_4^+ \text{-} N$，也可以将 $NO_2^- \text{-} N$ 氧化为 $NO_3^- \text{-} N$；$NH_4^+ \text{-} N$ 为最终稳定物质，不能被氧化还原。

以 $NO_2^- \text{-} N$ 为起始反应物不能明显地促进电解体系的催化还原反应效率，由此可知 $NO_3^- \text{-} N \longrightarrow NO_2^- \text{-} N$ 不是 $NO_3^- \text{-} N \longrightarrow NH_4^+ \text{-} N$ 总体反应历程的控制步骤。

非贵金属元素修饰 Ti 基阴极对模拟废水中 $NO_3^- \text{-} N$ 和 $NO_2^- \text{-} N$ 的催化还原具

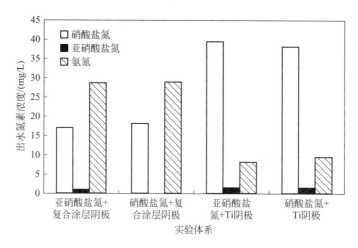

图 3-32 出水中各项氮素化合物浓度

有统一的性质和效率，可见阴极对 NO_3^--N 和 NO_2^--N 的催化还原机理相同。

NO_3^--N 和 NO_2^--N 离子结构内，N 的空间赋存状态和电子云密度不同，而 O 的空间赋存状态和电子云密度相似。因此认为，非贵金属元素修饰 Ti 基阴极通过对 NO_3^--N 和 NO_2^--N 中 O 的表面吸附作用，实现催化还原。

考察 NO_2^--N 模拟废水中氮素化合物随电解反应的转化规律，实验结果如图 3-33所示。

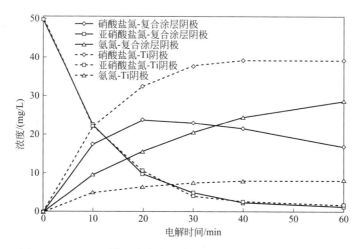

图 3-33 NO_2^--N 模拟废水中氮素化合物随电解反应的转化规律

由图 3-33 可知，无论在对 NO_3^--N 具有高效催化还原效果的复合涂层阴极电解体系，还是在对 NO_3^--N 催化还原效果一般的 Ti 阴极电解体系，模拟废水中的 NO_2^--N 均能被快速地去除。NO_2^--N 在电解体系内存在氧化和还原两个转化方向，阴极对 NO_3^--N 的催化还原能力决定了 NO_2^--N 氧化和还原的速率分配。电解反应前期，模拟废水中 $NO_2^- $-N 浓度高，其氧化为 $NO_3^- $-N 或还原为 $NH_4^+ $-N 的速率均较快；电解反应后期，体系内各项氮素化合物趋于留存的平衡状态，氮素化合物的转化速率变慢。

结合以上研究，认为 $NO_3^- $-N 在电解体系中催化还原的基本历程如图 3-34 所示。

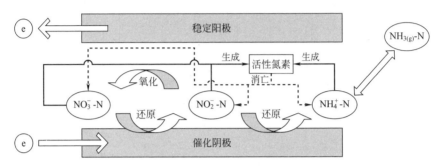

图 3-34　$NO_3^- $-N 在电解体系中催化还原的基本历程

实际上，氮素化合物在 $NO_3^- $-N、$NO_2^- $-N 和 $NH_4^+ $-N 之间的转化应该是通过活性氮素化合物的生成和重组消亡而实现的。电解体系内，电子交换频繁，化学反应活性高，活性氮素化合物消亡速度很快。而活性氮素化合物生成的速率和消亡的重组方式应该是由电解体系的催化活性和选择性决定的。

3.4.3.3　氨氮的电解氯氧化

利用氯气经电解、水解作用产生高氧化性物质次氯酸，将废水中铵根离子氧化为无害化产物氮气，在理论上具有可行性。一般情况下，以折点氯化技术去除氨氮是通过向废水中投加氯气或次氯酸钠的方式实现的。

通过理论分析认为，依托电解体系进行电解氯氧化去除铵根离子和一般折点氯化工艺的基本原理相同，均是以次氯酸作为氧化剂。但在电解体系中包含了电场作用、化学吸附、催化还原、活性基团碰撞、氯离子氧化还原循环等多类复杂的化学、物理过程，其铵根电解氯氧化的反应特性必然和一般的折点氯化工艺不同。以非贵金属复合涂层阴极和 Ti/Ir-Ru 稳定阳极组成无隔膜电解体系，开展模拟废水中铵根的电解氯氧化无害化去除氯离子浓度的影响规律及分析。

（1）氯离子浓度的影响

Cl^- 浓度是电解氯氧化 $NH_4^+ $-N 过程中最重要的因素之一，直接关系到电解析出活性氯的产量，同时还与电解液的电导率密切相关。通过实验考察 Cl^- 浓度对 $NH_4^+ $-N 电解氯氧化的影响，电解条件：电流密度为 $10mA/cm^2$、极板间距为 6mm、搅拌强度为 450r/min、电解时间为 60min。直接考察出水中各项氮素化合物浓度的变化情况，实验数据如图 3-35 所示。电解反应在室温条件下进行，电解过程中端电压和电导率的变化情况如图 3-36 所示。

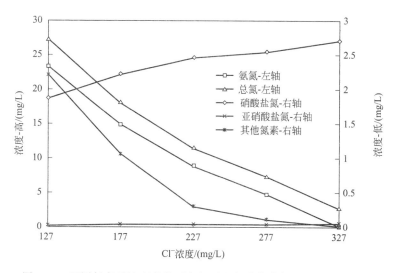

图 3-35　不同氯离子浓度条件下电解过程氮素化合物浓度的变化情况

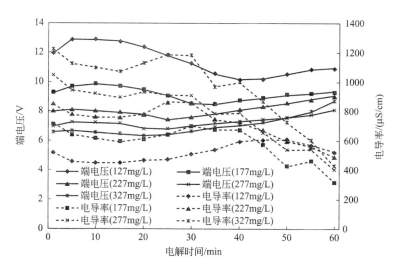

图 3-36　不同氯离子浓度条件下电解过程中端电压和电导率的变化情况

模拟废水的成分简单，主要离子为 Na^+、NH_4^+、H^+、Cl^- 和 OH^-，pH 呈中性。在 Cl^- 电解、水解和 NH_4^+-N 氯氧化的化学反应过程中，体系会产生酸。实验条件下，经 60min 电解后出水 pH 值分别为：3.04、2.97、2.98、3.10 和 3.99（Cl^- 浓度由小变大）。模拟废水中总氨氮（NH_4^+-N 和 $NH_3 \cdot H_2O$-N）在水体中存在化学平衡：

$$NH_3 \cdot H_2O \Longrightarrow NH_4^+ + OH^-$$

常温下平衡常数 $K_s = 1.8 \times 10^{-5}$。由于电解反应过程中，模拟废水的 pH 值为由中性至酸性发生变化，$[OH^-] < 1.0 \times 10^{-7}$（无量纲），计算可得 $[NH_4^+]/$

第 3 章　电化学氧化技术

$[NH_3 \cdot H_2O] > 180$。因此认为电解体系内（液相）氮素化合物几乎不会以 $NH_{3(g)}$-N 逸出的形式得到表观的去除。氯氧化 NH_4^+-N 的各类化学反应中可能产生副产物 NH_2Cl、$NHCl_2$、NCl_3（三者统称氯胺或化合性余氯）和 NO_3^-，其产量受到电化学反应体系内氧化还原状态、pH 值等因素的影响。因为电解反应在烧杯中静态进行，且外部环境为常温、常压，也有研究认为反应有可能产生的氯胺类物质几乎不（或仅有极少量）挥发到气相中，认为电解体系中可能暂时存在的活性氮素化合物 NO_2、NO、N_2O 和 NH 等会在反应过程中快速消亡，也不会逸散到气相中。综上分析可推论电解体系中 TN 的去除主要是由于 NH_4^+-N 被电解氯氧化为 N_2-N。

由图 3-36 可见，基于理论分析提出的在电解体系中依靠电解氯氧化去除 NH_4^+-N 具有实际应用的可行性，而且在一定条件下（Cl^- 浓度较高）具有彻底性。在实验条件下，随着初始 Cl^- 添加浓度的增加，反应出水中 NH_4^+-N 和 TN 浓度明显降低。模拟废水中 Cl^- 浓度为 327mg/L 时，电解 60min 后出水中 NH_4^+-N 为未检出，TN 浓度仅为 2.8mg/L。结合上一段的分析认为，在该条件下模拟废水中的绝大部 NH_4^+-N 被电解氯氧化为无害化的 N_2-N 去除。在各 Cl^- 浓度条件下，反应出水中有极少量的 NO_2^--N 检出，但浓度均不超过 0.04mg/L；产生少量的 NO_3^--N，且随着 Cl^- 浓度的增加略有增加，检出浓度约为 2~3mg/L。其他氮素浓度曲线数据由以下公式计算获得：

$$C_{其他氮素} = C(TN) - C(NO_3^--N) - C(NO_2^--N) - C(NH_4^+-N)$$

由计算公式可见，"其他氮素"就是指模拟废水中除"三氮"以外的其他氮素化合物，在电解实验体系中主要包括氯胺（化合性余氯）和极少量的活性氮素化合物。在各 Cl^- 浓度条件下，出水中"其他氮素"浓度均较低，且随着 Cl^- 浓度的增加而降低。模拟废水中 Cl^- 浓度达到 227mg/L 时，出水"其他氮素"浓度仅为 0.29mg/L。由此可见，本催化电解体系可有效地控制 NH_4^+-N 氯氧化副产物的生成，有利于实现无害化去除废水中 NH_4^+-N 的技术目标。

数据显示，在各组电解实验过程中，电解体系的表观参数（端电压和电导率）变化呈相似规律，即：在反应初期的 10min 内，电解体系的端电压上升，电导率下降；反应至 10~30min 阶段，电解端电压下降，电导率上升；反应后 30min，电解端电压上升，电导率下降且幅度非常明显。分析电解体系内发生的各类主要化学反应，将其归纳为 4 类：溶液离子量增加型反应、溶液离子量减少型反应、溶液离子量平衡型反应和溶液离子量不变型反应。

① 溶液离子量增加型反应

$$Cl_2 + H_2O \longrightarrow HOCl + Cl^- + H^+$$
$$6HOCl + 3H_2O \longrightarrow 2ClO_3^- + 4Cl^- + 12H^+ + 1.5O_2 + 6e^-$$
$$2H_2O \longrightarrow O_2 + 4H^+ + 4e^-$$

$$2H_2O + 2e^- \longrightarrow 2OH^- + H_2$$

$$ClO^- + H_2O + 2e^- \longrightarrow Cl^- + 2OH^-$$

$$2HOCl + ClO^- \longrightarrow ClO_3^- + 2H^+ + 2Cl^-$$

$$NH_4^+ + 4HOCl \longrightarrow NO_3^- + H_2O + 6H^+ + 4Cl^-$$

$$NH_2Cl + 0.5HOCl \longrightarrow 0.5N_2 + 0.5H_2O + 1.5H^+ + 1.5Cl^-$$

② 溶液离子量减少型反应

$$2Cl^- \longrightarrow Cl_2 + 2e^-$$

③ 溶液离子量平衡型反应

$$H^+ + OH^- \rightleftharpoons H_2O$$

$$H^+ + ClO^- \rightleftharpoons HOCl$$

$$NH_3 \cdot H_2O \rightleftharpoons NH_4^+ + OH^-$$

④ 溶液离子量不变型反应

$$NH_4^+ + HOCl \longrightarrow NH_2Cl + H_2O + H^+$$

$$NH_2Cl + HOCl \longrightarrow NHCl_2 + H_2O$$

$$NH_2Cl + 2HOCl \longrightarrow NCl_3 + 2H_2O$$

从溶液化学的角度分析认为:水分子以及次氯酸生成和铵分解反应是溶液中存在的离子平衡反应,对体系内其他相关反应的离子量变化存在缓冲作用。结合实验现象、电解氯反应和 NH_4^+-N 氯氧化反应的基本规律,分析认为在电解体系中,首先主要发生氯离子的还原反应,导致溶液离子量降低、电导率下降、端电压上升;当溶液中 Cl_2 浓度增加到一定程度时,发生一定速率的水解、pH 值下降、NH_4^+-N 氯氧化等反应,使得溶液离子量增加、电导率上升、端电压下降;反应后期,电解体系内溶液离子量增加型反应的速率随着反应物浓度降低而降低,而反应产生的 Cl_2 通过物理作用逸散到气相中,导致了溶液离子量大幅度不可逆的降低、电导率下降、端电压上升。

实验条件下,出水氮素化合物浓度随模拟废水中 Cl^- 浓度变化的作用机理较为明朗。电解体系中 Ti/Ir-Ru 阳极为低析氯电位电极,随着模拟废水中 Cl^- 浓度的增加,在同一实验条件下,产生的 Cl_2 增加,从而导致 HOCl 产量增加。NH_4^+-N 氯氧化反应的速率和化学平衡均与 HOCl 量有关。在电解体系中,足量的 HOCl 可使大部分 NH_4^+-N 氧化为 N_2-N 脱除,使出水中 NH_4^+-N 和 TN 浓度大幅度下降。一小部分 NH_4^+-N 在电解体系的复杂作用下,最终转化为 NO_3^--N、NO_2^--N、氯胺、活性氮素化合物等物质。当模拟废水中 Cl^- 浓度较高时,电解产生的活性氯浓度高,使得整个体系的氧化性增强,因此氮素的最高化合态副产物 NO_3^--N 略有增加,而氯胺或活性氮素化合物几乎不再留存。

(2) 电流密度的影响

电流密度决定了电解体系中电子交换速率,是所有电化学反应的重要参考指标之一。同样，电流密度在 NH_4^+-N 电解氯氧化反应中也是最重要的条件因素之一，关系到电极活化 Cl^- 的强度。通过实验考察电流密度对 NH_4^+-N 电解氯氧化的影响，电解条件：Cl^- 浓度为 227mg/L（其中 NH_4Cl 贡献 127mg/L，NaCl 贡献 100mg/L）、极板间距为 6mm、搅拌强度为 450r/min、电解时间为 60min。考察电解出水中各项氮素化合物浓度的变化情况，实验数据如图 3-37 所示。电解反应在室温条件下进行，电解过程中端电压和电导率的变化情况如图 3-38 所示。

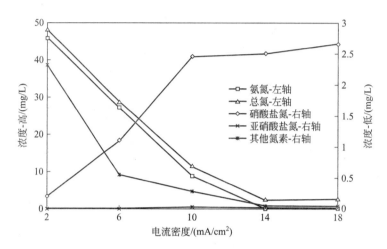

图 3-37 不同电流密度条件下电解出水中各项氮素化合物浓度的变化情况

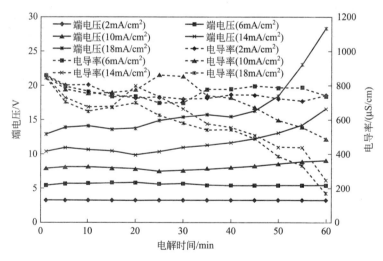

图 3-38 不同电流密度条件下电解过程中电导率和端电压的变化情况

实验条件下，经 60min 电解后出水 pH 值分别为 4.07、3.00、2.98、3.49 和 4.29（电流密度由小变大）。各组电解体系中 TN 的去除主要是由于 NH_4^+-N 被电解氯氧化为 N_2-N。

由图 3-37 可见，随着电流密度的增加，出水中 NH_4^+-N 浓度明显降低。实验条件下，电流密度达到 $14mA/cm^2$ 后，模拟废水中的 NH_4^+-N 经 60min 电解被全部反应去除。实验出水 TN 浓度随着电流密度的增加先明显降低后略有增加。在较低的电流密度（$2mA/cm^2$）条件下，NH_4^+-N 仅有少量被反应转化，且转化为 N_2-N 的比例没有绝对的优势，出水中含有一定量的"其他氮素"化合物，可能主要是氯胺类物质。电流密度增至 $6mA/cm^2$ 后，NH_4^+-N 转化为 N_2-N 成为电解体系中氮素化合物转化的主要反应，出水中所含的 NO_3^--N、NO_2^--N 和"其他氮素"的总和相对于 TN 的去除量而言较少。在各电流密度条件下，出水中 NO_2^--N 浓度均较低，不超过 $0.04mg/L$。随着电流密度的增加，出水中"其他氮素"浓度在较低的水平内有所下降，至极低值（小于 $0.02mg/L$）；NO_3^--N 在一定程度内有所增加，在 $6mA/cm^2$ 时最高可达 $2.7mg/L$。

由图 3-38 可见，在各组电解实验中，电导率的变化基本上呈现先降、后升、再降的规律，相应的端电压呈现先升、后降、再升的规律。在电流密度较小的条件下，电导率和端电压的升降幅度较小，且升降周期较长，即第一个降幅（电导率）顶点出现的时间较晚。随着电流密度的增加，电导率和端电压的升降幅度增大，降幅顶点出现时间提前，反应后期电导率下降（端电压上升）变化剧烈。从表观参数的变化规律可以看出，随着电流密度的增加，电解体系内阳极析氯、Cl_2 水解、NH_4^+-N 氯氧化和 Cl_2 逸散等主要物理、化学过程均得到强化，致使 NH_4^+-N 无害化去除效率增加。

从机理上分析，电解体系中 NH_4^+-N 的氯氧化反应发生在溶液内部，而不是电极的表面过程。因此，由电流密度引起的电迁作用应该不会通过其在物质传质方面的强化或约束对 NH_4^+-N 的电解氯氧化反应效率产生显著的影响。反应体系以搅拌作为强制对流机制，可以满足 Cl_2 扩散水解、NH_4^+-N 氯氧化等主要反应的接触要求。电流密度主要是通过控制阳极析氯速率对电解体系内的复杂反应产生间接的影响。实验所采用的 Ti/Ir-Ru 阳极为低析氯电位电极，增加电流密度可以明显地增加 Cl_2 的析出速率。在电流密度较低的条件下，由于 Cl_2 析出速率较低，Cl_2 水解产生 HOCl 的量较少，进而影响了 HOCl 氧化 NH_4^+-N 生成 N_2-N 的速率。在电流密度较高的条件下，Cl_2 快速析出并水解产生大量的 HOCl。在相同的实验条件下，由于模拟废水中 HOCl 含量高，可将全部的 NH_4^+-N 氧化，并主要生成 N_2-N 脱除。另外，由于 Cl_2 的析出速率过快，当模拟废水的 pH 值已经下降到一定程度时，会造成 Cl_2 向气相中逸散，使得电解后期模拟废水中离子量明显下降，电导率随之明显下降。在电流密度较高的条件下，由于 Cl_2 的快速析出和水解，使整个电解体系的氧化活性增强，促使部分 NH_4^+-N 被过度氧化为 NO_3^--N。而"其他氮素"指标中包括的诸如氯胺、活性氮化合物等难以在高氧化环境中留存，其检出量极低。

（3）极板间距的影响

在恒流状态下，极板间距对电解体系的内部传质状态存在一定程度的影响，从而影响 NH_4^+-N 电解氯氧化的效率。通过实验考察极板间距对 NH_4^+-N 电解氯氧化的影响，电解条件：Cl^- 浓度为 227mg/L（其中 NH_4Cl 贡献 127mg/L，NaCl 贡献 100mg/L）、电流密度为 10mA/cm^2、搅拌强度为 450r/min、电解时间为 60min。考察电解出水中各项氮素化合物浓度的变化情况，实验数据如图 3-39 所示。电解反应在室温条件下进行，电解过程中端电压和电导率的变化情况如图3-40所示。

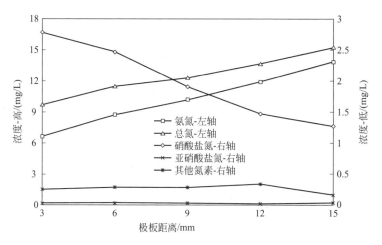

图 3-39　不同极板间距下电解出水中各项氮素化合物浓度的变化情况

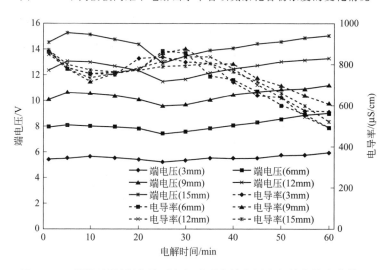

图 3-40　不同极板间距条件下电解过程中端电压和电导率的变化情况

实验条件下，经 60min 电解后出水 pH 值分别为 2.86、2.98、2.92、2.94 和 2.99（极板间距由小变大）。各组电解体系中 TN 的去除主要是由于 NH_4^+-N 被电

解氯氧化为 N_2-N。

由图 3-39 可见，各组电解实验体系中，出水 NH_4^+-N 浓度均已降到一定的水平，最高不超过 14mg/L；TN 浓度略高于 NH_4^+-N 浓度，TN 浓度超出 NH_4^+-N 的部分基本上是由反应副产物 NO_3^--N 贡献；NO_2^--N 和"其他氮素"浓度均处于较低的水平。由此可见，实验条件下，各组电解体系内发生的主要化学过程均为 NH_4^+-N 被电解氯氧化为 N_2-N，实现无害化去除。从极板间距对电解反应的影响规律来看，极板间距小有利于降低出水 NH_4^+-N 浓度，增加 TN 去除率。而较小的极板间距也会导致出水中 NO_3^--N 浓度略高。改变极板间距对出水中 NO_2^--N 和"其他氮素"浓度基本无显著的影响。

由图 3-40 可见，各组电解体系的端电压和电导率变化规律基本一致。虽然极板间距对 NH_4^+-N 电解氯氧化效率存在一定的影响，但影响程度较小，5 条电导率变化曲线没有明显的差异。

从机理上分析，体系内 NH_4^+-N 的去除主要经历了阳极析出 Cl_2、Cl_2 水解产生 HOCl、HOCl 氧化 NH_4^+-N 生成 N_2-N 三个步骤。缩小极板间距可使 HOCl 等氧化剂的扩散距离变短，缩短氧化剂和 NH_4^+-N 之间接触所需要的传质时间，一定程度上增加了电解体系对 NH_4^+-N 氧化去除的效率。由于极板间距对 NH_4^+-N 电解氯氧化的效率影响较小，可认为在实验条件下，HOCl 等氧化剂的传质扩散并不是整体反应的控制因素。第 4 章指出，在所用的烧杯实验体系中，极板间距较小可能会导致电极与溶液界面的层流层当量厚度增加，影响电极与溶液内部之间的物质交换速率。而在本节中，阳极的关键作用是夺取 Cl^- 的电子，在界面处析出 Cl_2。Cl^- 向阳极靠近的过程中，电场的电迁作用是推动力，可以克服层流黏滞作用，使阳极过程顺利进行。因此，结合实验结果可认为在 NH_4^+-N 电解氯氧化反应体系内，由于极板间距缩小而引起的界面区域传质速率降低不会对整体反应速率产生明显的影响。又由于在较小极板间距条件下，氧化剂的扩散距离较短，在 Cl_2 析出和水解速率恒定的情况下，可能会造成极板间的区域氧化氛围增强，从而使相对较多的 NH_4^+-N 过度氧化为副产物 NO_3^--N。由于极板间距的缩小还有利于降低电解反应的能耗，使工艺经济性增强。从工程应用的角度来看，在保证反应效率的前提下，多采用极板间距较小的电解体系。

（4）搅拌强度的影响

搅拌强度对电解体系的影响主要表现在调整模拟废水的紊流度，使各类化学反应所处环境的物质交换强度发生变化。通过实验考察搅拌强度对 NH_4^+-N 电解氯氧化的影响，电解条件：Cl^- 浓度为 227mg/L（其中 NH_4Cl 贡献 127mg/L，NaCl 贡献 100mg/L）、电流密度为 10mA/cm²、极板间距为 3mm、电解时间为 60min。考察电解出水中各项氮素化合物浓度的变化情况，实验数据如图 3-41 所示。电解反应在室温条件下进行，电解过程中端电压和电导率的变化情况如图 3-42 所示。

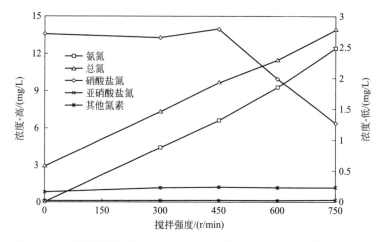

图 3-41　不同搅拌强度下电解出水中各项氮素化合物浓度的变化情况

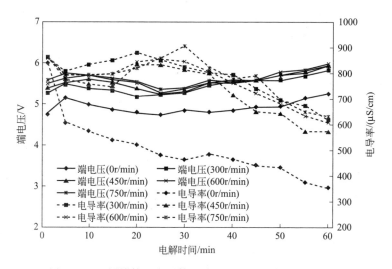

图 3-42　不同搅拌强度下体系端电压和电导率的变化情况

实验条件下，经 60min 电解后出水 pH 值分别为 2.95、2.78、2.86、2.90 和 2.98（极板间距由小变大）。各组电解体系中 TN 的去除主要是由于 NH_4^+-N 被电解氯氧化为 N_2-N。

由图 3-41 可见，搅拌强度对电解体系内发生的化学反应存在一定程度的影响。实验条件下，随着搅拌强度的增加，出水中 NH_4^+-N 和 TN 浓度增加，在不搅拌条件下出水 NH_4^+-N 浓度达到未检出；剧烈搅拌时出水 NO_3^--N 浓度较低，不超过 1.3mg/L；"其他氮素"和 NO_2^--N 浓度维持在较低的水平。在各搅拌强度条件下，经 60min 电解后，模拟废水的 TN 去除量均远远大于 NO_3^--N、NO_2^--N 和"其他氮素"的生成量。由此可认为，在各组电解体系内，NH_4^+-N 均是以 N_2-N 为主要产物发生氮素化合物的转化。

由图 3-42 可见，电解体系内是否存在外力搅拌对其表观参数的变化规律具有一定的影响。实验条件下，搅拌强度在 300～750r/min 之间时，电解体系的端电压和电导率变化规律相似。端电压先升、后降、再升，而电导率先降、后升、再降。同时，电解时间各采样点上的端电压和电导率具体数值均在一定幅度内波动。同上分析，电解过程中表观参数的变化是由电解体系内各类化学反应或物理过程速率的增减引起的。在以上众多的条件因素实验中，电解体系表观参数随时间的变化规律基本上具有相似性。但在电解体系内不进行外力搅拌时，其表观参数的变化规律有明显的不同。不搅拌条件下，电解体系的电导率有直降的趋势，且 60min 后出水电导率明显低于其他条件的实验结果。观察比较实验过程中的现象可以发现搅拌与不搅拌条件下的一个明显差异，即当电解体系存在外力搅拌时，阳极表面没有明显的气泡直接上升现象，而体系内没有外力搅拌时，阳极表面出现了连续的气泡上升。由此可认为，由于在电解体系中缺少外力的强制分散作用，阳极表面析出的 $Cl_{2(aq)}$ 可迅速累积，造成区域浓度过高；由于物理作用，阳极表面区域的 $Cl_{2(aq)}$ 可快速集聚，形成 $Cl_{2(g)}$ 并逸出。由于这种作用机制，电解体系内离子浓度一直维持较快的下降速率，使得电导率出现了直降的趋势。

从机理上分析，搅拌强度调整的是电解体系内的对流传质速率，其对 NH_4^+-N 电解氯氧化的影响主要通过改变氧化还原化学反应前的物质传质条件而实现。在较高的搅拌强度下，电解体系内的物质传质速率增加。研究表明，在电解氯氧化体系中，剧烈的传质可使副反应作用强化，容易造成有效氧化剂 HOCl 的损失，不利于 NH_4^+-N 电解氯氧化主反应的进行。另外，NO_3^--N 阴极催化还原反应不同，本电解体系中需要发生的目标反应是阴离子 Cl^- 在阳极表面析出。若在体系内进行强制对流，混乱的紊流场就破坏了有利于 Cl^- 传质的电场梯度，反而使 Cl_2 析出速率降低，进而影响了有效氧化剂的生成速率。因此，在实验条件下，出水 NH_4^+-N 的浓度随着搅拌强度的增加而增加。由出水的各项氮素浓度监测数据可见，搅拌强度对电解体系内目标反应速率的影响程度较小。改变搅拌强度的大小对电解体系内目标反应的物质传质条件产生作用，因此基本上不会明显地改变氧化还原反应的基本特性，各搅拌强度条件下，NH_4^+-N 电解氯氧化的主要产物均为 N_2-N，副产物氯胺、NO_3^--N 和 NO_2^--N 的生成量均较少。

（5）氨氮氯氧化去除机制

从化学反应的基本理论出发，结合电化学体系特征和研究结果，对实验电解体系内 NH_4^+-N 电解氯氧化去除特性进行分析。

对折点氯化法去除 NH_4^+-N 的反应特性进行分析，折点氯化法主要受到 Cl/N、预处理条件、pH 值和氯化反应速率的影响。针对成分简单的模拟废水处理，可以不考虑预处理条件因素。

① 将 NH_4^+-N 氧化为 N_2-N 的理论氯投加量（以 Cl_2 计）与 NH_4^+-N 的质量比应为 7.6∶1。当 Cl/N 不足时主要生成 NH_2Cl，水中化合余氯增强；随着氯投加量的增加，水中 NH_2Cl 继续反应生成 $NHCl_2$ 和 N_2；当 Cl/N 等于 7.6 时，化合余氯值最小，此点即折点。在折点几乎所有氧化性氯都被还原，全部 NH_4^+-N 都被氧化。

② 反应体系内的 pH 值对折点氯化法氧化 NH_4^+-N 的产物组成有较大的影响。pH 值过高，副产物 NO_3^--N 的量增加；pH 值过低，副产物 NCl_3 的量增加。若以 N_2-N 为目标产物，需要维持反应体系的 pH 为中性。由于 NH_4^+-N 氧化过程中会产生酸，因此折点氯化工艺需要通过加碱中和的方法维持体系 pH 值，使 NH_4^+-N 氧化为 N_2-N 逸出。

③ 折点氯化反应中 N_2-N 通过 HOCl 进一步氧化生成 NH_2Cl，中间产物 NH_2Cl 的生成速率关系到整个反应的效率。一般而言，废水中的 NH_4^+-N 可以快速地被 HOCl 氧化为 NH_2Cl。因此通常在折点氯化过程中需要充分地搅拌，且在反应初期会出现一定量的氯胺浓度累积。

从实验结果来看，在以 Cl^- 为支持电解质，非贵金属元素复合涂层阴极和 Ti/Ir-Ru 稳定阳极组成的无隔膜电解体系中，NH_4^+-N 电解氯氧化去除的反应特性与折点氯化工艺具有明显的不同，具体如下。

① 在满足一定电流密度条件下（保证一定的阳极析氯速率），电解体系中，NH_4^+-N 的氧化产物均以 N_2-N 为主。实验条件下，Cl/N 为 4.54 时，经 60min 电解后，氧化的 NH_4^+-N 中有 93.3％转化为 N_2-N。而若令 Cl/N＝4.54，在折点氯化法处理工艺中，NH_4^+-N 的主要氧化产物应该为 NH_2Cl，废水中的 TN 并未得到无害化去除。

② 随着电解反应的进行，模拟废水的 pH 由中性变为酸性。但反应出水的氮素化合物监测分析中并未发现过高的"其他氮素"（即包含氯胺类物质）和 NO_3^--N 浓度。可认为，在实验电解体系内，NH_4^+-N 氧化反应的产物趋向性没有受到 H^+ 浓度增大的显著影响。

③ 虽然在电解反应初期，模拟废水中也出现了氯胺类物质的累积，但总体浓度值较低。而折点氯化的相关研究表明，Cl/N 为 0.2，pH 值为 7 时，仅 0.2s 就可将废水中 99％的 NH_4^+-N 氧化为 NH_2Cl。因此认为，在实验催化电解体系内很可能存在一种内部机制，使得 NH_4^+-N 的电解氯氧化过程中氯胺类物质不能快速生成，或生成后可被快速反应为其他物质。

从以上 3 点差异，结合实验电解体系的特征，提出如下推测，对 NH_4^+-N 电解氯氧化去除反应特性进行解释。

① 电解体系中 Cl^- 通过阳极析氯功能转化为 Cl_2，又经水解转化为有效的活性氧化剂 HOCl，而 HOCl 参与的各类主副反应又可生成 Cl^-。因此，在 NH_4^+-N 电

解氯氧化去除过程中，Cl 元素存在循环利用机制，模拟废水中初始的 Cl^-/N 不需要达到折点氯化所要求的 Cl/N 值，就可以实现 NH_4^+-N 的有效去除。而在电解反应过程中，Cl 元素的不可逆损失应该主要是由 Cl_2 在酸性环境下的逸散造成的。

② 随着电解反应的进行，由于反应产酸，导致模拟废水的 pH 值下降。在酸性环境中，折点氯化工艺上应会产生较多的副产物 NCl_3，但 NH_4^+-N 电解氯氧化反应却能控制副产物的生成量。从电解体系的反应特性上分析，可能的原因是：铵离子与次氯酸所发生的目标反应，或副反应中的溶液离子离子量不变型反应，并且主要发生在电解体系的溶液内部。虽然模拟废水整体上呈酸性，但由于电场的作用（尤其在不搅拌条件下），H^+ 偏向于在阴极区域富集，导致溶液内部可能仍具备有利于 N_2-N 生成的 pH 环境。

③ NH_4^+-N 的电解氯氧化和折点氯化工艺中的氧化还原环境不同。折点氯化工艺中，体系仅存在由 Cl_2、HOCl、ClO^- 等活性氯形成的氧化性环境。而在无隔膜电解体系内，由于阴阳两极的共同作用，体系内既有氧化性的活性氯，也有还原性的活性氢，同时阴极表面的涂层在反应中也可能具有催化作用。氯胺是 NH_4^+-N 氧化去除的中间产物或副产物，具有一定的氧化性。在折点氯化工艺上，由于整体均处于氧化环境中，氯胺类物质或被进一步氧化为 N_2-N，或暂时地稳定留存，可能形成较高的氯胺浓度峰。而 NH_4^+-N 电解氯氧化工艺能在反应过程中维持较低的氯胺浓度，可能是由于氯胺类物质在电解体系中即使没有机会被 HOCl 进一步氧化为 N_2-N，也很可能被活性氢 [H]，或在阴极涂层元素的催化作用下，还原为 NH_4^+-N。

根据以上推测，NH_4^+-N 电解氯氧化反应的基本历程如图 3-43 所示。

研究发现，实验条件中改变反应物理条件的两个因素"极板间距"和"搅拌强度"对总体反应速率的影响要低于改变反应化学条件的两个因素"Cl^- 浓度"和"电流密度"。由此可认为，实验电解体系中的控制因素主要存在于氧化还原的化学反应过程，化学反应所需的物质传质基础在一般的常规条件下可以得到快速的满足。

3.4.3.4 催化电解体系同步去除硝态氮

在无隔膜电解体系中，利用非贵金属涂层阴极的表面异相催化作用，可实现模拟废水中硝酸根的催化还原。在相对比较温和的反应条件下，即可将硝态氮绝大部分催化还原为氨氮。而以氯离子为支持电解质，参与电解体系的氧化还原循环，可将模拟废水中的绝大部分氨氮氧化为无害化产物氮气。

(1) 氯离子浓度的影响

Cl^- 浓度对电解体系的电导率、氧化还原环境特征都存在直接的影响。以 50mg/L 的 NO_3^--N 模拟废水为研究对象，通过实验考察 Cl^- 浓度对 NO_3^--N 无害化去除的影响。电解条件：电流密度为 $10mA/cm^2$、极板间距为 6mm、搅拌强度

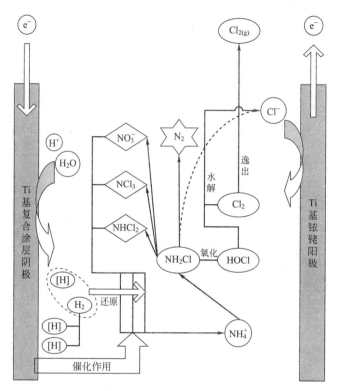

图 3-43 NH_4^+-N 电解氯氧化反应历程推测图

为 450r/min、体系温度为 30℃、电解时间为 60min。Cl^- 浓度对各项氮素指标变化的影响规律如图 3-44 所示。不同 Cl^- 浓度条件下电解过程中端电压和电导率的变化情况如图 3-45 所示。

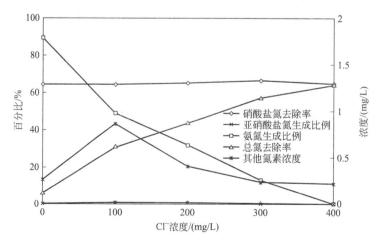

图 3-44 Cl^- 浓度对各项氮素指标变化的影响规律

各实验条件下，经 60min 电解后出水 pH 值分别为 11.28、10.67、10.70、

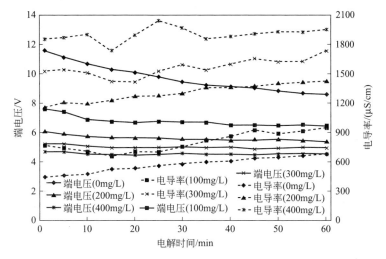

图 3-45　不同 Cl^- 浓度条件下电解过程中端电压和电导率的变化情况

10.74 和 10.40（氯离子浓度由小变大）。实验过程中用湿润的 pH 试纸全程监测逸出气体的酸碱性，除氯离子浓度为 0mg/L 时气体呈碱性，其他条件下均为中性。各组实验过程中未发觉有刺激性的气体产生。

　　研究认为，在电解体系不含氯的情况下，TN 的去除是由于 NO_3^--N 催化还原的主产物 NH_4^+-N 在溶液中转化为 NH_3-N，并以气体形式逸出。假设溶液 pH 值为 11，根据溶液离子平衡的计算公式，NH_4^+-N 和 $NH_{3(aq)}$-N 的比值为 0.018。但是，实现液相 TN 的去除，还必须经历由 $NH_{3(aq)}$-N 向 $NH_{3(g)}$-N 的转化和逃逸，而 $NH_{3(g)}$-N 是一种极易溶于水的气体。因此，实验条件下，依靠 $NH_{3(g)}$-N 逸出实现 TN 去除在量上较少，Cl^- 浓度为 0mg/L 时 TN 去除率仅为 6.3%。由于电解过程中溶液由中性变为碱性，在碱性环境下，阳极析出的 Cl_2 在强制搅拌的分散作用下可被溶液快速吸收，不会逸散到气相中。又根据逸出气体监测结果为中性，可认为在电解体系含 Cl^- 的情况下，反应逸出气体应该为 N_2-N。液相 TN 去除的原因是 NO_3^--N 经催化电解体系内的复杂反应作用，转化为 N_2-N 逸出。

　　由图 3-44 可见，利用"阴极催化还原-电解氯氧化"技术方案可按理论分析提出的反应历程实现模拟废水中 NO_3^--N 的同步无害化去除。Cl^- 浓度对 NO_3^--N 的催化还原效率没有显著的影响。实验条件下，随着向模拟废水中添加 Cl^- 浓度的增加，出水的 TN 去除率明显上升，NH_4^+-N 生成比例明显下降，NO_2^--N 生成比例处于较低的水平且无明显变化。图中"其他氮素"浓度按其计算公式的意义，实际上指的是出水中除了"三氮"以外的液相氮素化合物，主要包括氯胺类物质或活性氮素化合物。在各 Cl^- 浓度条件下，"其他氮素"浓度均处于较低的水平。从实验数据显示的整体趋势来看，在模拟废水中发生的主要反应是 NO_3^--N 催化还原和 NH_4^+-N 电解氯氧化。若以 60min 的电解时间做整体分析，随着 Cl^- 浓度的增加，

模拟废水中 NH_4^+-N 电解氯氧化的反应速率逐渐加快,最后与 NO_3^--N 阴极催化还原速率趋于相同,表现为 TN 去除率逼近 NO_3^--N 去除率。

由图 3-45 可见,各组 Cl^- 浓度条件下,电解过程中端电压呈下降趋向,其下降幅度随着 Cl^- 浓度的增加而减小;电导率呈波浪上升趋势。前面已罗列了 NH_4^+-N 电解氯氧化过程中发生的主要反应,并根据各反应对电解过程表观参数的影响将其分类。而在 NO_3^--N 无害化去除过程中,电解体系内还包含了 NO_3^--N 的阴极催化还原反应,其反应方程式如下(不包括活性位反应,只列宏观反应):

$$NO_3^- + H_2O + 2e^- \xrightarrow{催化} NO_2^- + 2OH^-$$

$$NO_2^- + 6H_2O + 6e^- \xrightarrow{催化} NH_4^+ + 8OH^-$$

如上反应方程式所示,NO_3^--N 的阴极催化还原反应具有两个特点:第一,反应可增加电解体系内的离子量;第二,反应使电解体系的 pH 值升高。在电解体系内,阴阳极的电子得失始终处于平衡状态,因此模拟废水电解的总反应表达式不包括自由电子。删去阴阳两极半反应的重叠反应物和产物,实验条件下,在 Cl^- 浓度为 0mg/L 时,电解体系内发生的总反应方程式如下:

$$NO_3^- + 3H_2O \xrightarrow{催化} NH_4^+ + 2O_2 + 2OH^-$$

Cl^- 在 NH_4^+-N 电解氯氧化反应中,实质上是以 $Cl^- \to Cl_2 \to HOCl \to Cl^-$ 循环的形式作为 NH_4^+-N 氧化的电子传递媒介,并不参与最终产物的合成。因此,在电解体系含 Cl^- 的情况下,以目标产物 N_2-N 为最终产物的总反应方程式如下:

$$4NO_3^- + 2H_2O \xrightarrow[Cl^- 循环]{催化} 2N_2 + 5O_2 + 4OH^-$$

比较分析以上两种反应可见:在不含氯的情况下,通过电解体系的催化还原总反应可使溶液离子量增加,pH 值升高;在含氯的情况下,通过电解体系对 NO_3^--N 实现无害化去除的总反应不能使溶液离子量增加,可使溶液 pH 值升高,但等量 NO_3^--N 反应产生 OH^- 的量较低。从电解体系内的化学反应方程和实际测量的 pH 值情况来看,在 NO_3^--N 无害化去除反应中,模拟废水处于中性至碱性变化的趋势中,实验条件下阳极析出的 Cl_2 能快速地被溶液吸收,不会逸散到气相中。因此,溶液的离子量不会因为 Cl_2 的逸散造成大幅度不可逆的下降。由于 Cl_2 的逸散得到了有效的控制,在电解反应过程中,NO_3^--N 催化还原、阳极析氯、Cl_2 水解、NH_4^+-N 氧化等多种反应交叉进行,使得电导率呈波浪形变化。随着 Cl^- 浓度的增加,模拟废水初始的电导率增加,且电解体系内总反应所占的比重增加,使得反应前后的电导率相对增加幅度减小,端电压降低的幅度减小。虽然电解过程中表观参数的变化不能在逻辑上直接论证其内部反应机制,但根据研究成果和电解体系基本特性推导出的反应机制和表观参数的变化具有较好的一致性,可在一定程度上增加内部机制推测的可靠性。

从机理上分析,模拟废水中 Cl^- 浓度的增加首先可以增加电导率,降低端电压。端电压的降低可弱化电迁作用对 NO_3^--N 向阴极表面传质的抑制作用，使 NO_3^--N 催化还原反应步骤中的传质速率增加。但模拟废水中的 Cl^- 或经各种氧化还原反应后产生的其他物质可能会参与阴极表面和 NO_3^--N 的竞争吸附，成为 NO_3^--N 催化还原的不利因素。实验结果显示，NO_3^--N 催化还原效率基本没有受到 Cl^- 浓度的影响，可能是在实验条件下，NO_3^--N 催化还原反应的控制步骤不受 Cl^- 浓度的影响，或 Cl^- 浓度对 NO_3^--N 催化还原反应各个步骤产生的有利和不利影响在量上可相互抵消。在 NO_3^--N 无害化去除反应中，要实现等量的 NH_4^+-N 电解氯氧化去除，需要添加较多的 Cl^-。分析其原因为：NO_3^--N 无害化去除过程中，NH_4^+-N 需要通过阴极催化还原 NO_3^--N 产生，其反应物浓度较低且在电解时间上存在缓释过程，使得 NH_4^+-N 的电解氯氧化环节反应动力学受到影响。要保证电解体系对由 NO_3^--N 催化还原生成 NH_4^+-N 的去除量，需要增加 Cl^- 浓度，强化 NH_4^+-N 电解氯氧化的反应速率。此外，由于电解体系内的氧化还原活性很高，使得除"三氮"以外的活性氮素化合物、氯胺类物质均不能大量留存。因此，电解体系形成了 NO_3^--N→NO_2^--N→NH_4^+-N→N_2-N 的主要反应历程，满足模拟废水中 NO_3^--N 无害化去除目标的要求。

（2）电子供给的影响

一般实验研究中，电解体系的电子供给方式可分为恒电压和恒电流。以 50mg/L NO_3^--N 模拟废水为研究对象，添加 NaCl 使模拟废水中 Cl^- 浓度为 300mg/L，考察各恒电流和恒电压条件对 NO_3^--N 无害化去除的影响。电解条件：极板间距为 6mm、搅拌强度为 450r/min、体系温度为 30℃、电解时间为 60min。恒电流条件下，电流密度对各项氮素指标变化的影响规律如图 3-46 所示，不同电流密度条件下电解过程中端电压和电导率的变化情况如图 3-47 所示。恒电压条件下，端电压对各项氮素指标变化的影响规律如图 3-48 所示，不同端电压条件下电

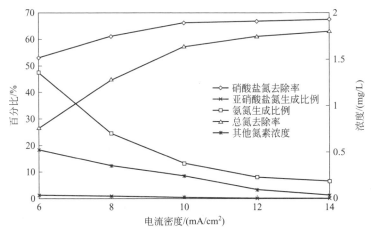

图 3-46　电流密度对各项氮素指标变化的影响规律

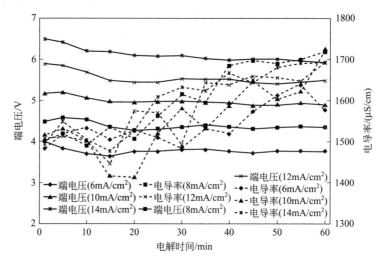

图 3-47　不同电流密度条件下电解过程中端电压和电导率的变化情况

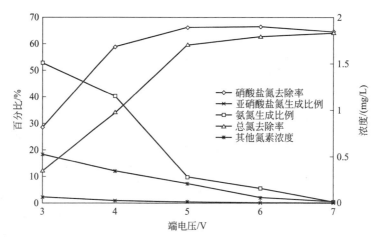

图 3-48　端电压对各项氮素指标变化的影响规律

解过程中电流密度和电导率的变化情况如图 3-49 所示。

恒电流实验条件下，经 60min 电解后出水 pH 值分别为 10.54、10.68、10.74、10.68 和 10.56（电流密度由小变大）。恒电压实验条件下，经 60min 电解后出水 pH 值分别为 10.89、10.61、10.78、10.64 和 10.53（端电压由小变大）。电解过程中用湿润的 pH 试纸全程监测逸出气体的酸碱性，各组实验结果均为中性。各组实验过程中未发觉有刺激性的气体产生。理论分析认为 TN 去除的原因是 NO_3^--N 经催化电解体系内的复杂反应作用，转化为 N_2-N 逸出。

针对相同的电解体系，电流密度和端电压是相互关联的两个因素，且为同向性变化，因此图 3-46 和图 3-48 的实验结果具有明显的相似性。由图 3-46 和图 3-48 可见，不论在恒电流还是在恒电压条件下，模拟废水的 NO_3^--N 催化还原去除率随

污水电化学处理技术

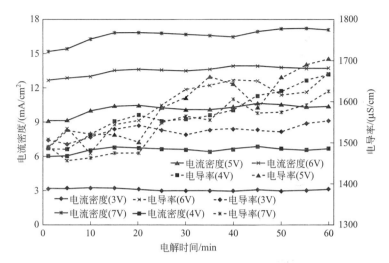

图 3-49 不同端电压条件下电解过程中电流密度和电导率的变化情况

外电路电子供给强度的增加而增大，并趋于稳定。比较分析恒电流条件下模拟废水中 NO_3^--N 去除率在电解体系含氯和不含氯的情况下随电流密度的变化趋势，可以发现两者在数值和规律上均具有明显的相似性。电解体系中，随着电子供给强度的增加，NH_4^+-N 生成比例下降，TN 去除率增加，"其他氮素"浓度在较低的水平内有所下降，NO_2^--N 生成比例维持在极低的水平。随着电子供给强度的增加，TN 去除率逐步向 NO_3^--N 去除率逼近，即实验条件下，模拟废水中 NO_3^--N 经催化电解体系的复杂作用转化为无害化产物 N_2-N 的比例增加。在电流密度为 14mA/cm^2 的恒电流条件下，经 60min 电解后，模拟废水中 67.4％的 NO_3^--N 被催化还原，其中 93.6％转化为 N_2-N，出水 NH_4^+-N 浓度为 2.1mg/L，NO_2^--N 和"其他氮素"浓度仅为 0.02mg/L 和 0.03mg/L。在端电压为 7V 的恒电压条件下，经 60min 电解后，模拟废水中 64.5％的 NO_3^--N 被催化还原，其中 99.9％转化为 N_2-N，出水 NH_4^+-N 浓度未检出，NO_2^--N 和"其他氮素"浓度仅为 0.02mg/L 和 0.01mg/L。

由图 3-47 和图 3-49 可知，各组电子供给强度条件下，电解体系的电导率均呈波浪形增长规律，相应的端电压或电流密度分别略有下降和上升。各组电解实验的表观参数变化和内部反应机制具有较好的一致性，可作为内部反应机制推测可靠性的佐证数据。

从机理上分析，外电路对电解体系电子供给强度的变化会在传质和反应步骤影响模拟废水中 NO_3^--N 的催化还原反应速率。随着电子供应强度的增加，TN 去除率向 NO_3^--N 去除率逼近。由此可认为，电子供应强度的变化对 NH_4^+-N 电解氯氧化速率的影响程度要大于对 NO_3^--N 催化还原反应速率的影响。NO_3^--N 在阴极表

第 3 章 电化学氧化技术

面还原反应需要经历催化过程，即使通过调整电解条件强化催化还原反应各个步骤的速率，其整体反应速率也会受到固定的催化元素性质和催化表面状态的约束。而电解体系采用了高效的析氯电极，随着外电路电子供给强度的增加，可高效地析出大量的 Cl_2，增加电解体系中有效氧化剂 HOCl 的产量。HOCl 氧化模拟废水中的 NH_4^+-N 是一个较为快速的化学反应过程。在电解反应过程中，NH_4^+-N 电解氯氧化要以 NO_3^--N 催化还原为物质基础。随着电子供给强度的增加，NH_4^+-N 电解氯氧化速率明显增强，可使 NO_3^--N 催化还原生成的 NH_4^+-N 被快速氧化，从而控制出水 NH_4^+-N 的浓度，使 NO_3^--N 的无害化去除达到较好的同步性效果。

（3）极板间距的影响

以 50mg/L 硝态氮模拟废水为研究对象，添加 NaCl 使模拟废水中氯离子浓度为 300mg/L，考察极板间距对硝态氮无害化去除的影响。电解条件：电流密度为 10mA/cm²、搅拌强度为 450r/min、体系温度为 30℃、电解时间为 60min。极板间距对各项氮素指标变化的影响规律如图 3-50 所示。不同极板间距条件下电解过程中端电压和电导率的变化情况如图 3-51 所示。

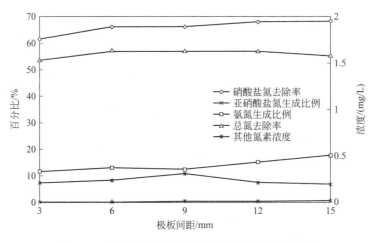

图 3-50　极板间距对各项氮素指标变化的影响规律

各实验条件下，经 60min 电解后出水 pH 值分别为 10.67、10.74、10.79、10.80 和 10.78（极板间距由小变大）。电解过程中用湿润的 pH 试纸全程监测逸出气体的酸碱性，各组实验结果均为中性。各组实验过程中未发觉有刺激性的气体产生。理论分析认为总氮去除的原因是硝态氮经催化电解体系内的复杂反应作用，转化为氮气逸出。

由图 3-50 可见，模拟废水的硝酸盐氮去除率随着极板间距的增加略有增加；总氮去除率除 3mm 时略低，其他 4 组实验结果均在 55%～57% 之间；氨氮生成比例随着极板间距的增加略有增加；亚硝酸盐氮生成比例和其他氮素浓度均处于较低的水平。从整体数据关系来看，各组电解实验中发生的主要反应都是硝酸盐氮催化

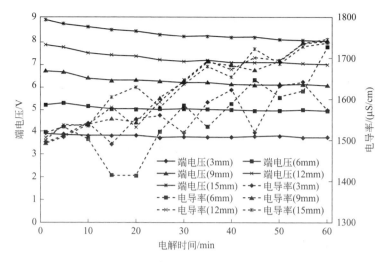

图 3-51　不同极板间距条件下电解过程中端电压和电导率的变化情况

还原和氨氮电解氯氧化，只是两者速率受到了极板间距的影响。

由图 3-51 可见，各组极板间距实验条件下，电解过程中电导率呈波动上升趋势，端电压在较小的幅度内下降。相对而言，在极板间距较小的情况下，电导率的波动幅度较大，而极板间距较大时，电导率的波动幅度较小。分析其原因，可能是在较小的极板间距条件下，阴极催化还原硝酸根产生的铵根离子和阳极析氯并水解产生的次氯酸经历较短的扩散距离就可以接触反应。由于传质距离较小，容易使电解体系内各类反应骤然发生，使得溶液离子量波动幅度较大。而在较大的极板间距条件下，电解体系内各类反应物在经历较大的传质距离后，宏观上表现为分散性较好，氧化还原反应速率在时间轴上的波动性较小，使得溶液离子量波动幅度较小。端电压随极板间距的增加呈现较好的线性关系，符合电解体系电压降的基本变化规律。

和体系不含氯条件下的阴极催化还原 NO_3^--N 效率相比，在 NO_3^--N 无害化去除过程中，虽然极板间距缩小也使 NO_3^--N 去除率降低，但其显著性明显下降。研究结果认为，缩小极板间距可使极板界面的层流层当量厚度增加，使得阴极界面的 NO_3^--N 或 NO_2^--N 传质受到逆向电迁作用的抑制，从而降低 NO_3^--N 的催化还原效率。在含氯的电解体系中，必定也会存在极板界面的层流层，但此时层流层对 NO_3^--N 催化还原反应的抑制作用却不显著。由此表明，含氯电解体系阴极表面的层流层对 NO_3^--N 或 NO_2^--N 的传质抑制作用较弱。分析认为其原因在于，含氯电解体系中所含的阴阳离子量较多，在电解过程中起到了类似于混凝过程中压缩双电层的作用，使阴极表面层流层的电位降低（类似于 zeta 电位），降低了其对阴离子靠近阴极的反向作用力。随着极板间距的增加，NH_4^+-N 生成比例增加，NO_3^--N 去除率和 TN 去除率的差值也略有增加。研究表明，极板间距增加会使 NH_4^+-N 电解氯氧化的效率下降。因此，综合分析认为，虽然电解液中各类反应物、中间产物和产物可以在无隔膜电解体系内较为自由地迁移，但由于阴极反应区、阳极反应区和溶液内部反应区有一定的空间距离，使得 NO_3^--N 催化还原和 NH_4^+-N 电解氯氧化两个反应体系可保持相对的独立性。极板间距对 NO_3^--N 无害化去除的影响规律基本符合两个分反应特性的叠加效果。

（4）搅拌强度的影响

以 50mg/L NO_3^--N 模拟废水为研究对象，添加 NaCl 使模拟废水中 Cl^- 浓度为 300mg/L，考察搅拌强度对 NO_3^--N 无害化去除的影响。电解条件：电流密度为 $10mA/cm^2$、极板间距为 6mm、体系温度为 30℃、电解时间为 60min。搅拌强度对各项氮素指标变化的影响规律如图 3-52 所示。不同搅拌强度下电解过程中端电压和电导率的变化情况如图 3-53 所示。

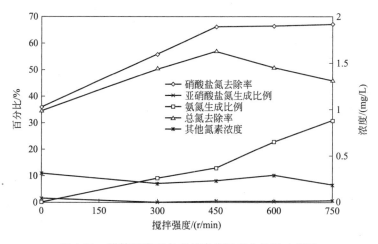

图 3-52　搅拌强度对各项氮素指标变化的影响规律

各实验条件下，经 60min 电解后出水 pH 值分别为 10.32、10.63、10.74、10.80 和 10.84（搅拌强度由小变大）。电解过程中用湿润的 pH 试纸全程监测逸出气体的酸碱性，不搅拌条件下的监测结果为酸性，其他各组实验结果均为中性。在不搅拌条件下观察到阳极表面气泡集聚后上浮，且逸出气体有刺激性。分析认为该条件下阳极析出的部分 Cl_2 不经过溶液（碱性）内部，直接转移至气相。在其他实验条件下，逸出气体无刺激性。理论分析认为 TN 去除的原因是 NO_3^--N 经催化电解体系内的复杂反应作用，转化为 N_2-N 逸出。

由图 3-52 可见，随着电解体系搅拌强度的增加，模拟废水中 NO_3^--N 去除率先有明显增大后趋向稳定；TN 去除率先增大后减小；NH_4^+-N 生成比例增大；NO_2^--N 生成比例和"其他氮素"浓度均处于较低的水平。从整体数据关系来看，各组电解实验中发生的主要反应都是 NO_3^--N 催化还原和 NH_4^+-N 电解氯氧化，而两者速率受到了搅拌强度的影响。

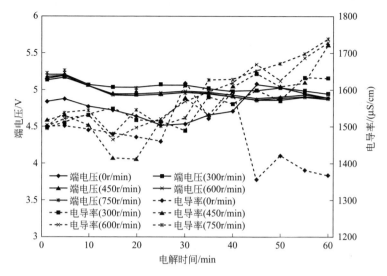

图 3-53　不同搅拌强度下电解过程中端电压和电导率的变化情况

由图 3-53 可见，搅拌强度在 300～750r/min 之间，电解过程中的电导率和端电压呈波浪形变化，与之前所论述的内部反应机制呈良好的相关性。搅拌强度为 300r/min 时，电解中后期的端电压略高，可能是由于该条件下 NO_3^--N 催化还原效率较低，且 TN 去除率较为逼近 NO_3^--N 去除率，即总反应所占比重较大。因此搅拌强度为 300r/min 时，电解反应导致的溶液离子量增加较少，端电压略高于搅拌强度在 450～750r/min 之间的情况。相比而言，电解体系不搅拌时，表观参数变化具有明显的差异。由于在不搅拌条件下离子迁移的当量路径较短，致使电解初期端电压较低。由于在含氯电解体系中，依靠电场的电迁传质作用，也可促使阳极析氯、Cl_2 水解和 NH_4^+-N 氯氧化等反应的进行，电解过程中电导率也随内部反应的进行出现了波动情况。又由于在不搅拌条件下，出现了 Cl_2 未经扩散吸收，直接逸出的情况，反应出水的电导率出现了相对明显的下降现象。

和体系不含氯条件下的 NO_3^--N 阴极催化还原反应相比，在 NO_3^--N 无害化去除过程中，采用较低的搅拌强度也可获得较高的 NO_3^--N 催化还原去除率。分析认为，在体系不搅拌或搅拌强度较低的条件下，电场对 NO_3^--N 向阴极传质的抑制作用变得显著。在 NO_3^--N 无害化去除电解体系中，电导率较大（可达 $1500\mu S/cm$），使得阴阳两极之间的电场强度较低。因此，依靠模拟废水中热力和浓度扩散作用，也可使 NO_3^--N 克服电场力作用，以一定的速率向阴极表面传质，并实现催化还原。随着搅拌强度的增加，NO_3^--N 催化还原反应的其他步骤逐渐成为控制因素，因此电解体系的 NO_3^--N 去除率收敛于一定的范围。随着搅拌强度的增加，NO_3^--N 去除率和 TN 去除率的差值增加。实际上，由于电解体系内产生的 NO_2^--N 和"其他氮素"量极低，NO_3^--N 和 TN 去除率的差值即模拟废水中的 NH_4^+-N 浓度出现了累积。研究表明，搅拌强度增加会使 NH_4^+-N 电解氯氧化效率下降。随着搅拌强度的改变，电解体系内的 NO_3^--N 催化还原和 NH_4^+-N 电解氯氧化两个反应体系仍可保持相对的独立性。搅拌强度对 NO_3^--N 无害化去除的影响规律基本符合两个分反应特性的叠加效果。

（5）体系温度的影响

以 50mg/L 的 NO_3^--N 模拟废水为研究对象，添加 NaCl 使模拟废水中 Cl^- 浓度为 300mg/L。利用磁力搅拌器的恒温热板控制体系温度，考察体系温度对 NO_3^--N 无害化去除的影响。电解条件：电流密度为 $10mA/cm^2$、极板间距为 6mm、搅拌强度为 450r/min、电解时间为 60min。体系温度对各项氮素指标变化的影响规律如图 3-54 所示。不同体系温度下电解过程中端电压和电导率的变化情况如图 3-55 所示。

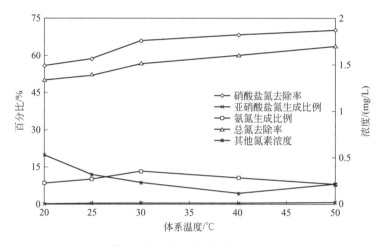

图 3-54　体系温度对各项氮素指标变化的影响规律

各实验条件下，经 60min 电解后出水 pH 值分别为 10.74、10.78、10.74、10.61 和 10.49（体系温度由小变大）。电解过程中用湿润的 pH 试纸全程监测逸出气体的酸碱性，实验结果均为中性。各组实验过程中未发觉有刺激性的气体产生。理论分析认为 TN 去除的原因是 NO_3^--N 经催化电解体系内的复杂反应作用，转化为 N_2-N 逸出。

由图 3-54 可见，模拟废水中 NO_3^--N 催化还原去除率随着体系温度的升高而增大。在各组体系温度条件下，NO_2^--N 生成比例和其他氮素浓度值均处于极低的水平，出水中 NO_2^--N 和"其他氮素"浓度之和不超过 0.5mg/L。各体系温度条件下的电解出水中均存在一定浓度的 NH_4^+-N，使得 NH_4^+-N 生成比例指标约在 7.5%~13% 之间，而 TN 去除率和 NO_3^--N 去除率均保持一定的值差。

由图 3-55 可见，各体系温度条件下，电解过程中电导率均符合波动上升的规律，端电压总体上呈下降趋势。将各组实验的表观参数相比可发现，随着体系温度

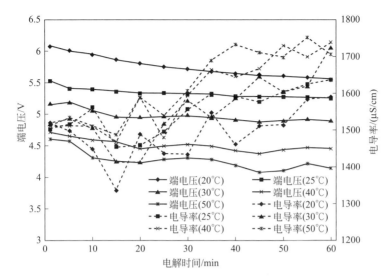

图 3-55　不同体系温度下电解过程中端电压和电导率的变化情况

的升高，电解端电压下降。由此可反映，强化电解体系内部的热动力条件，可使电子通过电解液的阻力下降。通过电导率的变化规律，并结合实验过程中未发觉有刺激性气体产生的现象，可认为虽然 Cl_2 在水中的溶解度随着温度的升高而降低，但在各组实验条件下，电解体系内的物理条件均不能使 Cl_2 明显逸出。

　　研究表明，体系温度的升高可以提高 NO_3^--N 的催化还原效率。经比较可发现，在不含氯的情况下，体系温度对 NO_3^--N 催化还原效率的影响要更为显著。分析认为，由于以 Cl^- 作为支持电解质，电场对 NO_3^--N 传质的抑制作用已被弱化。因此，升高体系温度对 NO_3^--N 传质的促进作用相对不显著。同时，电解体系内可能存在由 Cl^- 或 NH_4^+-N 电解氯氧化引起的 NO_3^--N 催化还原反应抑制作用。在电解体系内部众多因素的综合作用下，使得在无害化去除反应中，NO_3^--N 的催化还原去除率随体系温度的升高呈相对较缓慢的增加趋势。针对电解体系内的 NH_4^+-N 电解氯氧化反应，有研究表明，升高体系温度一方面有利于活性氯的生成，另一方面也促进了活性氯的分解和歧化。总体上，升高体系温度仅能略微加快 NH_4^+-N 的氧化速率。由于升高体系温度既能提高 NO_3^--N 的催化还原效率，又能提高 NH_4^+-N 的电解氯氧化效率，因此，模拟废水的 TN 去除率随着体系温度的升高而增大。但是，由于 NO_3^--N 催化还原速率和 NH_4^+-N 电解氯氧化速率的同步增长，各实验条件下，电解出水中均含有少量的 NH_4^+-N。

　　（6）pH 值的影响

　　研究表明电解体系的 pH 值对 NO_3^--N 的阴极催化还原效率有较为显著的影响。以 50mg/L 的 NO_3^--N 模拟废水为研究对象，维持 Cl^- 添加浓度为 300mg/L，按表 3-21 所列浓度添加支持电解质，考察 pH 值对 NO_3^--N 无害化去除的影响。

电解条件：电流密度为 $10mA/cm^2$、极板间距为 $6mm$、搅拌速率为 $450r/min$、体系温度为 $30℃$、电解时间为 $60min$。pH 值对电解出水中各项氮素化合物浓度变化的影响规律如表 3-22 所列。由于 pH 值的调整使得各组电解体系的初始电导率不同，不对其表观参数进行分析。

表 3-21　支持电解质复配表

实验组号	NaCl/(mmol/L)	HCl/(mmol/L)	NaOH/(mmol/L)	pH 值(实测)
1	3.45	5	0	2.31
2	5.45	3	0	2.53
3	7.45	1	0	2.98
4	8.45	0	0	6.67
5	8.45	0	1	10.97
6	8.45	0	3	11.46
7	8.45	0	5	11.68

表 3-22　pH 值对电解出水中各项氮素化合物浓度变化的影响规律

实验组号	氮素化合物浓度/(mg/L)				
	NO_3^--N	NH_4^+-N	NO_2^--N	其他氮素	TN
1	12.35	0.00	0.01	0.31	12.67
2	12.68	0.69	0.02	0.25	13.64
3	13.79	1.32	0.04	0.13	15.29
4	16.90	4.28	0.05	0.23	21.46
5	18.01	7.12	0.26	0.82	27.22
6	21.01	8.65	0.90	1.35	31.90
7	24.58	10.07	1.32	2.01	37.98

电解实验过程中，用湿润的 pH 试纸全程监测逸出气体的酸碱性。1～3 号实验过程中，监测到有酸性气体逸出，并具有刺激性气味；4～7 号实验过程中逸出气体均为中性，无刺激性气味。根据前文分析，1～3 号实验过程中有 Cl_2 逸出，1～7 号实验过程中均无碱性气体 $NH_{3(g)}-N$ 逸出。因此，各电解体系中的 TN 去除均可视为由 NO_3^--N 经催化电解反应生成 N_2-N 逸出液相体系造成。

由表 3-22 可见，在 NO_3^--N 无害化去除催化电解体系内，酸性环境有利于 NO_3^--N 催化还原反应的进行，碱性环境不利于 NO_3^--N 催化还原反应的进行。酸性环境可促进 NO_3^--N 催化还原产物 NH_4^+-N 的电解氯氧化速率，并使出水中 NO_2^--N 和"其他氮素"浓度处于极低水平，从而获得较高的 TN 去除率。即在实验条件下，酸性环境可使电解体系更加快速和彻底地无害化去除模拟废水中的 NO_3^--N，而在碱性环境中，NH_4^+-N 的电解氯氧化速率受到抑制，且出水中

NO$_2^-$-N 和"其他氮素"有一定程度的增加,致使 TN 去除率明显降低。即在实验条件下,NO$_3^-$-N 的无害化去除在碱性初始环境中不能获得较为满意的技术指标。

模拟废水中添加 H$^+$ 可促进阴极表面有效还原物质的产率,并降低阴极过电位,分别在"反应"和"传质"两个步骤促进 NO$_3^-$-N 的催化还原。一般研究认为 pH 值过高或过低均不利于 NH$_4^+$-N 电解氯氧化反应的进行。pH 值过高时,阳极容易发生氧化 OH$^-$ 的副反应,降低析氯效率,影响活性氯的产生速率;由于水解平衡作用,电解液中 HOCl 大量转化为氧化性较弱的 ClO$^-$,容易发生次氯酸生成氯酸根的反应,造成有效氯损失。pH 值过低时,Cl$_2$ 的水解速率降低,影响活性氯产生速率;Cl$_2$ 溶解度下降,容易逸出,造成不可逆损失;电解液中氨氮以离子态形式存在,而离子态氨氮较游离态氨氮难以被氧化。而本节实验结果却有所不同,即模拟废水初始 pH 值在 2.31~11.68 之间时,pH 值越低,NH$_4^+$-N 电解氯氧化效率越高。分析电解体系内部的反应机制,可以用电解过程中溶液的 pH 值动态变化趋势进行解释。多数学者对 NH$_4^+$-N 电解氯氧化过程中 pH 值影响的研究,均以 NH$_4^+$-N 废水为处理对象,随着电解反应的进行,pH 值呈下降的趋势。NH$_4^+$-N 废水在初始 pH 为弱碱性条件下,可获得最高的 NH$_4^+$-N 电解氯氧化去除效率,经电解处理后,废水 pH 转为弱酸性。相对于其他初始 pH 值条件而言,在该条件下,电解过程中的废水 pH 处于中性的时间最长。在本节研究的电解体系中,由于阴极对 NO$_3^-$-N 的催化还原作用,使得模拟废水的 pH 值随电解反应的进行而上升。按 NO$_3^-$-N 催化还原为 NH$_4^+$-N 的总反应(NO$_3^-$ +3H$_2$O $\longrightarrow$ NH$_4^+$ + 2O$_2$+2OH$^-$)计算,若模拟废水中有 40mg/L 的 NO$_3^-$-N 被催化还原,可产生 5.71mmol/L 的 OH$^-$。若将反应产生的 OH$^-$ 和初始添加的 H$^+$ 抵消,可使模拟废水在电解过程中正好由酸性转变为弱碱性。在该实验条件下,电解过程中模拟废水经历了较长时间的 pH 中性期。由于 pH 为中性时,NH$_4^+$-N 电解氯氧化效率较高,所以,在 NO$_3^-$-N 无害化去除过程中,初始模拟废水处于一定 pH 值的酸性环境下有利于 NH$_4^+$-N 电解氯氧化反应的进行。在碱性环境中,NO$_2^-$-N 和"其他氮素"浓度均达到了一定的程度。由此可认为,模拟废水中的 OH$^-$ 在电解过程中既抑制了 NO$_3^-$-N 催化还原为 NO$_2^-$-N 的速率,也降低了 NO$_2^-$-N 转化为 NH$_4^+$-N 的速率。同时,较高浓度的 OH$^-$ 使电解体系内的活性有效氯含量下降,产生了一定量的氯胺,表现为"其他氮素"浓度达到一定水平。

在处理实际地下水的过程中,不可能进行 pH 值的调节。但通过研究表明,地下水 pH 值在弱酸和弱碱性范围之内,通过研究所提出的非贵金属修饰阴极催化电解法,均可以有效地实现 NO$_3^-$-N 无害化处理。

(7)电解过程中含氮化合物的转化规律

取 200mL 浓度为 25mg/L、50mg/L 和 100mg/L 的 NO$_3^-$-N 模拟废水为研究对象,按 Cl/N=6,分别添加 150mg/L、300mg/L 和 600mg/L NaCl。考察在催化

电解体系中，三种 $NO_3^- $-N 初始浓度的氮素化合物转化规律。电解条件：电流密度为 $10mA/cm^2$、极板间距为 6mm、搅拌强度为 450r/min、体系温度为 30℃。设置总电解时间为 150min，考察电解过程中各采样时间点上模拟废水中各项氮素化合物浓度的变化情况，实验数据如图 3-56～图 3-58 所示。

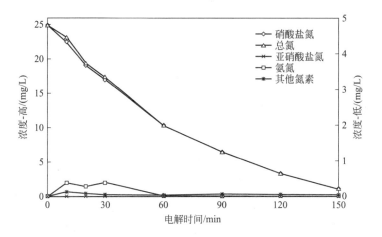

图 3-56　模拟废水中各项氮素化合物的浓度变化情况（一）

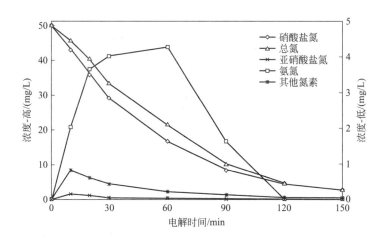

图 3-57　模拟废水中各项氮素化合物的浓度变化情况（二）

电解实验过程中，用湿润的 pH 试纸全程监测逸出气体的酸碱性，结果均为中性。各组实验过程中未发觉有刺激性的气体产生。理论分析认为 TN 去除的原因是 $NO_3^- $-N 经催化电解体系内的复杂反应作用，转化为 N_2-N 逸出。

由图 3-56～图 3-58 可见，利用非贵金属修饰阴极催化电解体系可实现模拟废水中 $NO_3^- $-N 的无害化去除，且具有一定程度的同步性和彻底性，并对模拟废水的初始浓度具有较大的适用范围。模拟废水中 $NO_3^- $-N 在催化电解体系内部复杂机制的共同作用下，形成了以 N_2-N 为主要产物的氮素化合物转化过程，具体分析如下。

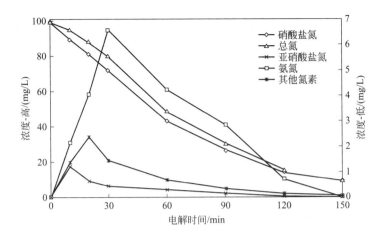

图 3-58　模拟废水中各项氮素化合物的浓度变化情况（三）

首先，从出水中氮素化合物的浓度监测数据来看，3 种浓度模拟废水中 NO_3^--N 均可获得高效的无害化去除技术指标。25mg/L 的 NO_3^--N 模拟废水经 150min 催化电解处理后，出水 NO_3^--N 浓度仅为 1.1mg/L，其中 99.9% 转化为 N_2-N；50mg/L 的 NO_3^--N 模拟废水经 150min 催化电解处理后，出水 NO_3^--N 浓度仅为 2.8mg/L，其中 99.9% 转化为 N_2-N；100mg/L 的 NO_3^--N 模拟废水经 150min 催化电解处理后，出水 NO_3^--N 浓度仅为 9.2mg/L，其中 99.9% 转化为 N_2-N。

其次，从电解过程来看，TN 去除率和 NO_3^--N 去除率在电解前、中期出现了一定的值差，即在该阶段的模拟废水中存在一定量的 NH_4^+-N、NO_2^--N 和"其他氮素"。由此可见，在催化电解体系中，组成 NO_3^--N 无害化去除的主要反应（NO_3^--N 阴极催化还原、阳极析氯、Cl_2 水解生成 HOCl 和 HOCl 氧化 NH_4^+-N）在电解前、中期由于受实验条件的影响，不能完全按 $NO_3^--N \rightarrow N_2-N$ 的要求达到完美的同步性。根据之前的研究成果和电化学反应的基本特性进行分析，认为：电解前期，模拟废水中 NO_3^--N 浓度较高，在阴极催化还原动力学参数较大，可快速形成较多的还原中间产物 NO_2^--N。虽然 NO_2^--N 在电解体系内能被快速还原为 NH_4^+-N 或反向氧化为 NO_3^--N，但此时 NO_2^--N 的消亡速率略低于生成速率，模拟废水中出现了一定数值的浓度峰。电解前、中期，模拟废水中出现了一定量的 NH_4^+-N。其宏观原因为 NO_3^--N 催化还原生成的 NH_4^+-N 在同一时间不能被电解氯氧化完全去除。分步分析认为，由于初始阶段，NO_3^--N 浓度较高，可催化还原生成较多的 NH_4^+-N。由于电解、水解生成的活性有效氯量不足，或接触氧化时间不足，使得催化还原产生的 NH_4^+-N 不能被等量去除。虽然在 3 种浓度条件的实验中，Cl/N 均为 6，但初始 NO_3^--N 浓度较高时，电解过程中的 NH_4^+-N 浓度峰值也较大，说明电解过程中活性有效氯的产率，不仅和 Cl^- 浓度有关，还受电解体系内其他条件的约束。"其他氮素"为氯胺类物质和活性氮素化合物的总和。根据之前的研究，活性氮素化合物在电解体系内含量极低，图 3-58 中出现"其他氮素"浓度达 2.4mg/L，应主要为氯胺类物质的贡献。氯胺是 HOCl 氧化 NH_4^+-N 的副产物，在电解前期出现一定量的累积，说明该阶段电解体系内的有效氯量不足。但相对于折点氯化工艺中，有效氯量不足时可使得绝大部分的 NH_4^+-N 转化为氯胺这一技术特点而言，催化电解过程中氯胺类物质浓度总体上均处于较低的水平。因此认为，电解氯胺消除机制在 NO_3^--N 无害化去除反应过程中仍具有有效性。

最后，在电解反应后期，TN 去除率逼近 NO_3^--N 去除率，模拟废水中几乎不存在 NH_4^+-N、NO_2^--N 和"其他氮素"。分析认为：在该反应阶段，由于电解体系内 Cl^- 存在氧化还原循环，活性有效氯的产率不会明显下降。而部分 NO_3^--N 已被转化为 N_2-N 去除，使得 NH_4^+-N 电解氯氧化反应相对于 NO_3^--N 阴极催化还原反应而言明显占速率优势。NO_3^--N 催化还原生成的 NH_4^+-N 可被快速氧化。

以上所论述的均是催化电解体系内发生的主反应，也是目标反应。在实际过程中，必定会存在副反应。副反应也会导致氮素化合物的转化，或形成循环。由于氮素化合物转化为 N_2-N 后将离开液相，使得氮素化合物的液相循环转化过程以 N_2-N 为出流口，在宏观上达到了模拟废水中 NO_3^--N 无害化去除的目的。

（8）硝酸盐无害化去除机制

基于研究成果和化学反应基础理论，对非贵金属复合涂层阴极和 Ti/Ir-Ru 稳定阳极组成的无隔膜电解体系中阴极催化还原-电解氯氧化法同步无害化去除模拟废水中 NO_3^--N 进行特性分析。

① 以 Cl^- 为支持电解质，虽然改变了 NO_3^--N 模拟废水内部的溶液离子组成，并通过提高电导率的方式改变了电解过程的伏安特性，但总体上并未对 NO_3^--N 的阴极催化还原反应特性产生显著的影响。Cl^- 作为支持电解质弱化了电场对 NO_3^--N 向阴极传质的抑制作用，使得极板间距、搅拌强度和体系温度等从传质过程影响 NO_3^--N 催化还原效率的显著性下降。

② NO_3^--N 无害化去除过程主要由 NO_3^--N 阴极催化还原、阳极析氯、Cl_2 水解生成 HOCl 和 HOCl 氧化 NH_4^+-N 四个反应组成。前三个反应相对独立进行，最后一个反应在前三个反应的基础上进行。NO_3^--N 无害化去除的氮素化合物转化历程为 NO_3^--N→NO_2^--N→NH_4^+-N→N_2-N。同时电解体系内还存在 Cl^-→Cl_2→HOCl→Cl^- 的 Cl 素循环，Cl^- 可视为促成 NH_4^+-N→N_2-N 反应的电子转移媒介。

③ 在电解体系中，NO_3^--N 阴极催化还原生成 NH_4^+-N 和 NH_4^+-N 电解氯氧化生成 N_2-N 两个反应体系的速率决定了 TN 去除率。通过调整电解条件，改变两个反应体系的速率，可使 TN 去除率逼近 NO_3^--N 去除率。在温和的实验条件下，NH_4^+-N 电解氯氧化反应基本上可实现对 NO_3^--N 催化还原生成 NH_4^+-N 的快速氧化去除，可满足 NO_3^--N 无害化去除的基本要求。在实际应用过程中，可根据水质

要求、现场条件和经济因素，对 NO_3^--N 无害化去除的条件因素进行调整，达到较佳状态。

④ NO_3^--N 阴极催化还原是释放 OH^- 的反应，使模拟废水 pH 值增大；NH_4^+-N 电解氯氧化是释放 H^+ 的反应，使模拟废水 pH 值减小。两者的总反应，即 NO_3^--N 转化为 N_2-N 释放 OH^-，使模拟废水 pH 值增大。

⑤ NO_3^--N 阴极催化还原反应使模拟废水中离子量增加，电导率增大；阳极析氯反应使模拟废水中离子量减少，电导率减小；Cl_2 水解产生 HOCl，并氧化 NH_4^+-N 可使模拟废水中离子量增加，电导率增大。在 NO_3^--N 无害化去除过程中，由于总反应释放 OH^-，使模拟废水偏碱性，因此可避免 Cl_2 的逸出，使电解体系不会形成不可逆的离子量减少过程。因此，由于内部同时存在特性不同的各类反应，致使在 NO_3^--N 无害化去除过程中，模拟废水电导率呈波浪形上升趋势。

⑥ 在催化电解体系内，由于存在 NaCl 及其反应产物作为支持电解质，NO_3^--N 无害化去除的能耗可控制在一定水平。以实验条件 Cl^- 浓度为 300mg/L、电流密度为 10mA/cm² 、极板间距为 6mm、搅拌强度为 450r/min、体系温度为 30℃、电解时间为 60min 为例。浓度为 50mg/L 的 NO_3^--N 模拟废水经该条件处理后，生成无害化的 N_2-N 的当量浓度为 28.5mg/L。即取样模拟废水内原有 10mg NO_3^--N，经实验条件下的催化电解后无害化去除了 5.7mg。

根据研究成果，非贵金属修饰阴极催化还原-电解氯氧化法无害化去除 NO_3^--N 的主要反应关系见图 3-59。

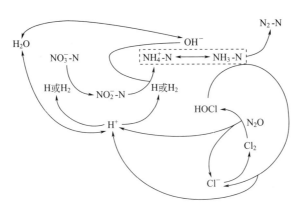

图 3-59　非贵金属修饰阴极催化还原-电解氯氧化法无害化去除 NO_3^--N 的主要反应关系

(9) NO_3^--N 无害化去除反应机理推测模型

① 溶液内部离子分散模型　若电解体系内不存在外力强制搅拌，则在极板间电场和热力学扩散作用下，溶液内部的阴阳离子排布见图 3-60，其中 E 代表电场力。

若电解体系内有一定程度的外力搅拌，对流分散作用明显大于极板间电场和热

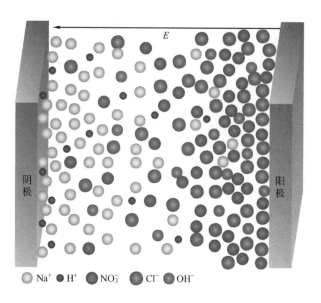

图 3-60 溶液内部的阴阳离子排布

力学扩散作用时，溶液内部的阴阳离子将会较为均匀地分布，如图 3-61 所示。

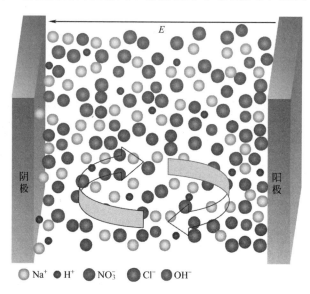

图 3-61 外力搅拌条件下溶液内部的阴阳离子排布

从溶液内部离子扩散模型上可以看出，外力强制分散可使 NO_3^--N 在阴极区域的浓度增加，为 NO_3^--N 催化还原提供反应物质基础。同时，也使得 Cl^- 在阳极区域的浓度降低，使活性有效氯产率下降，降低了 NH_4^+-N 电解氯氧化反应效率。

② 极板界面层流层传质模型 研究认为在阴极界面层流层中，NO_3^--N 或 NO_2^--N 向阴极表面传质或 NH_4^+-N 向溶液内部传质的方向和电迁作用相反，对

$NO_3^- $-N 催化还原反应效率存在一定影响。建立阴极界面层流层传质模型，如图 3-62所示。

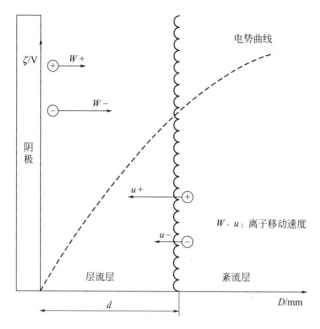

图 3-62　阴极界面层流层传质模型

通过传质模型可知，在阴极界面处，阴离子靠近阴极速度小，离开阴极速度大；阳离子靠近阴极速度大，离开阴极速度小。阴极界面的层流层不利于 $NO_3^- $-N 催化还原反应的进行。要克服层流层的不利作用，可从压缩层流层厚度 d 或使电势曲线斜率下降两个方面入手。实验中，扩大极板间距、升高体系温度、增加溶液电导率均可使阴极界面层流层对 $NO_3^- $-N 催化还原反应的抑制作用下降。

③ $NO_3^- $-N 阴极吸附催化还原模型　基于理论分析和实验研究结果，提出 $NO_3^- $-N 阴极吸附催化还原反应的推测模型，如图 3-63 所示。

在 $NO_3^- $-N 阴极吸附催化还原推测模型中可以反映，水中 $NO_3^- $-N 由非贵金属涂层元素对 O 的吸附进行固定，通过阴极还原产生的活性还原物质（H 和 H_2）进行攻击，趋向于形成 N—H 新键，逐步还原为目标产物 $NH_4^+ $-N。选择合适的非贵金属元素和强化活性还原物质的产量均有助于提高 $NO_3^- $-N 阴极催化还原效率。

3.4.3.5　实际地下水中 $NO_3^- $-N 无害化去除技术的应用

基于理论设想、实验探索、数据分析、规律总结及佐证参考，课题以 $NO_3^- $-N 模拟废水为研究对象，对催化电解法无害化去除水中 $NO_3^- $-N 技术进行了较为系统的研究。研究表明，含氯催化电解体系在反应过程中形成了阴极催化还原-电解氯氧化的协同系统，可将模拟废水中 $NO_3^- $-N 转化为 N_2-N，实现无害化去除。由于

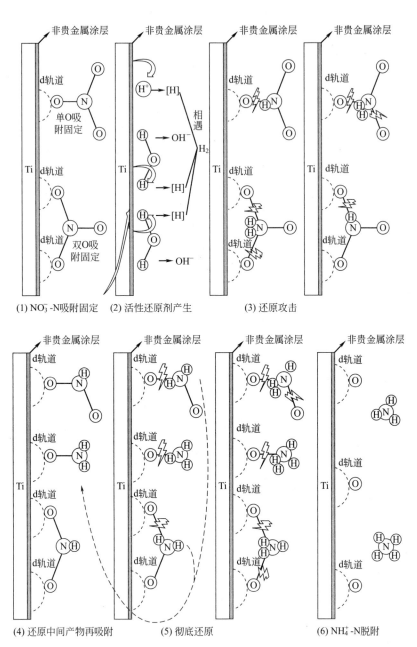

(1) NO₃⁻-N吸附固定　(2) 活性还原剂产生　(3) 还原攻击

(4) 还原中间产物再吸附　(5) 彻底还原　(6) NH₄⁺-N脱附

图 3-63　NO₃⁻-N 阴极吸附催化还原反应的推测模型

模拟废水中成分简单，虽然在科学研究上具有突出主要反应特性的优点，但其实际应用的可行性仍需要通过实验手段进行考察。

根据 2008 年沈阳市水资源公报，采用单指标评价法评价结果：在城市规划区水质监测井中，pH 值、硫酸根、氯离子、挥发性酚类基本上为 Ⅰ～Ⅲ 类；总硬度为Ⅰ～Ⅲ类，溶解性总固体为Ⅰ～Ⅲ类；硝酸盐氮丰水期26.5%为Ⅱ类或Ⅲ类、18.4%为Ⅳ类、55.1%为Ⅴ类，枯水期29.2%为Ⅰ～Ⅲ类、4.2%为Ⅳ类、66.6%为Ⅴ类；亚硝酸盐氮丰水期83.6%为Ⅰ～Ⅲ类、12.3%为Ⅳ类、4.1%Ⅴ类，枯水期83.2%为Ⅰ～Ⅲ类、12.6%为Ⅳ类、4.2%Ⅴ类；氨氮丰水期4.2%为Ⅴ类、2.1%为Ⅳ类、其余可达Ⅰ～Ⅲ类，枯水期6.3%为Ⅴ类、3.8%为Ⅳ类、其余为Ⅰ～Ⅲ类；铁离子丰水期10.2%为Ⅳ类、其余可达Ⅰ～Ⅲ类，枯水期4.2%为Ⅴ类、10.4%为Ⅳ类、其余可达Ⅰ～Ⅲ类；锰离子丰水期6.1%为Ⅴ类、20.4%为Ⅳ类、其余可达Ⅰ～Ⅲ类，枯水期2.1%为Ⅴ类、29.2%为Ⅳ类、其余为Ⅰ～Ⅲ类。由此可见，在沈阳市地下水中 NO_3^--N 污染较为突出，半数区域的 NO_3^--N 已经达到了 30mg/L 以上，超过 CJ 94—2005 规定的饮用水标准（10mg/L），对人畜健康、水质和生态环境存在一定的威胁。

取 5 处地下水样品，进行非贵金属修饰阴极催化电解法无害化去除 NO_3^--N 的实际应用研究。地下水的主要水质指标如表 3-23 所列。

表 3-23　地下水的主要水质指标

样品编号	NO_3^--N /(mg/L)	NO_2^--N /(mg/L)	NH_4^+-N /(mg/L)	氯化物 /(mg/L)	水质类别 (GB/T 14848—2017)
1	38.5	0.04	0.45	68.0	Ⅴ
2	17.4	未检出	未检出	25.9	Ⅲ
3	26.5	未检出	0.13	40.3	Ⅳ
4	24.3	未检出	0.16	45.1	Ⅳ
5	45.9	0.05	0.61	70.4	Ⅴ

分别取 200mL 地下水样品，按 Cl/N=6 的比例，添加 NaCl 将地下水中 Cl^- 的浓度补齐。以非贵金属复合涂层阴极和 Ti/Ir-Ru 稳定阳极组成无隔膜电解体系进行实际地下水中 NO_3^--N 无害化去除实验。催化电解条件：电流密度为 10mA/cm² 、极板间距为 6mm 、搅拌强度为 450r/min 、体系温度为 30℃ 。电解反应进行 60min 和 150min 时分别取样分析，水质监测获得的氮素化合物浓度数据如表 3-24 和表 3-25 所列。

表 3-24　水质监测获得的氮素化合物浓度数据（一）

样品编号	NO_3^--N/(mg/L)	NO_2^--N/(mg/L)	NH_4^+-N/(mg/L)	TN/(mg/L)
1	17.1	0.08	1.2	18.7
2	8.0	0.01	0.5	8.8
3	12.6	未检出	1.1	14.1
4	11.6	未检出	0.7	12.7
5	21.3	0.03	2.9	24.8

表 3-25　水质监测获得的氮素化合物浓度数据（二）

样品编号	$NO_3^--N/(mg/L)$	$NO_2^--N/(mg/L)$	$NH_4^+-N/(mg/L)$	$TN/(mg/L)$
1	3.8	未检出	未检出	3.9
2	1.9	未检出	未检出	1.9
3	2.7	未检出	未检出	2.8
4	2.0	未检出	未检出	2.0
5	5.9	未检出	未检出	6.0

由表 3-24 和表 3-25 的出水氮素化合物浓度监测数据可知，非贵金属修饰阴极催化电解法无害化去除地下水中 NO_3^--N 技术在实际应用中具有较高的可行性。受水质条件的干扰，同一实验条件下，实际地下水中 NO_3^--N 无害化去除的效率要略低于模拟废水。经 150min 电解处理后，5 种实际地下水中的 NO_3^--N 均约可达到 90% 的去除率，且绝大部分转化为 N_2-N。从氮素化合物浓度的指标来看，在实验条件下，5 种实际地下水经 150min 电解处理后的出水中 NO_3^--N 均低于 10mg/L，且 NO_2^--N 和 NH_4^+-N 均未检出，满足 CJ 94—2005 标准的规定。

由于沈阳市地下水水质未受到氯化物的明显污染，因此在本节实际地下水的处理实验中，需要部分外源性 Cl^-。但是，在部分沿海或工业发达城市，地下水中的氯化物浓度较高，若能满足催化电解无害化去除 NO_3^--N 的需求，将极为适用该项技术。此外，催化电解体系在实际应用中还同时兼具了消毒的功能，使其在饮用水处理领域中具备一定的优势。

参考文献

[1] Cheng Min，Zeng Guangming，Huang Danlian，et al. Hydroxyl radicals based advanced oxidation processes (AOPs) for remediation of soils contaminated with organic compounds：A review [J]. Chemical Engineering Journal，2016，284：582-598.

[2] 王庆国，乐晨，卓瑞锋，等. 电化学氧化法处理垃圾渗滤液纳滤浓缩液 [J]. 环境工程学报，2015，9 (3)：1309-1312.

[3] 樊广萍，谢江坤，李睦，等. 电化学氧化技术在废水处理中的应用研究 [J]. 净水技术，2016，35 (6)：30-36.

[4] 陈金伟，曾杰，姜春萍，等. 磷钼酸修饰的铂电极对二甲醚氧化的电催化作用 [J]. 催化学报，2007，28 (8)：726-729.

[5] 李兆欣，甄丽敏，李新洋，等. BDD 电极阳极氧化垃圾渗滤液纳滤浓缩液 [J]. 环境工程学报，2014，8 (11)：4663-4667.

[6] 伍娟丽，张佳维，王婷，等. BDD 和 PbO_2 电极电化学氧化苯并三氮唑的对比研究 [J]. 环境科学，2015，36 (7)：2541-2546.

[7] 杨芬，张永伍. 掺杂二氧化锡电极降解对硝基苯酚研究 [J]. 科技创新与应用，2016，32：77.

[8] 郑辉，戴启洲，王家德，等. La/Ce 掺杂钛基二氧化铅电极的制备及电催化性能研究 [J]. 环境科学，2012，33 (3)：858-865.

[9] 陶虎春，石刚，于太安，等. PEI/MWCNT 修饰含铁电芬顿电极处理印染废水的研究 [J]. 北京大学

污水电化学处理技术

学报：自然科学版，2017，53（5）：982-988.

[10] 古振澳，柴一荻，杨乐，等.以泡沫镍为阴极的电芬顿法对苯酚的降解 [J].环境工程学报，2015，9（12）：5844-5848.

[11] 孙杰，钟超，彭巧丽.活性炭纤维复合阴极材料电芬顿降解苯酚 [J].中南民族大学学报：自然科学版，2015，34（2）：2-6.

[12] 冯俊生，李娜，陈曼佳，等.漆酶包埋修饰阴极提高生物-电-芬顿处理聚醚废水处理效率 [J].环境科学学报，2018，38（3）：1031-1039.

[13] 王龙，汪家权，吴康.Bi-PbO$_2$电极电化学氧化去除模拟废水中氨氮的研究 [J].2014，34（11）：2799-2805.

[14] 袁玉南，唐金晶，陶长元，等.脉冲电化学氧化处理低浓度氨氮废水 [J].环境化学，2017，36（12）：2659-2667.

[15] 刘咚，储昭奎，王洪福，等.含聚丙烯酰胺类油田污水的电化学氧化处理 [J].环境工程学报，2017，11（1）：292-296.

[16] 黄挺，张光明，张楠，等.Fe^{0}类芬顿法深度处理制药废水 [J].环境工程学报，2017，11（1）：5893-5896.

第4章 ▶▶
电渗析技术

4.1 电渗析技术的基本原理及理论

4.1.1 液相传质

　　液相传质步骤是整个电极过程中的一个重要环节，因为液相中的反应粒子需要通过液相传质向电极表面不断地输送，而电极反应产物又需通过液相传质过程离开电极表面，只有这样，才能保证电极过程连续地进行下去。在特定的反应条件下，液相传质步骤不仅是电极反应历程中的重要环节，而且可能成为电极过程的控制步骤，由其来决定整个电极过程动力学的特征。例如，当一个电极体系所通过的电流密度很大、电化学反应速率很快时，电极过程往往由液相传质步骤所控制，或者这时电极过程由液相传质步骤和电化学反应步骤共同控制，但其中液相传质步骤控制占主要地位。由此可见，液相传质规律的研究对电极过程具有重要意义。实际电极反应中，各个单元的步骤是连续进行的，并且存在着相互影响。因此，要想单独研究液相传质步骤，首先要假定电极过程的其他单元步骤速度很快，处于准平衡态，以便使问题的处理得以简化，进而得到单纯由液相传质步骤控制的动力学规律。

　　在液相传质过程中有三种传质方式，即电迁移、对流和扩散。

　　（1）电迁移

　　电解质溶液中的带电粒子（离子）在电场作用下沿着一定的方向移动，这种现象称为电迁移。电化学体系是由阴极、阳极和电解质溶液组成的。当电化学体系中有电流通过时，阴极与阳极间形成电场。在电场的作用下，电解质溶液中的阴离子会定向地向阳极移动，而阳离子定向地向阴极移动。由于带电粒子的定向移动，使得电解质溶液具有导电性能，电迁移作用也使得溶液中的物质进行了传输。通过电迁移作用而传输到电极表面附近的离子，有些是参与电极反应的，有一些则不参与电极反应，只起到传导电流的作用。由于电迁移作用而使电极表面附近溶液中某种离子浓度发生变化的数量，采用电迁移量来表示。所谓流量，就是在单位时间内，在单位截面积上流过的物质的量。

（2）对流

对流是一部分溶液与另一部分溶液间的相对流动。通过溶液各部分之间的这种相对流动，也可进行溶液中的物质传输过程。根据产生对流的原因的不同，可将对流分为自然对流和强制对流两种。由于溶液中各部分之间存在着密度差或温度差而引起的对流称为自然对流。例如原电池或电解池中，由于电极反应消耗了反应粒子而生成了反应产物，可能使得电极表面附近液层的溶液密度与其他地方不同，从而由于重力作用引起自然对流。此外，由于电极反应可能引起溶液温度的变化，电极反应也可能有气体析出，这些都能够引发自然对流。强制对流是用外力搅拌溶液引起的。搅拌溶液的方式有多种，例如在溶液中通入压缩空气引发的搅拌以及采用棒式、桨式搅拌器引起的机械搅拌。此外，采用超声波振荡的方式也可引发溶液的强制对流。

（3）扩散

当溶液中存在着某一组分的浓度差，即在不同区域内某组分的浓度不同时，该组分将自发地从浓度高的区域向浓度低的区域移动，这种液相传质运动叫作扩散。在电极体系中，随着电流的通入，由于电极反应消耗了某种反应粒子并生成了对应的反应产物，使得某一组分在电极表面附近液层中的浓度发生了变化。在该液层中，反应粒子的浓度由于电极反应的消耗有所降低，反应产物的浓度高于溶液本体的浓度，于是反应粒子将向电极表面方向扩散，而反应产物粒子将向远离电极表面的方向扩散。电极体系中的扩散传质过程是一个比较复杂的过程，整个扩散过程可分为非稳态扩散和稳态扩散。

4.1.2 菲克定律

在稳态扩散中，单位时间内通过垂直于给定方向的单位面积的净原子数（称为通量）不随时间变化，即任一点的浓度不随时间变化。在非稳态扩散中，通量随时间而变化。菲克在1855年提出了菲克第一定律，将扩散通量和浓度梯度联系起来。菲克第一定律指出，在稳态扩散的条件下，单位时间内通过垂直于扩散方向的单位面积的扩散物质量（通称扩散通量）与该截面处的浓度梯度成正比。简便起见，仅考虑单向扩散问题。

实际上，大多数条件下的扩散是非稳态的，在扩散过程中物质的浓度随时间而变化。为了研究这种情况，根据扩散物质的质量平衡，在菲克第一定律的基础上推导出了菲克第二定律，用以分析非稳态扩散。菲克第二定律指出，在非稳态扩散过程中，在距离 x 处，浓度随时间的变化率等于该处的扩散通量随距离变化率的负值。菲克第二扩散方程描述了不稳定扩散条件下介质中各点物质浓度由于扩散而发生的变化。根据各种具体的起始条件和边界条件，对菲克第二扩散方程进行求解，便可得到相应体系物质浓度随时间、位置变化的规律。

4.1.3 唐南平衡理论

在大分子电解质溶液中，因大离子不能透过半透膜，而小离子受大离子电荷影响，能够透过半透膜，当渗透达到平衡时，膜两边小离子浓度不相等，这种现象叫唐南（Donnan）平衡或膜平衡，由英国物理化学家唐南提出。唐南平衡的性质：对于渗析平衡体系，若半透膜一侧的不能透过膜的大分子或胶体粒子带电，则体系中本来能自由透过膜的小离子在膜的两边的浓度不再相等，产生了附加的渗透压，此即唐南效应或称唐南平衡。

如图 4-1 所示，以蛋白质钠盐为例，其在水中离解的反应为：

$$Na_z P \rightleftharpoons zNa^+ + P^{z-}$$

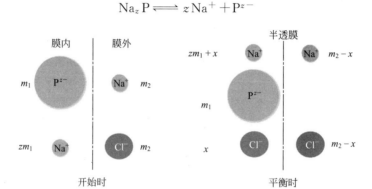

图 4-1　唐南效应示意图

m_1—膜内加入聚电解质 $Na_z P$ 的浓度；m_2—膜外加入氯化钠的浓度

4.1.4 电渗析技术原理

电渗析的技术原理见图 4-2。施加电场后，淡化室中的阳离子在正极的推动作用下透过阳离子交换膜向着阴极移动，同时被相邻隔室的阴离子交换膜所阻碍，在浓缩室发生聚集，而淡化室中的阴离子在负极的推动作用下透过阴离子交换膜向着正极移动，同时被相邻隔室的阳离子交换膜所阻碍，在浓缩室发生聚集，这样便实现了溶液的脱盐和浓缩。电渗析过程中离子的质量传递一般在单一的溶液相中完成。一般来讲，淡化室通入待处理料液，根据所需要得到的目标产物的不同，可对浓缩室中的料液进行更换。采用的电解液要尽量不会在电极上发生反应，一方面避免有害气体的排放，另一方面提高电流效率，降低操作能耗。

电渗析的操作模式可采用恒流、恒压以及脉冲式电流。恒流操作可以维持溶液中离子以稳定的速率进行传质过程，但是在实验过程中容易达到极限电流密度，在膜的表面发生水解离。采用恒压操作时，膜堆两端的电流随着膜堆电阻的增加而减小，因此操作中不易达到极限电流密度，但是过程中传质速率较慢，相比于恒流过程其操作时间较长。采用脉冲式的电渗析操作主要是为了减少电渗析过程中的膜污

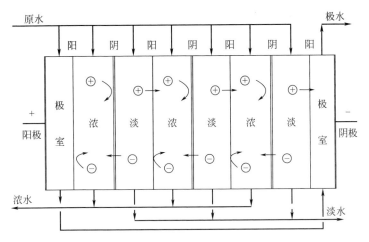

图 4-2　电渗析技术原理

染，特别是当处理容易引起膜结垢的有机料液体系时。

4.2 电渗析技术的体系特点和组成

4.2.1　体系特点

电渗析是一种以电场力为推动力，利用按照一定顺序排列的离子交换膜，实现目标溶液处理的新型传质过程。通常根据采用的离子交换膜的种类不同，电渗析可分为很多类[1]。采用普通的阴/阳离子交换膜，能够实现目标溶液的脱盐和浓缩的过程称为 CED；采用双极膜以及普通的阴/阳离子交换膜，并能够实现目标料液产酸和产碱的过程称为 BMED；采用具有多价离子选择能力的离子选择性通过膜，实现溶液中具有不同电荷数的离子之间分离的过程称为 SED；采用具有耐酸、耐碱性的阴/阳离子交换膜，能够通过电极反应实现产酸、产碱的过程称为 EES；通过采用普通的阴/阳离子交换膜，并利用能够辅助离子迁移的离子交换树脂来实现溶液的高效脱盐，从而得到超纯水的过程称为 EDI。其中 CED 与 BMED 是化工生产中最常见的两种电渗析的形式。

不同于压力驱动过程以及热驱动过程，电驱动所使用的推动力为电场力，过程中的电能利用效率较高，例如压力驱动需要经过离心泵将电转化为压力的过程，而热驱动同样需要经过电转化为热的过程，或者利用化石燃料燃烧来加热进而达到相转化的过程。因此，电驱动过程相比于传统的平衡传质以及其他膜分离工艺，都有着很明显的优势。

另外，由于现代化工生产工艺越来越复杂，对于过程中目标产物的分离效率的要求越来越高，同时待分离物料体系也越来越复杂，需要在高效分离的同时尽量减少污染物的排放。传统的分离方法已经无法满足这些要求，能够实现多相间传质的化工分离需要引入乳化、发泡、夹带和冲洗步骤，同时过程中需要防止液泛以及填料破坏等现象，导致其能量消耗较大、集约化能力较小、占地面积大并且投资和维护成本较高。而新型的膜分离过程适用于传统的物料体系的分离，如膜反应器、渗透气化、膜精馏和电去离子都可替代传统的平衡传质中出现的吸附、冲洗、萃取、离子交换和精馏工艺。此外，不同于传统的平衡分离过程，膜分离过程可实现不同的膜分离工艺之间的耦合串联过程，来实现不同物料的高效分离/回收，这样通过整合不同膜单元操作的自身优势，利用过程中所需要的驱动力以及膜性能的不同，实现对于具有不同的物理化学性质的物料间的高效分离，送样一方面可简化操作，降低操作能耗，另一方面还可以提高传质效率，实现化工过程所需的化工过程集约化、经济效益最大化以及环境污染最小化。

4.2.2 体系组成

电渗析反应器的构造包括压板、电极托板、电极、极框、阴膜、浓水隔板、淡水隔板等部件，将这些部件按照一定的顺序组装并压紧，进而组合成电渗析体系。电渗析反应器的辅助设备还包括水泵、电源以及整流器等。普通电渗析反应器由膜堆、极区和压紧装置三部分组成[2]。

① 膜堆 膜对由一张阳离子交换膜、一张阴离子交换膜、两块隔板组成。若干个膜对组成膜堆。离子交换膜是电渗析的关键部件，其性能影响渗析反应器的离子迁移效率、能耗、抗污染能力和使用寿命等。膜按结构分类可分为异相膜、均相膜和半均相膜；按膜表面活性基团的不同可分为阳膜、阴膜以及特种膜。膜块中的隔板分为浓水隔板和淡水隔板两种，交替放置于阴阳膜之间，使得阳膜和阴膜之间保持一定的间隔。

② 极区 包括电极、极框和导水板。其中，电极为连接电源所用；极框放置

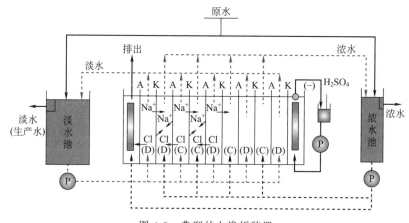

图 4-3 典型的电渗析装置

K—阳离子交换膜；A—阴离子交换膜；D—淡水室；C—浓水室

于电极和膜之间，起支撑作用。膜同电极表面相接触。

③ 压紧装置　用来压紧电渗析单元，使得膜堆、电极等部件形成一个整体，防止极液以及浓水、淡水的泄漏。

电渗析组装采用级和段来表示，一对电极之间的膜堆称为一级。水流同向的每一个膜称为一段。增加段数就等于增加脱盐流程，也就是提高脱盐效率；增加膜堆数，可提高水的处理量。电渗析的组装方式可按淡水产量和出水水质的要求进行适当的调整，一般有以下几种组装形式：一级一段、一级多段、多级一段以及多级多段。

图 4-3 所示即为典型的电渗析装置。

4.3 电渗析技术在水处理领域中的应用

李鹏飞等[3]以"扩散渗析-电渗析"集成工艺对丝素蛋白盐溶液脱盐。研究基于以下原理：扩散渗析作为一种以浓度差为推动力的膜分离技术，具有操作简单、能耗低、无二次污染等优势，常常用于回收酸、碱。对于丝素蛋白盐溶液而言，其含盐量可高达 300g/L，这为常温条件下以浓度差为推动力的浓差扩散脱盐提供了有效推动力。研究首先对丝素蛋白盐溶液进行预脱盐。所用扩散渗析器模块使用扩散渗析阳膜，允许阳离子通过。由于溶液中的电荷守恒关系和膜两侧较大的浓度差，直径较小的阴离子会随着阳离子的扩散而逐渐扩散到膜的另一侧，从而达到部分脱盐的目的。电渗析是采用具有选择透过性的阴阳离子交换膜，在直流电场的作用下阴阳离子定向迁移从而实现脱盐的膜分离技术，一般对数千毫克每升含盐量的苦咸水体进行脱盐具有较好的经济性。研究针对经扩散渗析预脱盐后的丝素蛋白盐溶液，进一步采用电渗析技术进行二次脱盐，可以避免处理高盐溶液时的高电流、高能耗工况，从而以较低的能耗实现丝素蛋白盐溶液的高效除盐。研究发现，在料液质量分数为 5%、渗透液体积为料液体积的 10 倍、扩散渗析预脱盐率为 40%～60%、电渗析电流密度为 23.8A/m^2 的实验条件下可实现最优脱盐效果，脱盐率可达 99.93%，能耗为 0.03kW·h/L。

贾福强等[4]采用电渗析器处理过滤的褐藻酸钠废水。其采用电渗析器，利用响应面法优化废水处理的最佳工艺条件，选取运行电压、淡水室和浓水室的体积比、流量三个因素进行 Box-Behnken 中心组合设计，进而优化得到电渗析器直流电耗最小的工艺条件。取 280L 褐藻酸钠生产过程中产生的废水，静置 3h，废水中固体悬浮物沉降完全，将上层液体经滤芯净化 20min。取净化后的废水分别加入浓水室和浓水室中，运行电渗析器，处理废水。废水初始水质如下：Ca^{2+} 浓度 568mg/L、Cl^- 浓度 1808mg/L、电导率 7.24mS/cm。研究发现，在电渗析器处理褐藻酸钠废水过程中，对可能影响直流电耗的有关因素进行了分析，利用 Design-Expert 7.0 软件进行响应面回归分析得到相应的回归方程，并由此获得最小的直流电耗，确定了影响极显著的因素为电压，影响显著的因素为流量和淡水与浓水体积比，得到优化后的电渗析器最佳操作条件为：流量 200L/h、电压 40V、淡水与浓水体积比 1∶1。在此条件下电渗析的直流电耗最小为 0.45kW·h/kg，电渗析器处理后的水质如下：Ca^{2+} 浓度 56mg/L、Cl^- 浓度 259mg/L、电导率 2.00mS/cm，达到处理目标。

肖莹莹等[5]建立了一套电渗析法深度处理铜冶炼废水的小试装置，以某铜冶炼厂废水处理站出水为原水，通过实验，确定了电渗析法的极限电流密度，研究了电压、进水流量、进水浓度等参数对电渗析深度处理工艺出水水质的影响，并通过对比测试不同的阻垢剂对自来水、电渗析进水、电渗析出水的阻垢率，探讨电渗析出水回用后的结垢问题。研究发现，采用电压-电流法测定该电渗析装置的极限电流为 0.42A，极限电流密度为 1.3mA/cm²。该装置的最佳操作电压为 20V，适宜的进水流量为 20L/h，进水浓度对淡水水质影响不大。各阻垢剂对电渗析出水的阻垢率为 72.0%～76.9%，远大于对电渗析进水的阻垢率，也显著大于对常规自来水的阻垢率。在设计工况下，当进水 TDS 浓度为 1146～3320mg/L 时，电渗析系统淡水出水口 TDS 均小于 100mg/L，硬度均小于 35mg/L，水质优于常规自来水水质，能达到《生活杂用水水质标准》（CJ/T 48—2005）、《循环冷却水用再生水水质标准》（HG/T 3923—2007）的要求，出水能够回用于铜冶炼厂厂区。电渗析深度处理系统约有 65% 的出水为浓水和极水，淡水产率相对不高；采用浓水循环工艺，淡水产率可提高至约 80%，浓室 TDS 超过 15000mg/L，为浓水的后续处理处置创造了条件。

4.4 双极膜电渗析技术

4.4.1 双极膜电渗析的基本原理

双极膜简写为 BPM，由阳膜层和阴膜层复合而成，在有些双极膜的两个荷电层之间还有催化层。当阴膜层朝着阳极，阳膜层朝着阴极，如图 4-4 所示，在电场中施加电压时，双极膜中间层的电解质离子就会向主体溶液迁移，当所有的电解质离子迁移耗尽后，电流就必须由氢离子和氢氧根离子来负载完成，并通过双极膜的中间过渡区的水解离得到补充，而消耗的水通过周围溶液中的水向双极膜中间层扩散而得到补充。双极膜水解离的速度是常规水溶液解离速度的数倍，双极膜的过渡区不仅可以发生水解离，还可以用于醇类有机溶剂如甲醇、乙醇的解离。

双极膜的基本特征属性可以用双极膜的电流-电压曲线来表示，曲线规律可以描述水的解离过程。当双极膜阳膜层朝着阳极，阴膜层朝着阴极，正向极化时，盐离子向双极膜中间过渡区迁移，大量的离子电荷在过渡区累积，导致唐南排斥效应失效，带电荷的离子可以透过双极膜和与其带相同电荷的离子交换层，在双极膜的另一侧进入溶液中，此时 BPM 的电流-电压曲线大体符合欧姆定律。当阳极膜朝着阴极，阴极膜朝着阳极，反向极化时，溶液中的盐离子在双极膜的阴阳离子交换层所带电荷的静电排斥下无法进入双极膜内，而双极膜内过渡区的电解质离子在电场力、阴阳离子交换层所带电荷的静电吸引力的作用下，能透过双极膜阴阳离子交换层进入主体溶液，过渡区的带电离子迁移完成后，双极膜过渡区几乎无移动的离子，因而导致电阻急剧地增加，此时出现极限电流。当外电压增加到超过出现极限电流的电压时，双极膜过渡区会发生水分子的解离，水解离产生的氢离子和氢氧根离子可作为电流的负载，氢离子和氢氧根离子分别透过双极膜的阳离子交换层和阴离子交换层，在双极膜两侧的溶液中分布。

双极膜电渗析是将双极膜与单极膜按照不同的方式组合形成的电渗析技术，其成功地将普通电渗析的盐解离与双极膜的分子的解离结合在一起，这样溶液中相应的盐离子与双极膜水解离产生的离子结合转化为相应的酸和碱。双极膜电渗析具有如下突出的特点：首先，双极膜水解离没有气体或副产品产生，这样就会降低电压而使得能量得到最大的利用；其次，只需一对电极，占地少，减少投资成本；最后，在同一双极膜电渗析的膜堆上无机盐和有机盐都能转化成相应的酸和碱。双极膜电渗析的膜堆构型有很多种，图 4-4 表示的是双极膜电渗析单元的工作原理。其中 MX 所表示的是进水盐溶液，HX 和 MOH 分别表示对应生成的酸和碱。

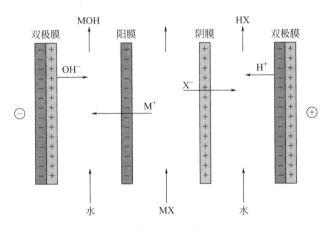

图 4-4　双极膜电渗析单元的工作原理

4.4.2　双极膜电渗析技术在水处理领域中的应用

王伟等[6]采用装配自产双极膜和阳膜的两隔室双极膜电渗析装置，研究了将 10%（质量分数）葡萄糖酸钠溶液转化为葡萄糖酸的实验过程。初始时，料液室溶液为 3.2L、质量分数约 10% 的葡萄糖酸钠溶液，碱液室溶液为 0.6L、质量分数 2% 的氢氧化钠溶液，极室溶液为 2L、质量分数 2% 的氢氧化钠溶液。实验过程中，料液和碱液的循环流速为 3cm/s，极室溶液循环流速为 6cm/s。实验采用恒电压操作，分别在膜对电压为 1.3V、1.5V 和 1.8V 条件下进行。研究发现：双极膜电渗析过程可使葡萄糖酸钠溶液的电导率从 18.33mS/cm 降低到 3mS/cm，实现超过 95% 的转化率；随着料液中葡萄糖酸钠浓度的逐渐降低，电流密度、电流效率、产酸量均逐渐下降，而产酸能耗逐渐升高。随着膜对电压的升高，电流密度和产酸量均增加，产酸能耗也增加；膜对电压分别为 1.3V、1.5V 和 1.8V 时，对应电流密度为 $206A/m^2$、$278A/m^2$ 和 $340A/m^2$，对应的产酸量为 $56mol/(m^2 \cdot h)$、$73mol/(m^2 \cdot h)$ 和 $98mol/(m^2 \cdot h)$，对应产酸直流能耗为 $48kW \cdot h/kmol$、$55kW \cdot h/kmol$ 和 $62kW \cdot h/kmol$。膜对电压的升高导致了较低的资本支出和较高的运营支出，最佳的膜对电压取决于总支出的最小化；当采用膜对电压为 1.5V 时第 1 年的总支出最小，但随后年份中膜对电压 1.3V 时的总支出最小。

高艳荣等[7]采用国产双极膜、均相阴阳离子交换膜交替排列构成三隔室双极膜电渗析（BMED）构型，以 NaCl 为原料制备 NaOH 和 HCl，并研究了电流密度、原料液浓度和电极液浓度对 BMED 操作性能的影响，并对两种不同的均相阳膜进行了对比考察。研究发现：以 NaCl 为原料直接制备 NaOH 和 HCl，在 $10 \sim 40mA/cm^2$ 的电流密度下，对于浓度 1.5mol/L 的 NaCl 原料液，NaOH 的收率可达 80%，能耗在 $1.5 \sim 5.5kW \cdot h/kg$ 之间；BMED 的工作电流密度越高，NaOH 的收率和过程能耗越大；对于恒定的工作电流密度，提高原料液浓度可显著减小 BMED 膜堆电阻，过程能耗随之降低；实验条件下，以 $1\% \sim 2\%$ 的 Na_2SO_4 作为电极液可以获得相对较好的运行效果，进一步提高电极液浓度将使得 NaOH 产品的收率有所降低。在电流密度为 $30mA/cm^2$、NaCl 原料液浓度为 1.5mol/L 的条件下，实验范围内 NaOH 的收率可达 80.19%，其收率和能耗随电流密度的增大而增加。

王文聪等[8]使用双极膜电渗析系统（简称 BMED）脱除 1,3-丙二醇发酵液中的有机盐和无机盐。研究发现，脱盐率达到 99% 以上时，单批次过程能耗为 $21.9W \cdot h/L$ 发酵液，1,3-丙二醇回收率为 96.1%。在此实验基础上进行了七个批次的连续脱盐操作，发现：BMED 受连续脱盐操作影响不大，每个批次 1,3-丙二醇回收率在 $92.7\% \sim 96.8\%$ 之间；七个批次中，每升发酵液脱盐所需的总能耗从 $21.7W \cdot h$ 增加到了 $31.6W \cdot h$。此外，本实验中得到的碱室液经浓缩后被用于 3L 和 5L 的 1,3-丙二醇发酵罐的 pH 值调节，酸室液的主要成分丁二酸也被成功结晶回收。

4.5 反向电渗析技术

海洋能是一种蕴藏于海洋中的可再生能源，包括潮汐能、波浪能、海水盐差能等。其中盐差能是海洋能中能量密度最大的一种可再生能源，通常来讲，盐差能是指存在于海水和淡水之间或两种盐浓度不同的溶液之间的化学电位差能。从理论上讲，每立方米淡水与海水之间可产生 0.65kW·h 的电能。据统计，世界上所有河流汇入海洋产生的盐差能可达 2TW，而我国潜在的可利用盐差能约为 0.1TW，且主要集中在各大江河的出海口处。

为捕获这种盐差能需要开发高效的能量转换技术，压力延迟渗透（pressure-retarded osmosis，PRO）和反向电渗析（reverse electrodialysis，RED）是最常见且具有工业化前景的两种盐差能转化技术。PRO 过程将非对称的多孔膜放置于不同浓度的盐溶液之间，利用渗透压差使水从低浓度侧渗透至高浓度侧，随着高浓度侧溶液体积（流量）的增加来驱动涡轮发电机发电；RED 技术则在不同浓度的盐溶液之间放置离子选择性透过膜，利用不同离子间的浓度差，使之在离子交换膜之间定向迁移，从而将化学势能直接转换为电能。相比于 PRO，RED 更适用于江河入海口处的低盐度差发电，具有能量密度高、膜污染小、投资成本低等优势。

4.5.1　发电原理

RED 的基本工作原理如图 4-5 所示。RED 膜堆主要由封端阳极，交替排列的阴离子交换膜、阳离子交换膜和封端阴极堆叠而成，阴、阳离子交换膜由隔网间隔，并形成独立的浓溶液室和淡溶液室。当两端阳极和阴极连接负载，并组成一个完整的回路时，在浓度差推动下，浓溶液室中的阴离子和阳离子（以钠离子和氯离子为例）分别透过阴、阳离子交换膜，并迁移至淡溶液室，从而形成定向离子迁移

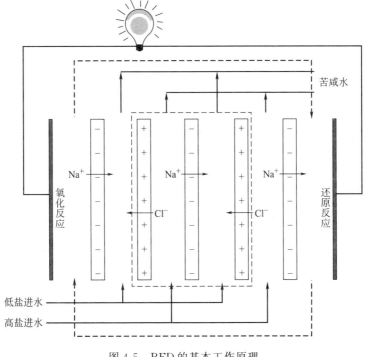

图 4-5　RED 的基本工作原理

的内电流，再通过阴、阳极的电化学反应，将离子导体转化为电子导体，即可将离子迁移的内电流转化为电子迁移的外电路电流，对负载供电[9]。

4.5.2 系统组成及影响因素

① 离子交换膜 利用盐差能发电的 RED 技术是一项基于荷电离子通过离子交换膜扩散的能量转换过程，离子交换膜是 RED 过程的核心要素之一，其物理化学性能对 RED 的性能起决定性作用。离子交换膜的膜电阻和选择透过性是决定 RED 性能的两个主要因素，降低膜电阻、提高选择透过性，有利于提高 RED 过程的输出功率密度。在离子交换膜制备过程中，各种性能因素会相互影响，同时获得低电阻且高选择性的离子交换膜并不容易。例如，降低膜电阻的主要手段一般是增加离子交换容量、降低膜厚度，而离子交换容量增大则会导致膜的溶胀性增加，膜的渗透选择性降低。因此，根据 RED 过程要求，研制 RED 用离子交换膜是十分有必要的。一些研究集中在采用新工艺、新材料和新方法以期得到同时具有低电阻和高选择性的适合于 RED 的离子交换膜。

② 溶液 RED 的能量来源是盐水和淡水或者两种不同盐浓度溶液之间的化学电位差，因此，膜两侧的浓、淡室盐溶液是 RED 系统中对输出功率有着重要影响的工艺条件之一，其中包括溶液中盐类型、浓度、进料流速等。在针对 RED 的研究中，不论是膜堆优化设计、模型推导验证还是应用研究，大多采用的是与实际海水或河水相类似的氯化钠溶液。除此之外，还有一些研究人员采用热敏性盐水溶液作为原料液，如碳酸铵。碳酸铵作为一种具有低分解温度的盐，可利用工业废热来产生盐度梯度：在淡溶液室，40～60℃情况下，溶液中碳酸铵受热分解产生 CO_2 和 NH_3 气体；浓溶液室中则在较低温度下将 CO_2 和 NH_3 气体溶解到液相中获得较高盐浓度，因此，整个过程需要在密闭空间中进行。

③ 电极系统 电极系统是 RED 技术的制约因素之一，因为 RED 过程必须通过阴、阳极的电极-溶液界面的氧化还原反应，才可将电荷载体从离子迁移转变为电流输出，实现化学势能直接向电能的能量转变。这里所说的电极系统包括电解液和电极两部分，电解液既参与内部离子电荷传输，同时也在电极材料与溶液界面接触层发生得失电子反应，研究发现反向电渗析电极系统过程速率主要由电解液传质速率控制，而不是由电极材料的属性控制。

④ 隔网 隔网也是 RED 膜堆的重要组成，对其性能有相当的影响。一方面，隔网的材料类型会影响 RED 膜堆内电阻，并干扰离子在膜相中的迁移；另一方面，隔网的几何构造，如厚度、开孔率、流道结构会影响溶液在膜堆内部流动的水动力学参数，例如离子膜厚度直接影响 RED 膜堆中溶液隔室的欧姆电阻。

值得一提的是，进料流速等客观因素也影响着 RED 系统运行。扩散边界层电阻是非欧姆电阻的主要组成，进料流速大会降低扩散边界层阻力。同时，进料流速快慢会影响淡室溶液电阻（流速慢，停留时间长，由浓室传递到淡室的离子累计浓度增加，淡室电导率增大，电阻降低）。并且，泵的能量消耗也是 RED 操作成本的重要组成部分。因此，针对不同情况，应选择适宜的进料流速，另外，如同大多数膜过程一样，RED 过程也存在浓差极化现象。而溶液浓度、流速以及隔网均会对浓差极化造成影响，从而影响膜堆理论电势差，并因此改变输出功率。电极系统亦是 RED 技术的制约因素之一，因为 RED 过程必须通过阴、阳极的电极-溶液界面的氧化还原反应，才可将电荷载体从离子迁移转变为电流输出，实现化学势能直接向电能的能量转变。这里所说的电极系统包括电解液和电极两部分，电解液既参与内部离子电荷传输，同时也在电极材料与溶液界面接触层发生得失电子反应。研究发现，反向电渗析电极系统过程速率主要由电解液传质速率控制，而不是由电极材料的属性控制。

4.6 扩散渗析-电渗析技术

随着钢铁工业以及表面处理行业的发展，酸洗成了使金属表面整洁、改善钢材表面结构以及对表面进行加工处理等钢材生产和加工过程中进行的一道很重要的工序。通过酸洗，清除轧制过程中产生在钢材表面的氧化铁，提高钢材表面质量。酸洗所用的酸洗液浓度通常为 200g/L，在酸洗过程中不断地有二价铁离子产生，其浓度逐渐增加，同时酸浓度不断降低。当二价铁离子的浓度达 $1 \sim 10$g/L，游离酸浓度降到 $30 \sim 60$g/L 时，酸洗效果就不是很好，酸洗液就无法再使用。为了保证酸洗产品的质量及效果，这时就需要将酸洗废液排出，换上新的酸洗液。目前，遍布全国的大、中、小型炼钢厂约有 5000 家，其中大型企业四十几家。全国每年大约要排出的酸洗废液多达百万立方米，它正随着钢材产量和质量的提高而增加。酸洗废水的特点是浓度高，废液量大，温度高达 $50 \sim 100$℃，而且含有相当数量的剩余酸，富含着亚铁盐，另含少量不溶物。

酸洗的效果与钢材种类、锈蚀程度以及酸的种类、浓度、温度和时间有关，一般工业上常用硫酸、盐酸酸洗除锈。对于普通钢和一般低合金钢，过去多采用硫酸酸洗，我国从 20 世纪 80 年代后期开始，在借鉴工业发达国家先进经验的基础上，已改用以盐酸为主的酸洗液，这是因为在相同温度、浓度下，盐酸对铁的溶解度大于硫酸 7 倍以上，所以在钢铁表面除锈多用盐酸。盐酸除锈速度快、效率高，不产生氢脆，表面状态好，在配制洗液时又比硫酸安全、经济。早期的钢铁酸洗分为两种：一种是对于普通碳钢，多采用硫酸酸洗，酸洗废水中的主要成分为硫酸亚铁和剩余的游离酸；另一种是对于合金不锈钢，常采用 7%～15% 的硝酸、4%～8% 的氢氟酸混酸酸洗，其产生酸洗废水中除含有游离酸外，还含有铁、钴、镍、铬等重金属盐类。

然而，酸洗废水中的铁离子也逐渐引起人们的注意。一般池塘等水体中氯化铁含量为 0.2mg/L、pH=7.2～7.4 即可使鲫鱼等死亡，欧洲内陆渔业咨询委员会推荐养殖水生物的水体中铁含量不得超过 1mg/L。铁对排水净化工程中的微生物有毒性作用，进入生物滤池的污水含铁浓度不宜超过 5mg/L。在我国，工业废水排入城镇排水管道的水质要求中，考虑到污水中抑制生物处理的有害物质允许浓度，限制铁的浓度在 100mg/L 以下。我国酸洗废水的处理程度尚不容乐观，国家环保政策及法规尚不健全，而且执行力度不强，人们对环保的意识尚需正确引导。

钢铁行业酸洗废水处理方法的发展是伴随着钢铁工业的快速发展而逐渐发展起来的。主要的酸水处理方法有中和氧化法、制备污水处理絮凝剂法、焙烧法、电渗析、膜渗析、萃取法以及生物法等，大致可以概括成中和氧化法、以废治废法和资源化处理法三种。中和氧化法是一种简单方便的处理方法，但是会消耗大量的碱性药剂，并且生成大量的不溶性残渣，形成二次污染。以废治废的方法是一个不错的创意，但在实际运行中存在许多不确定因素，如处理效果不稳定、交通运输以及处理费用不经济等问题。资源化处理是当前国内外钢铁行业酸洗废水处理工艺技术的发展趋势，尤其是膜分离技术在钢铁行业内的逐渐推广，最终必将解决酸洗废水零排放这一技术难题。由于膜分离技术本身具有的优越性能，现在已经得到世界各国的普遍重视。产业界和科技界把膜分离过程视为 21 世纪工业技术改造中的一项极为重要的新技术。曾有专家指出：谁掌握了膜技术，谁就掌握了化学工业的明天。

因此，东北大学环境工程研究团队以国家资源、环境等发展方向为背景，以膜分离技术实现钢铁行业酸洗废水零排放为切入点，分析膜分离过程应用中的共性科学问题，重点研究适用于盐酸酸洗废水处理的阴离子交换膜的选择、电渗析用阳极材料的制备和扩散渗析电渗析联合工艺处理钢铁厂盐酸酸洗废水的可行性及其影响因素。

从技术和经济两方面考虑，传统的中和处理法无法经济高效地处理盐酸酸洗废水。研究首先对膜分离技术处理盐酸酸洗废水的机理进行分析，从而选择扩散渗析和电渗析技术同时回收酸洗废水中的酸和铁。离子交换膜和电极是扩散渗析和电渗析技术的关键部件，选择一种分离性能好、交换容量大的阴离子交换膜，提高扩散渗析分离盐酸酸洗废水中酸和盐的分离效率，确保扩散渗析体系高效、稳定、长期运行。以在酸性介质中使用时具有较好的稳定性和活性非贵金属氧化物为活性组分，用涂刷热分解法和电沉积法制备"尺寸稳定阳极"，并对所制备的阳极进行扫描电子显微镜测试和射线能谱分析，进而考察它对盐酸酸洗废水的处理效果。此外，研究将扩散渗析和电渗析两种技术联合后用于钢铁厂盐酸酸洗废水的处理，并考察酸洗废水水质和流量、蒸馏水与废水的流量比、电渗析装置进水水质、槽电压等操作条件对处理效果的影响，进而对联合工艺的影响。

4.6.1 技术原理及体系构建

扩散渗析是利用半透膜或选择透过性离子交换膜，使溶液中的溶质由高浓度一侧通过膜向低浓度一侧迁移的过程。这种过程是以浓度差为推动力，所以也称为浓差渗析或自然渗析。它主要用于有机和无机电解质的分离和纯化。在环境工程方面，目前主要用于酸、碱废液的处理和回收。离子交换膜的分离原理如图 4-6 所示。

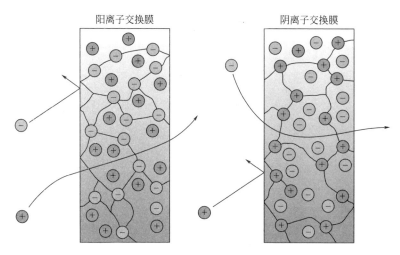

阳离子交换膜　　　　　　　　　　阴离子交换膜

图 4-6　离子交换膜的分离原理

阳离子交换膜带有负的固定电荷，这些固定电荷被空隙中的可移动的带正电荷的反离子包围着。这些固定电荷可以是磺酸基和羧基，或其他带电基团。磺酸基在整个范围内都能解离，而羧基在 pH 值小于 3 时发生质子化。大多数阴离子交换膜的固定电荷是氨基。它们可以是从伯胺到季铵的基团。其中季铵基团在整个 pH 值范围内都能解离，而伯胺基团只在酸性环境中才带正电，这时反离子是负离子。多数膜的骨架是由聚苯乙烯交联而成的。由于固定电荷的存在，憎水结构中引入了亲水性质。这种亲水性，使得水分子充满了膜内部的自由空间，形成了一种内部的"固体聚合物"电解质。对两种类型的离子膜来说，膜内固定电荷的浓度在 $1\sim 2mol/L$ 的数量级上。

基于离子交换膜的扩散渗析器由扩散渗析膜、配液板、加强板、液流板框等组合而成。由一定数量的膜组成不同数量的结构单元，其中每个单元由一张离子交换膜隔开成渗析室和扩散室，如图 4-7 所示。

当处理酸洗废水时，在阴离子交换膜的两侧，分别通入酸洗废水及接受液（自来水），两侧溶液的扩散渗透推动力是浓度差。浓差大，离子迁移速度快，透酸多。在电解质溶液中的离子和离子交换膜内各种离子间所构成的平衡体系，都要满足电性中和的要求，即阴离子和阳离子透过膜的数量应是等当量的，以达到唐南平衡。阴膜的选择透过作用表现在阴膜的高分子固定离子基团带有正电荷。因此，对原液中带有负电荷的阴离子来说，就有正负相吸的透过作用。对带正电荷的氢离子来说，则由于它的水合离子半径最小，所以透过膜的迁移速度要比其他多价阳离子

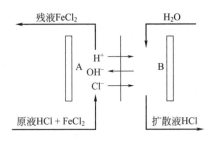

图 4-7　扩散渗析示意图

快，而与氯离子结合为盐酸分子，这样就排斥其他阳离子的透过。根据这个原理，可以实现酸洗废水中盐酸与氯化亚铁分离回收的目的。

静态扩散渗析实验装置见图 4-8。实验采用自制有机玻璃渗析反应池，中间用一张阴离子交换膜隔成两室，有效膜面积为 $12.56m^2$，每室容积为 $240cm^3$，两室设同速（500r/min）搅拌装置。静态扩散渗析分离实验采用模拟废水，通过测定出的氯离子、亚铁离子在两种阴离子交换膜中的渗析速率考察膜的分离性能。

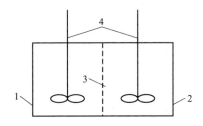

图 4-8　静态扩散渗析装置

1—渗析池（Ⅰ室）；2—扩散池（Ⅱ池）；3—阴离子交换膜；4—电动搅拌器

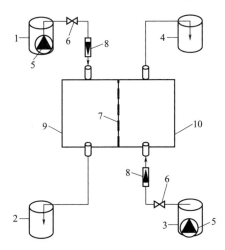

图 4-9　动态扩散渗析实验装置

1—料液槽；2—残液槽；3—蒸馏水槽；4—渗析液槽；5—潜水泵；6—阀门；
7—阴离子交换膜；8—转子流量计；9—渗析池（Ⅰ室）；10—扩散池（Ⅱ室）

动态扩散渗析实验装置见图4-9。动态扩散渗析分离实验采用取自某钢铁厂的实际盐酸酸洗废水，确定合适的操作条件，以考察扩散渗析技术回收酸洗废水中的盐酸的可行性。

静态电渗析实验装置见图4-10。电渗析槽用有机玻璃制成，阴极室和阳极室有效容积均为240mL，两室设同速（500r/min）搅拌装置。实验时将阴离子交换膜夹于两室之间，用螺钉和螺母固定，有效膜面积为12.56m²。选择不锈钢板作阴极，采用 $Ti/SnO_2\text{-}Sb_2O_3/PbO_2$ 作阳极，电极单面面积为24cm²。阴极液为配制的模拟盐酸酸洗废水，阳极液为配制的稀盐酸溶液。

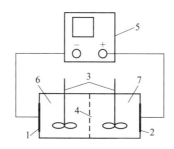

图 4-10 静态电渗析实验装置

1—不锈钢阴极；2—$Ti/SnO_2\text{-}Sb_2O_3/PbO_2$阳极；3—电动搅拌器；

4—阴离子交换膜；5—直流电源；6—阴极室；7—阳极室

动态电渗析实验装置见图4-11。动态电渗析槽用有机玻璃制成，阴极室和阳极室有效容积均为240mL。两室设同速（500r/min）搅拌装置。实验时将阴离子交换膜夹于两室之间，用螺钉和螺母固定，有效膜面积为12.56m²。选择不锈钢板作阴极，采用 $Ti/SnO_2\text{-}Sb_2O_3/PbO_2$ 电极作阳极，电极单面面积为24cm²，阴极

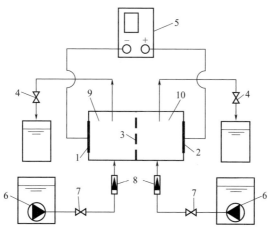

图 4-11 动态电渗析实验装置

1—不锈钢阴极；2—$Ti/SnO_2\text{-}Sb_2O_3/PbO_2$阳极；3—阴离子交换膜；4—取样阀；

5—直流电源；6—耐腐蚀泵；7—调节阀；8—流量计；9—阴极室；10—阳极室

液为经静态扩散渗析预处理的盐酸酸洗废水残液，阳极液采用经扩散渗析回收的稀盐酸溶液。

采用的扩散渗析和电渗析实验装置如上所述，电渗析装置阳极采用自制电极，将两套装置联合后处理酸洗废水，实验工艺流程如图4-12所示。

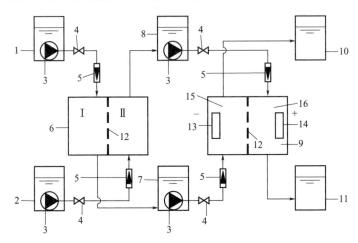

图4-12　扩散渗析和电渗析联合工艺流程

1—料液槽；2—蒸馏水槽；3—耐腐蚀泵；4—阀门；5—玻璃转子流量计；6—扩散渗析器；
7—残液槽；8—中间水槽；9—电渗析器；10—出水槽；11—回收酸槽；12—DF120型
阴离子交换膜；13—不锈钢阴极；14—Ti/SnO₂-Sb₂O₃/PbO₂ 阳极；
15—阴极室；16—阳极室

4.6.2　运行效果分析

4.6.2.1　扩散渗析法回收酸洗废水中的酸

（1）静态扩散渗析实验

① 渗析时间对扩散渗析效果的影响　配制盐酸浓度为 0.4mol/L、氯化亚铁浓度为 0.024mol/L 的模拟盐酸酸洗废水水样，在 20℃下测定不同时间时Ⅰ、Ⅱ两室中盐酸浓度和亚铁离子浓度，并计算氯离子和亚铁离子的渗析速率，结果如图 4-13～图 4-15 所示。

由图 4-13 可知，采用 3362 型和 DF120 型阴离子交换膜时，Ⅰ室中盐酸浓度随渗析时间的延长而逐渐降低，Ⅱ室中盐酸浓度随渗析时间的延长而逐渐增加，经过一段时间后，Ⅱ室中盐酸浓度比Ⅰ室中盐酸浓度高。在渗析时间从 0min 增加到 240min 的过程中：采用 3362 型阴离子交换膜时，Ⅰ室中盐酸浓度从 0.4mol/L 降低至 0.17mol/L，Ⅱ室中盐酸浓度从 0mol/L 增加至 0.23mol/L；采用 DF120 型阴离子交换膜时，Ⅰ室中盐酸浓度从 0.4mol/L 降低至 0.14mol/L，Ⅱ室中盐酸浓度

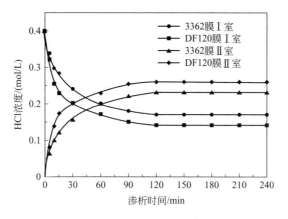

图 4-13　两室盐酸浓度

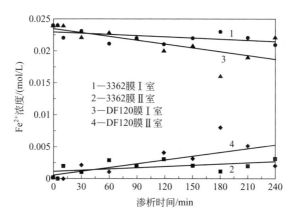

图 4-14　两室亚铁离子浓度

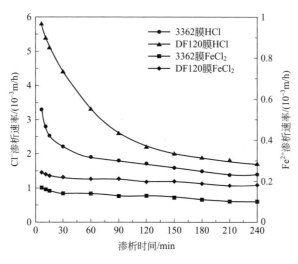

图 4-15　氯离子和亚铁离子的渗析速率

从 0mol/L 增加至 0.26mol/L。据文献报道，这种现象在扩散渗析处理盐酸＋三氯化铁、盐酸＋氯化锌和盐酸＋氯化镍混合液时也会出现，究其原因，可归结为酸洗废水溶液中的盐对酸的扩散渗析起促进作用，即酸渗析过程中的盐效应。

由图 4-14 可知，采用 3362 型和 DF120 型阴离子交换膜时，Ⅰ室中亚铁离子浓度随渗析时间的延长呈线性降低，Ⅱ室中亚铁离子浓度随渗析时间的延长呈线性增加，但两室中亚铁离子浓度的变化幅度均不大。在渗析时间从 0min 增加到 240min 的过程中：采用 3362 型阴离子交换膜时，Ⅰ室中亚铁离子浓度从 0.024mol/L 降低至 0.021mol/L，Ⅱ室中亚铁离子浓度从 0mol/L 增加至 0.003mol/L；采用 DF120 型阴离子交换膜时，Ⅰ室中亚铁离子浓度从 0.024mol/L 降低至 0.022mol/L，Ⅱ室中亚铁离子浓度从 0mol/L 增加至 0.002mol/L。说明两种阴离子交换膜对亚铁离子均有较好的截留作用。

由图 4-15 可知，氯离子的渗析速率随着渗析时间的延长而减小，60min 后盐酸扩散系数趋于平稳，亚铁离子的渗析速率随渗析时间的变化较小。在渗析时间从 0min 延长到 240min 的过程中：采用 3362 型阴离子交换膜时，氯离子的渗析速率从 3.3×10^{-3} m/h 减小至 1.4×10^{-3} m/h，亚铁离子的渗析速率从 0.17×10^{-3} m/h 减小至 0.1×10^{-3} m/h；采用 DF120 型阴离子交换膜时，氯离子的渗析速率从 5.8×10^{-3} m/h 减小至 1.7×10^{-3} m/h，亚铁离子的渗析速率从 0.24×10^{-3} m/h 减小至 0.18×10^{-3} m/h。这是因为随着扩散时间的延长，渗析室中盐酸浓度不断减小，而扩散室中盐酸浓度不断增大，两者的浓度随时间呈指数减小。实验结果说明 3362 型和 DF120 型阴离子交换膜对酸洗废水中的亚铁离子均有较好的截留作用。

② 原液盐酸浓度对渗析速率和氯化亚铁偏通量的影响　配制盐酸浓度分别为 0.15mol/L、0.3mol/L、0.45mol/L、0.6mol/L、0.75mol/L 的模拟盐酸酸洗废水体系（亚铁离子浓度维持在 0.024mol/L），在 20℃下测定不同时间时Ⅰ、Ⅱ两

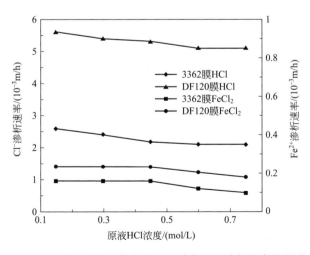

图 4-16　原液酸浓度对氯离子和亚铁离子的渗析速率的影响

室中盐酸浓度和亚铁离子浓度，并计算氯离子和亚铁离子的渗析速率以及亚铁离子的偏通量，结果如图 4-16 和图 4-17 所示。

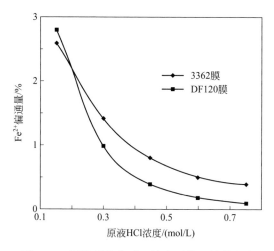

图 4-17 原液酸浓度对亚铁离子偏通量的影响

由图 4-16 可知，氯离子和亚铁离子的渗析速率随着盐酸浓度的增大而减小。在原液盐酸浓度从 0.3mol/L 增大至 0.75mol/L 的过程中：采用 3362 型阴离子交换膜时，氯离子的渗析速率从 2.4×10^{-3} m/h 减小至 2.1×10^{-3} m/h，亚铁离子的渗析速率从 0.16×10^{-3} m/h 减小至 0.1×10^{-3} m/h；采用 DF120 型阴离子交换膜时，氯离子的渗析速率从 5.4×10^{-3} m/h 减小至 5.1×10^{-3} m/h，亚铁离子的渗析速率从 0.23×10^{-3} m/h 减小至 0.18×10^{-3} m/h。

由图 4-17 可知，亚铁离子偏通量随着原液中盐酸浓度的增大而降低。在原液盐酸浓度从 0.3mol/L 增大至 0.75mol/L 的过程中：采用 3362 型阴离子交换膜时，亚铁离子透过膜的偏通量从 2.6% 降低至 0.4%；采用 DF120 型阴离子交换膜时，亚铁离子透过膜的偏通量从 2.8% 降低至 0.1%。据文献报道，这种规律在用扩散渗析法处理盐酸+氯化镍混合液时也存在，并且，亚铁离子的偏通量比镍离子的偏通量略高。实验结果说明采用的 3362 型和 DF120 型阴离子交换膜均能很好地分离酸洗废水中的盐酸和氯化亚铁，在分离性能方面，DF120 型阴离子交换膜的表现要比 3362 型阴离子交换膜好。

③ 原液亚铁离子浓度对渗析速率和亚铁离子偏通量的影响　配制亚铁离子浓度分别为 0.008mol/L、0.016mol/L、0.024mol/L、0.032mol/L、0.04mol/L 的模拟盐酸酸洗废水（盐酸浓度维持在 0.4mol/L），在 20℃下测定不同时间时 Ⅰ、Ⅱ 两室中盐酸浓度和亚铁离子浓度，并计算氯离子和亚铁离子的渗析速率以及亚铁离子偏通量，实验结果如图 4-18 和图 4-19 所示。

由图 4-18 可知，原液亚铁离子浓度的增大，对氯离子和亚铁离子的渗析速率的影响是不同的。氯离子的渗析速率随着原液亚铁离子浓度的增大而增大，亚铁离

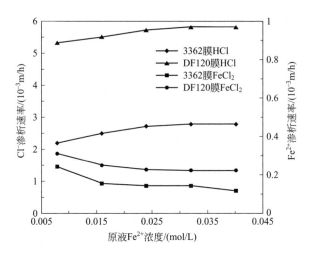

图 4-18 原液亚铁离子浓度对氯离子和亚铁离子的渗析速率的影响

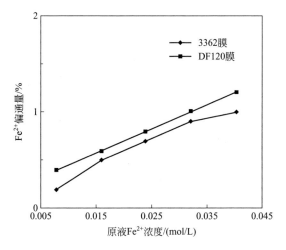

图 4-19 原液亚铁离子浓度对亚铁离子偏通量的影响

子的渗析速率随着原液亚铁离子浓度的增大而减小。在原液亚铁离子浓度从 0.008mol/L 增大至 0.04mol/L 的过程中：采用 3362 型阴离子交换膜时，氯离子的渗析速率从 $2.2\times10^{-3}\,\text{m/h}$ 增大至 $2.8\times10^{-3}\,\text{m/h}$，亚铁离子的渗析速率从 $0.24\times10^{-3}\,\text{m/h}$ 减小至 $0.12\times10^{-3}\,\text{m/h}$；采用 DF120 型阴离子交换膜时，氯离子的渗析速率从 $5.3\times10^{-3}\,\text{m/h}$ 增大至 $5.8\times10^{-3}\,\text{m/h}$，亚铁离子的渗析速率从 $0.31\times10^{-3}\,\text{m/h}$ 减小至 $0.22\times10^{-3}\,\text{m/h}$。由于氯离子浓度的增大，膜内阴离子交换量增大，使膜内盐酸浓度增大，因此使氯离子的渗析速率增大，此时离子强度增大的影响要低于膜性能改变的影响，这是渗析过程中盐的促进效应。而对于亚铁离子，其受膜内正电荷的排斥基本不变，因此离子强度增大的影响占主导地位，使其渗析速

污水电化学处理技术

率有所下降。

由图 4-19 可知，亚铁离子偏通量随着原液中亚铁离子浓度的增大而增加。在原液亚铁离子浓度从 0.008mol/L 增大至 0.04mol/L 的过程中：采用 3362 型阴离子交换膜时，亚铁离子偏通量从 0.2%增加至 1%；采用 DF120 型阴离子交换膜时，亚铁离子偏通量从 0.4%增加至 1.2%。这是因为随着原液中亚铁离子浓度的增大，Ⅰ、Ⅱ两室中亚铁离子浓度差增大，亚铁离子透过膜的推动力也随之增大，因此，亚铁离子偏通量亦增加。

（2）动态扩散渗析实验

① 酸流量对盐酸回收率和亚铁离子泄漏率的影响　向料液槽和蒸馏水槽中分别注入 1L 经抽滤预处理后的实际酸洗废水与蒸馏水，测定料液和蒸馏水中盐酸和亚铁离子的浓度，由耐腐蚀泵分别泵入渗析池（Ⅰ室）和扩散池（Ⅱ室）。通过阀门调节酸、水流量，保持渗析池液位，维持蒸馏水与酸洗废水的流量比为 1.0，分别调节蒸馏水与酸洗废水的流量为 0.3L/h、0.35L/h、0.4L/h、0.45L/h、0.5L/h，在环境温度 20℃的条件下，分别进行不同酸洗废水流量下的动态扩散渗析实验，测定残液槽和渗析槽中盐酸和氯化亚铁的浓度，并计算盐酸回收率和亚铁离子泄漏率，结果如图 4-20 和图 4-21 所示。

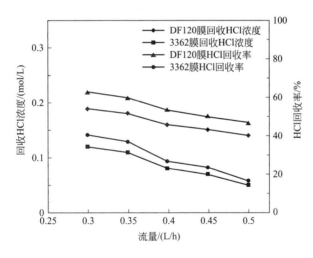

图 4-20　流量对回收盐酸浓度的影响

由图 4-20 和图 4-21 可知，在蒸馏水与酸洗废水的流量比维持恒定的条件下，盐酸回收率与亚铁离子泄漏率均随流量的增大而减小。在流量从 0.3L/h 增大至 0.5L/h 的过程中：采用 3362 型阴离子交换膜时，回收盐酸浓度从 0.12mol/L 减小至 0.05mol/L，盐酸回收率从 40%减小至 16.7%，亚铁离子泄漏率从 10%减小至 3.3%；采用 DF120 型阴离子交换膜时，回收盐酸浓度从 0.19mol/L 减小至 0.14mol/L，盐酸回收率从 63.3%减小至 46.7%，亚铁离子泄漏率从 13.3%减小

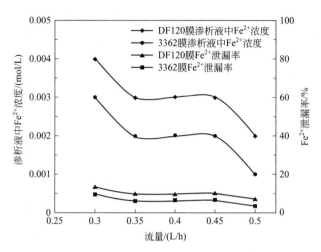

图 4-21　流量对渗析液中亚铁离子浓度的影响

至 6.7％。这是由于酸洗废水流量的增大使废水在渗析槽中的停留时间减短，部分离子还未通过渗析膜便已流出，传质交换不完全，对于一定膜面积的渗析装置，必须有一定的停留时间，才能使扩散渗析充分，达到较理想的效果。同时，如果停留时间过长，废水的处理费用也会随之增加。因此，在实际工业生产中，应当选择合适的停留时间使渗析传质过程进行充分。值得注意的是，采用 DF120 型阴离子交换膜时，亚铁离子渗析速率比采用 3362 型阴离子交换膜时高，这是由于 DF120 型膜的含水率比 3362 型膜高，使得前者膜内固定基团的浓度比后者低，从而导致亚铁离子的渗析速率增高。

② 流量比对盐酸回收率和亚铁离子泄漏率的影响　向料液槽和蒸馏水槽中分别注入 1L 处理后的实际酸洗废水和蒸馏水，测定料液和蒸馏水中盐酸和亚铁离子的浓度，由耐腐蚀泵分别泵入渗析池（Ⅰ室）和扩散池（Ⅱ室）。通过阀门调节酸洗废水和蒸馏水的流量，保持渗析池液位，维持盐酸酸洗废水流量为 0.35L/h，分别调节蒸馏水与酸洗废水流量比为 0.4、0.6、0.8、1、1.4、1.8、2.2，在环境温度 20℃的条件下，分别进行不同酸洗废水流量下的动态扩散渗析实验，测定残液槽和渗析槽中盐酸和亚铁离子的浓度，并计算盐酸回收率和亚铁离子泄漏率，实验结果见图 4-22 和图 4-23。

由图 4-22 可知，蒸馏水与酸洗废水的流量比增大时回收盐酸浓度减小，盐酸回收率增大。在流量比由 0.4 增大至 2.2 的过程中：采用 3362 型阴离子交换膜时，回收盐酸浓度由 0.24mol/L 降低至 0.08mol/L，盐酸回收率由 32％增加至58.7％；采用 DF120 型阴离子交换膜时，回收盐酸浓度由 0.31mol/L 降低至0.09mol/L，盐酸回收率由 41.3％增加至 66％。这主要是由于蒸馏水流量增大，渗析液浓度降低，膜两侧的浓度差上升，增大了渗析传质速率。在流量比大于 1

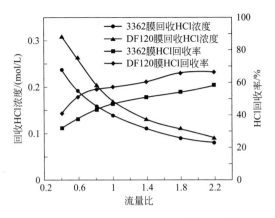

图 4-22 流量比对回收盐酸浓度的影响

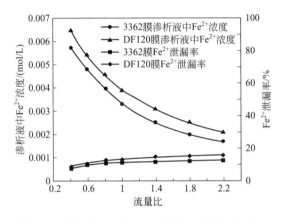

图 4-23 流量比对渗析液中亚铁离子浓度的影响

时，盐酸回收率仍有提高，但回收盐酸的浓度偏低，不利于后段工序的处理和浓缩。综合考虑，选择流量比在 1 左右，酸洗废水流量 0.35L/h 的操作条件下：3362 膜可使盐酸回收率达到 46.7%，回收盐酸浓度达到 0.26mol/L；DF120 膜可使盐酸回收率达到 58.3%，回收盐酸浓度达到 0.43mol/L。

由图 4-23 可知，蒸馏水与酸洗废水的流量比增大时渗析液中亚铁离子浓度减小，亚铁离子泄漏率增加。在流量比从 0.4 增加至 2.2 的过程中：采用 3362 型阴离子交换膜时，回收盐酸溶液中亚铁离子浓度由 0.0057mol/L 降至 0.0017mol/L；采用 DF120 型阴离子交换膜时，回收盐酸溶液中亚铁离子浓度由 0.0065mol/L 降至 0.0021mol/L。流量比在 0.4~1.4 之间变化时，回收盐酸溶液中亚铁离子浓度变化明显；流量比在 1.4~2.2 之间变化时，亚铁离子泄漏率仍有增加趋势，而回收酸中亚铁离子浓度变化不大。扩散渗析室利用离子交换膜两侧溶质的浓度差作为推动力，通过离子交换膜的选择透过性来实现酸洗废水中酸和盐的分离，随着蒸馏水流量的增加，扩散室（Ⅱ室）中盐酸和亚铁离子的浓度随之降低，而渗析池

（Ⅰ室）中溶质的浓度不变，这样膜两侧溶质的浓度差增大，因此，有更多的离子从渗析室透过膜扩散至扩散室，从而导致盐酸回收率和亚铁离子泄漏率增加。

③ 废酸的处理效果　向料液槽和蒸馏水槽中分别注入 1L 处理后的实际酸洗废水与蒸馏水，测定料液和蒸馏水中盐酸和亚铁离子的浓度，由耐腐蚀泵分别泵入渗析池（Ⅰ室）和扩散池（Ⅱ室）。通过阀门调节酸、水流量，保持渗析池液位，维持盐酸酸洗废水流量为 0.35L/h，调节蒸馏水与酸洗废水的流量比为 1，在环境温度 20℃ 的条件下，分别进行 4 组平行的动态扩散渗析实验，测定残液槽和渗析槽中盐酸和亚铁离子的浓度，并计算平均盐酸回收率和平均亚铁离子泄漏率，结果如表 4-1 所列。

表 4-1　平均盐酸回收率和平均亚铁离子泄漏率

膜型号	参数	1#	2#	3#	4#	平均
3362 型	回收盐酸浓度/(mol/L)	0.14	0.13	0.17	0.19	0.16
	盐酸回收率/%	46.7	43.3	56.7	63.3	52.5
	回收盐酸中 Fe^{2+} 浓度/(mol/L)	0.001	0.002	0.002	0.001	0.002
	Fe^{2+} 泄漏率/%	4.2	8.3	8.3	4.2	6.3
DF120 型	回收盐酸浓度/(mol/L)	0.19	0.23	0.18	0.21	0.20
	盐酸回收率/%	63.3	76.7	60	70	67.5
	回收盐酸中 Fe^{2+} 浓度/(mol/L)	0.001	0.002	0.002	0.002	0.002
	Fe^{2+} 泄漏率/%	4.2	8.3	8.3	8.3	7.3

实验结果表明，经 3362 膜和 DF120 膜动态渗析后，平均回收盐酸浓度分别为 0.16mol/L 和 0.20mol/L，亚铁离子浓度小于 0.002mol/L，平均盐酸回收率分别为 52.5% 和 67.5%，平均亚铁离子泄漏率分别为 6.3% 和 7.3%，表明采用的两种阴离子交换膜具有良好的分离效果。

4.6.2.2　电渗析法处理酸洗废水

（1）静态电渗析实验

① 槽电压对电渗析处理效果的影响　分别配制 200mL 阴、阳极液：阴极液由氯化亚铁与盐酸混合液组成，其中亚铁离子的浓度为 1000~3000mg/L，pH 值为 2.50~3.00；阳极液由盐酸配成，pH 值为 3.00。两室设同速（500r/min）搅拌装置，分别调节槽电压为 1V、3V、5V、7V、10V、13V、15V，电解反应 240min 后，分别从阴、阳极室取样，分析样品的 pH 值及亚铁离子浓度，并记录过程中水温和电流的变化，实验结果见图 4-24 和图 4-25。

由图 4-24 可知，铁回收率随槽电压的增大而增大。当槽电压小于 3V 时，只有少量的铁析出；当槽电压在 3~10V 之间时，铁回收率迅速增大，阴极液出水亚铁离子浓度迅速降低；当槽电压超过 10V 时，铁回收率与阴极液出水亚铁离子浓度均无明显的改变。在槽电压从 1V 增大至 15V 的过程中，阴极液出水亚铁离子浓度

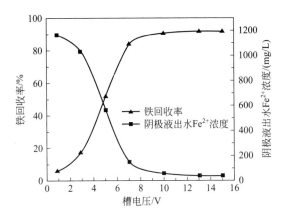

图 4-24 槽电压对铁回收率和阴极液出水 Fe^{2+} 浓度的影响

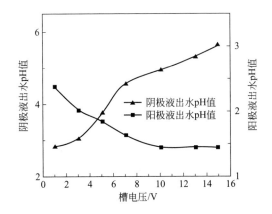

图 4-25 槽电压对阴、阳极液出水 pH 值的影响

从 1165.8mg/L 降低至 40.2mg/L，铁回收率从 6% 增加至 92.6%。

由图 4-25 可知，阴极液出水 pH 值随槽电压的增大而增大，阳极液出水 pH 值随槽电压的增大而减小。在槽电压从 1V 增大至 15V 的过程中，阴极液出水 pH 值从 2.82 增大至 5.67，阳极液 pH 值从 2.38 减小至 1.44。

单阴极电渗析槽的槽电压由理论分解电压、阴离子交换膜电压降，阳极过电压、阴极过电压、溶液欧姆电压降及导线中欧姆电压降组成。在实验系统中，当槽电压低于理论分解电压时，氯化亚铁不能克服离子间的吸引力而分解。而当槽电压过高时，一方面剩余的能量使水温上升，造成能量的浪费，另一方面会使操作电压超过系统的极限电压引起浓差极化现象，迫使水发生解离，使电流效率降低。因此，槽电压应控制在 10V 左右。

② 电解时间对电渗析处理效果的影响　分别配制 200mL 阴、阳极液：阴极液由氯化亚铁与盐酸混合配成，其中亚铁离子浓度为 1000~1300mg/L，pH 值为 2.50~3.00；阳极液由盐酸配成，pH 值为 3.00。两室设同速搅拌装置，槽电压为

10V，分别于电解反应 10min、30min、60min、90min、120min、180min、240min、300min 时，从阴、阳极取样，分析样品的 pH 值以及亚铁离子浓度，并记录反应过程中水温和电流的变化，实验结果见图 4-26 和图 4-27。

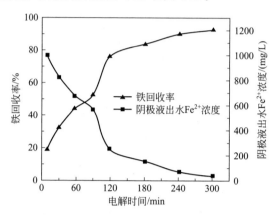

图 4-26　电解时间对铁回收率和阴极液出水 Fe^{2+} 浓度的影响

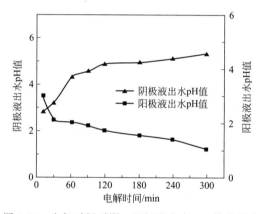

图 4-27　电解时间对阴、阳极液出水 pH 值的影响

由图 4-26 可知，铁回收率随电解时间的延长而稳定增大，而阴极液出水亚铁离子浓度随之稳定降低。电解至 240min 后，铁回收率以及阴极液出水亚铁离子浓度趋于稳定。在电解时间从 10min 增加至 300min 的过程中，阴极液出水亚铁离子浓度从 1002.3mg/L 降低至 38.5mg/L，铁回收率从 18.6% 增加至 92.7%。

由图 4-27 可知，阴极液出水 pH 值随电解时间的延长而增大，阳极液出水 pH 值随电解时间的延长而减小。在电解反应 240min 后，阴极液出水 pH 值可达到 5 左右，阳极液出水 pH 值达到 1 左右。在电解时间从 10min 增加至 300min 的过程中，阴极液出水 pH 值从 2.81 增大至 5.34，阳极液出水 pH 值从 3.00 减小至 1.06。

电解池中的电化学反应通常包括界面上的电极过程和电解质相中的传质过程，主要是电极表面上发生的多相反应，它的反应速率常用电流密度来表示。在实验过程中，由于电场和浓差的作用，电解质溶液中的离子发生定向的迁移和扩散，阳离子在阴极上得到电子被还原，阴离子在阳极上失去电子被氧化，电流密度随着电解时间的增加而逐渐增大。随着电解质溶液中的离子不断地在电极上析出，溶液中的离子浓度逐渐降低，电流密度亦随之减小。根据实验可知，在 120min 前，电化学反应的速率很快，在阴极上有大量的铁析出，随后，电化学反应速率明显降低，铁回收率趋于稳定。在本实验条件下，电解反应 240min 后，可获得约 95% 的铁回收率，阴极液出水亚铁离子浓度小于 40mg/L，电渗析处理效果明显。因此，选择电解反应时间为 240min 是合适的。

③ 阴极液 pH 值对电渗析处理效果的影响　分别配制 200mL 阴、阳极液：阴极液由氯化亚铁与盐酸混合液配成，其中亚铁离子浓度为 1000~1300mg/L，分别调节阴极液 pH 值为 0.70、1.00、1.50、2.00、2.50、3.00；阳极液由盐酸配成，pH 值为 3.00。两室设同速搅拌装置，槽电压为 10V，电解反应 240min 后，分别从阴、阳极室取样，分析样品的 pH 值以及亚铁离子浓度，并记录反应过程中水温和电流的变化，实验结果见图 4-28 和图 4-29。

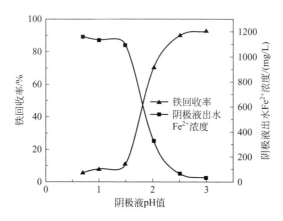

图 4-28　阴极液 pH 值对铁回收率和阴极液出水 Fe^{2+} 浓度的影响

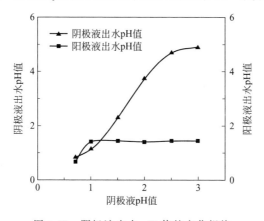

图 4-29　阴极液出水 pH 值的变化规律

由图 4-28 可知，铁回收率随阴极液 pH 值的增大而增大。当阴极液 pH 值小于 1.50 时，其中的游离酸浓度较大，阴极上产生大量氢气，几乎没有铁析出；当阴极液 pH 值在 1.50～2.50 之间时，铁回收率迅速增加，阴极液出水亚铁离子浓度迅速降低；当阴极液 pH 值超过 2.50 时，铁回收率与阴极液出水亚铁离子浓度均无明显的改变。在阴极液 pH 值从 0.70 增加至 3.00 的过程中，阴极液出水亚铁离子浓度从 1165.8mg/L 降低至 42.1mg/L，铁回收率从 6％增加至 92.5％。

由图 4-29 可知，阴极液出水 pH 值随阴极液 pH 值的增大而增大；当阴极液 pH 值小于 1.00 时，阳极液出水 pH 值随阴极液 pH 值的增大而略有增大，随后趋于平稳。在阴极液 pH 值从 0.70 增大至 3.00 的过程中，阴极液出水 pH 值从 0.84 增大至 4.94，阳极液出水 pH 值从 0.68 增大至 1.46。

④ 阴极液亚铁离子浓度对电渗析处理效果的影响　分别配制 200mL 阴、阳极液：阴极液由氯化亚铁和盐酸混合液配成，pH 值为 2.50～3.00，分别调节亚铁离子浓度为 448mg/L、896mg/L、1344mg/L、1792mg/L、2240mg/L；阳极液由盐酸配成，pH 值为 3.00。两室设同速搅拌装置，槽电压为 10V，电解反应 240min 后，分别从阴、阳极室取样，分析样品的 pH 值及亚铁离子浓度，并记录反应过程中水温和电流的变化，实验结果如图 4-30 和图 4-31 所示。

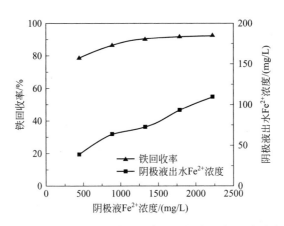

图 4-30　阴极液 Fe^{2+} 浓度对铁回收率和阴极液出水 Fe^{2+} 浓度的影响

由图 4-30 可知，铁回收率随阴极液亚铁离子浓度的增大略有增大，阴极液出水亚铁离子浓度随阴极液亚铁离子浓度的增大而增大。在阴极液亚铁离子浓度从 448mg/L 增大至 2240mg/L 的过程中，阴极液出水亚铁离子浓度从 39.4mg/L 增大至 109.8mg/L，铁回收率从 78.8％增大至 92.6％。

由图 4-31 可知，阴极液出水 pH 值随阴极液亚铁离子浓度的增大略有降低，阳极液出水 pH 值基本维持不变。在阴极液亚铁离子浓度从 448mg/L 增大至 2240mg/L 的过程中，阴极液出水 pH 值从 5.64 降低至 4.88，阳极液出水 pH 值基本维持在 1.40～1.50 之间。

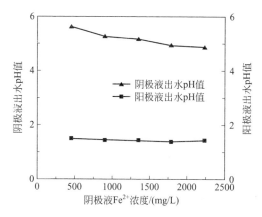

图 4-31 阴极液 Fe^{2+} 浓度对阴、阳极液出水 pH 值的影响

一方面，阴极液中亚铁离子浓度的增大，有利于溶液中亚铁离子得到电子发生还原反应而析出铁。另一方面，如果阴极液中亚铁离子浓度过高，在相同的槽电压和电解时间下，阴极液出水的亚铁离子浓度也对应增大，其 pH 值则降低。针对实际盐酸酸洗废水的水质，以及选定的槽电压和电解时间可知，阴极液亚铁离子浓度控制在 $1000 \sim 1300 \mathrm{mg/L}$ 是适宜的。

⑤ 阳极液 pH 值对电渗析处理效果的影响　分别配制 200mL 阴、阳极液：阴极液由氯化亚铁与盐酸混合溶液配成，其中亚铁离子浓度为 $1000 \sim 1300 \mathrm{mg/L}$，pH 值为 $2.50 \sim 3.00$；阳极液由盐酸配成，分别调节其 pH 值为 1.00、2.00、3.00、4.00、5.00、6.00、7.00。两室设同速搅拌装置，槽电压为 10V，电解反应 240min 后，分别从阴、阳极室取样，分析样品的 pH 值以及亚铁离子浓度，并记录反应过程中水温和电流的变化，实验结果如图 4-32 和图 4-33 所示。

由图 4-32 可知：当阳极液 pH 值在 $1.00 \sim 4.00$ 之间时，铁回收率和阴极液出水亚铁离子浓度基本保持稳定；当阳极液 pH 在 $4.00 \sim 7.00$ 之间时，铁回收率随之降低，阴极液出水亚铁离子浓度随之增大。主要是因为阳极液中离子浓度低时没有足够的离子参与传导电流，迫使阳极液中的水发生电离，从而使铁回收率降低。在阳极液 pH 值从 1.00 增大至 7.00 的过程中，阳极液出水亚铁离子浓度从 $53.2 \mathrm{mg/L}$ 增大至 $333.6 \mathrm{mg/L}$，铁回收率从 91.6% 降低至 70%。

由图 4-33 可知：当阳极液 pH 值在 $1.00 \sim 3.00$ 之间时，阴极液出水 pH 值随之略有增加；当阳极液 pH 值大于 3 时，阴极液出水 pH 值基本维持稳定。阳极液出水 pH 值始终维持稳定。在阳极液 pH 值从 1.00 增大至 7.00 的过程中，阴极液出水 pH 值从 4.50 增大至 4.93，阳极液出水 pH 值从 1.12 增大至 1.40。

由于当阳极液 pH 值较高时，阳极液中的离子浓度较低，其欧姆电压降较高，在相同的槽电压作用下，通过电解质溶液的电流密度则较小，从而导致电化学反应的速率较慢。根据实验结果，应将阳极液 pH 值控制在 $3.00 \sim 4.00$。

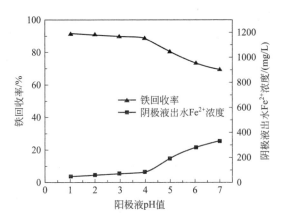

图 4-32　阳极液 pH 值对铁回收率和阴极液出水 Fe^{2+} 浓度的影响

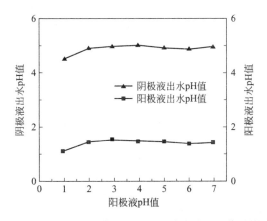

图 4-33　阳极液 pH 值对阴、阳极液出水 pH 值的影响

（2）动态电渗析实验

① 极限电压的测定　阴极液采用经过扩散渗析和中和处理的盐酸酸洗废水，pH 值在 2.50～3.00 之间，亚铁离子浓度在 1000～1300mg/L 之间；阳极液采用扩散渗析液，pH 值为 3.00。分别取 1000mL 阴、阳极液，用耐腐蚀泵泵入相应的极室，两室设同速搅拌装置，控制阴、阳极液进水流量均为 0.06L/h，采用恒压输出方式，逐渐改变槽电压，系统稳定时记录对应的电压和电流值，并分别从阴、阳极室取样，分析样品的 pH 值以及亚铁离子浓度，计算对应的电流效率。实验结果如图 4-34 所示。

由图 4-34 可知，在电压-电流曲线上存在两个拐点 1 和 2。对于拐点 1，其物理意义代表阴极室离子浓度开始小于膜内离子浓度的点，从而在界面层的两侧形成浓度差，进而在界面层两侧形成附加电势，也就是说，拐点 1 是浓度差和附加电势形成的点。而拐点 2 则表示附加电势大到足以使界面层中水发生大量解离，以弥补面层中离子的不足，也即通常所说的浓差极化点。在拐点 2 之前，电流效率随着操

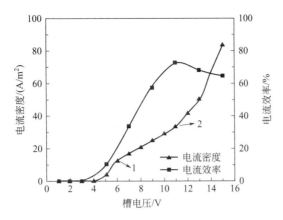

图 4-34　槽电压与电流密度间的关系

作电压的增大而稳定上升，这是因为随着工作电压的提高，离子迁移推动力增大，同时，浓差扩散和水渗透等现象得到抑制，电流效率逐渐升高；在拐点 2 之后，发生浓差极化，很大一部分电流消耗在水的电解上，以产生氢离子和氢氧根离子代替消耗的离子来传递电荷，使得电流效率下降。因此，在电渗析操作时，操作电压不能超过极限电压。根据实验结果，电渗析系统的极限电流密度为 $33.3A/m^2$，对应的极限电压为 11V。在实际操作中，一般取极限电流密度的 $70\%\sim90\%$ 作为操作电流密度，因此，试验时选择操作电流密度为 $29.2A/m^2$，对应的操作电压为 10V，电流效率可达到 70%。

　　② 流量对电渗析处理效果的影响　阴极液采用经过扩散渗析和中和处理的盐酸酸洗废水，pH 值在 $2.50\sim3.00$ 之间，亚铁离子浓度在 $1000\sim1300mg/L$ 之间；阳极液采用扩散渗析液，pH 值为 3.00。分别取 1000mL 阴、阳极液，用耐腐蚀泵泵入相应的极室，两室设同速搅拌装置，槽电压为 10V，使阴、阳极液进水流量保持相同，分别调整流量为 0.036L/h、0.060L/h、0.084L/h、0.108L/h、0.132L/h，采用恒压输出方式，在系统稳定时开始计时，分别于 0min、30min、60min、90min、120min、150min、180min、210min、240min 记录对应的电压和电流值，并分别从阴、阳极室取样，分析样品的 pH 值以及亚铁离子浓度，计算对应的铁回收率和电流效率。实验结果如图 4-35～图 4-38 所示。

　　由图 4-35 可知，铁回收率随着流量的增大而逐渐降低。这是因为流量增大时，使得离子在槽内的停留时间变短，离子透过膜的概率变小，大量离子未来得及反应就被带出槽。

　　由图 4-36 可知，电流效率随着流量的增大而升高。这主要是因为流量增大时，槽内溶液湍流程度加强，滞留层变薄，槽内的液体电阻下降，电流有所上升，同时物料分布更加均匀，因此耗电量减小，电流效率增大。因此，选择合适的流量对动态电渗析回收酸洗废水中的铁有重要意义。

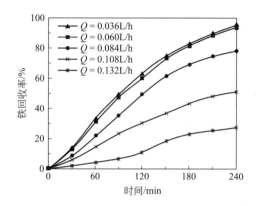

图 4-35　不同流量下铁回收率曲线

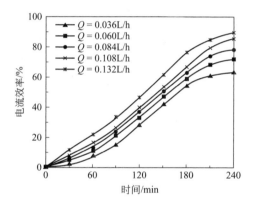

图 4-36　不同流量下电流效率曲线

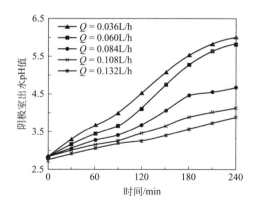

图 4-37　不同流量下阴极室出水 pH 值曲线

　　由图 4-37 和图 4-38 可知，阴极室出水 pH 值随着反应时间的延长而升高，阳极室出水 pH 值随着反应时间的延长而降低。在实验系统中，阴极上主要发生析铁还原反应，阳极上主要发生析氧和析氯两个氧化反应。随着反应的进行，阴极液中

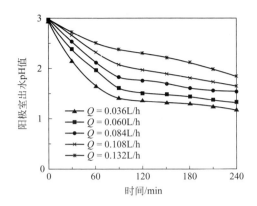

图 4-38 不同流量下阳极室出水 pH 值曲线

的亚铁离子浓度不断在阴极析出，阴极液中亚铁离子浓度不断降低，驱使铁离子水解反应向相反的方向进行，溶液中的氢离子浓度不断降低，从而阴极液出水 pH 值不断升高。阳极液中氢氧根离子和氯离子不断地在阳极上失去电子而被氧化，产生氧气和氯气，从而使阳极液出水 pH 值不断降低。此外，阴极室出水 pH 值随着流量的增大而降低，阳极室出水 pH 值随着流量的增大而升高。这也是因为流量增大时，阴、阳极液在槽内的停留时间缩短，电极反应不充分，导致阴极液 pH 值降低，阳极液 pH 值升高。

③ 单阴膜动态电渗析处理效果　阴极液采用经过扩散渗析和中和处理的盐酸酸洗废水，pH 值在 2.50～3.00 之间，亚铁离子浓度在 1000～1300mg/L 之间；阳极液采用扩散渗析液，pH 值为 3.00。分别取 1000mL 阴、阳极液，用耐腐蚀泵泵入相应的极室，两室设同速搅拌装置，槽电压为 10V，系统稳定时开始计时，记录对应的电压与电流值，240min 后分别从阴、阳极室取样，分析样品的 pH 值以及亚铁离子浓度，计算对应的铁回收率和电流效率。并在相同条件下进行 4 组对比试验，实验结果如表 4-2 所列。

表 4-2　动态电渗析实验结果

序号	1#	2#	3#	4#	平均
阴极室出水 pH 值	5.76	6.08	6.03	6.12	6.00
阴极室出水 Fe^{2+} 质量浓度/(mg/L)	66.4	48.5	66.1	52.6	58.4
阳极室出水 pH 值	1.06	0.97	1.01	0.96	1.00
阳极室出水 Fe^{2+} 质量浓度/(mg/L)	26.6	22.5	23.9	21.4	23.6
铁回收率/%	90.7	92.9	91.0	92.6	91.8
电流效率/%	69.7	70.9	70.6	70.0	70.3

从表 4-2 中可以看出，在操作条件下，盐酸酸洗废水中的平均铁回收率可达到 91.8%，平均电流效率达到 70.3%，阴极室出水平均 pH 值可达到 6.00，阴极室

第 4 章　电渗析技术

出水亚铁离子平均质量浓度小于 60mg/L，阳极室出水平均 pH 值达到 1.00，阳极室出水亚铁离子平均质量浓度小于 25mg/L。

4.6.2.3 扩散渗析-电渗析法处理酸洗废水

为了考察扩散渗析和电渗析处理盐酸酸洗废水，以实现其零排放的可行性，将扩散渗析和电渗析两种膜分离技术联合到一套装置中，并研究扩散渗析装置料液进水流量、蒸馏水与酸洗废水流量比、电渗析装置阴极室进水 pH 值、阴极室和阳极室进水流量、槽电压等工艺参数的影响，从而确定合适的工艺参数控制点，为实际工程设计及工艺调试提供依据。

（1）扩散渗析装置料液进水流量对联合工艺出水水质的影响

控制扩散渗析装置蒸馏水与酸洗废水流量比为 1，通过阀门调节料液进水流量和蒸馏水进水流量分别为 0.3L/h、0.35L/h、0.4L/h、0.45L/h、0.5L/h，考察扩散渗析装置进水流量变化对酸洗废水处理效果的影响，实验结果如图 4-39～图 4-41 所示。

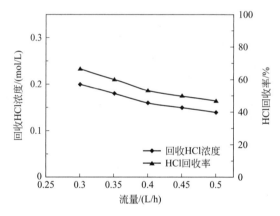

图 4-39　流量与回收 HCl 浓度、HCl 回收率之间的关系

由图 4-39～图 4-41 可知，在其他条件维持恒定的情况下，回收盐酸浓度与盐酸回收率均随着扩散渗析装置进水流量的增大而减小。当扩散渗析装置进水流量从 0.3L/h 增大至 0.5L/h 时，回收酸浓度由 0.2mol/L 降低至 0.14mol/L，相应的盐酸回收率由 66.7％降低至 46.7％。阴极室出水中亚铁离子浓度随着扩散渗析装置进水流量的增大而增大，铁回收率随着扩散渗析装置进水流量的增大而减小。当扩散渗析装置进水流量从 0.3L/h 增大至 0.5L/h 时，阴极室出水中亚铁离子浓度由 87.9mg/L 增大至 172.3mg/L，铁回收率由 88.9％降低至 82.4％。阴极室出水中氯离子浓度随着扩散渗析装置进水流量的增大而增大，氯离子去除率随着扩散渗析装置进水流量的增大而减小。当扩散渗析装置进水流量从 0.3L/h 增大至 0.5L/h 时，阴极室出水中氯离子浓度由 47.69×10^2 mg/L 增大至 92.19×10^2 mg/L，氯离子去除率由 76.1％降低至 57％。

污水电化学处理技术

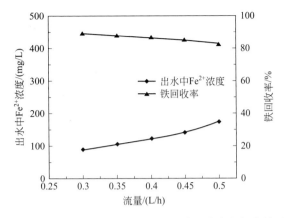

图 4-40　流量与出水中 Fe^{2+} 浓度、铁回收率之间的关系

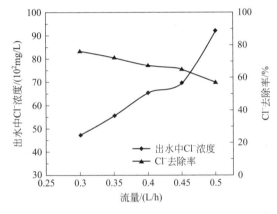

图 4-41　流量与出水中 Cl^- 浓度、Cl^- 去除率之间的关系

　　由于扩散渗析装置进水流量增大使废水在渗析槽中的停留时间缩短,部分离子还未通过渗析膜便已流出,扩散传质交换不完全,因此当扩散渗析装置进水流量增大时,残液室中盐酸和氯化亚铁的浓度均增大,中间水室中的盐酸和氯化亚铁浓度均减小,即电渗析装置阴极室进水中的盐酸和氯化亚铁浓度均增大,阳极室进水中盐酸和氯化亚铁浓度均减小,从而导致回收盐酸浓度与盐酸回收率均减小。铁回收率随阴极液进水 pH 值的增大而增大,即随阴极液进水中盐酸浓度的增大而减小,随阴极液进水中亚铁离子浓度的增大略有增大;铁回收率随阳极液进水 pH 值的增大而降低,亦即随阳极液进水中盐酸浓度的减小而降低。根据实验结果,当扩散渗析装置进水流量在 0.35～0.4L/h 之间时,盐酸回收率、铁回收率和氯离子去除率均能达到比较理想的数值,因此,确定扩散渗析装置进水流量为 0.35L/h。

　　(2)扩散渗析装置流量比对联合工艺出水水质的影响

　　维持扩散渗析装置料液进水流量为 0.35L/h,通过阀门调节蒸馏水与酸洗废水流量比分别为 0.4、0.6、0.8、1、1.4、1.8、2.2,考察扩散渗析装置蒸馏水与酸洗废水流量比变化对酸洗废水处理效果的影响，实验结果如图 4-42～图 4-44 所示。

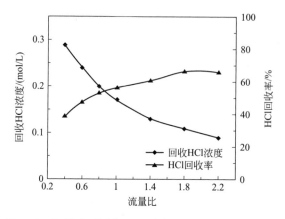

图 4-42　流量比对回收 HCl 浓度和 HCl 回收率的影响

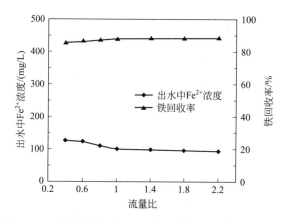

图 4-43　流量比对出水中 Fe^{2+} 浓度和铁回收率的影响

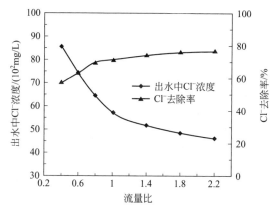

图 4-44　流量比对出水中 Cl^- 浓度和 Cl^- 去除率的影响

由图 4-42～图 4-44 可知，在其他条件维持恒定的情况下，回收盐酸浓度随着扩散渗析装置蒸馏水与酸洗废水流量比的增大而减小，盐酸回收率随着扩散渗析装置蒸馏水与酸洗废水流量比的增大而增大。当扩散渗析装置蒸馏水与酸洗废水流量比从 0.4 增大至 2.2 时，回收盐酸浓度由 0.29mol/L 降低至 0.09mol/L，相应的盐酸回收率由 38.7％增大至 64.7％。阴极室出水中亚铁离子浓度随着扩散渗析装置蒸馏水与酸洗废水流量比的增大而减小，铁回收率随着扩散渗析装置蒸馏水与酸洗废水流量比的增大而增大，但变化幅度均不大。当扩散渗析装置蒸馏水与酸洗废水流量比从 0.4 增大至 2.2 时，阴极室出水中亚铁离子浓度由 127.1mg/L 降低至 96.9mg/L，铁回收率由 85.9％增加至 88.2％。阴极室出水中亚铁离子浓度随着扩散渗析装置蒸馏水与酸洗废水流量比的增大而减小，氯离子的去除率随着扩散渗析装置蒸馏水与酸洗废水流量比的增大而增大。当扩散渗析装置蒸馏水与酸洗废水流量比从 0.4 增大至 2.2 时，阴极室出水中氯离子浓度由 85.6×10^2 mg/L 降低至 46.13×10^2 mg/L，氯离子的去除率由 57.2％增大至 76.9％。

由于扩散渗析是利用离子交换膜两侧溶质的浓度差作为推动力，通过离子交换膜的选择透过性来实现酸洗废水中酸和盐的分离的，在维持料液流量不变的情况下，随着水流量的增加，扩散渗析装置扩散室中盐酸和亚铁离子的浓度随之降低，而料液池中溶质的浓度不变，这样膜两侧溶质的浓度差增大，因此，有更多的离子从渗析室透过膜扩散至扩散室，从而导致扩散渗析装置中盐酸回收率和氯化亚铁的泄漏率增大，因此电渗析装置阴极液进水中盐酸和氯化亚铁的浓度及阳极液进水中盐酸浓度随蒸馏水与酸洗废水流量比的增大而减小。铁回收率随着阴极液进水中盐酸浓度的减小而增大，随着阴极液进水中氯化亚铁浓度和阳极液进水中盐酸浓度的减小而减小，出水中亚铁离子的浓度随着阴极液进水中盐酸浓度的减小而减小，随着阴极液进水中氯化亚铁浓度和阳极液进水中盐酸浓度的减小而减小。从实验结果可以看出，阴极液进水中盐酸浓度的变化对铁回收率和出水中亚铁离子浓度的影响起主导作用。因此，可用与静态电渗析实验相同的理论来解释本实验结果。同时，根据实验结果，在扩散渗析装置料液进水流量等其他条件维持恒定的情况下，扩散渗析装置蒸馏水与酸洗废水流量比为 1 时，盐酸回收率、铁回收率和氯离子去除率均能达到比较理想的数值，因此，确定扩散渗析装置蒸馏水与酸洗废水流量比为 1。

（3）电渗析装置阴极室进水 pH 值对联合工艺出水水质的影响

在残液槽中溶液的 pH 值分别达到 1.75、2.00、2.25、2.50、2.75 时，开启电渗析器阴极室和阳极室进水阀门，进行膜电解实验，考察电渗析装置阴极室进水 pH 值变化对酸洗废水处理效果的影响，实验结果如图 4-45～图 4-47 所示。

由图 4-45～图 4-47 可知，在其他条件维持恒定的情况下，电渗析装置阴极室进水 pH 值的增大对回收盐酸浓度与盐酸回收率的影响不大。当电渗析装置阴极室进水 pH 值从 1.75 增大至 2.75 时，回收盐酸浓度基本维持在 0.19mol/L 左右，相

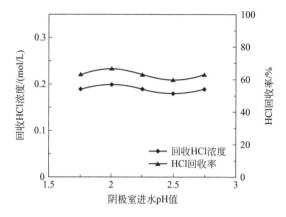

图 4-45　阴极室进水 pH 值对回收 HCl 浓度和 HCl 回收率的影响

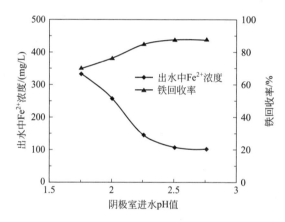

图 4-46　阴极室进水 pH 值对出水中 Fe^{2+} 浓度和铁回收率的影响

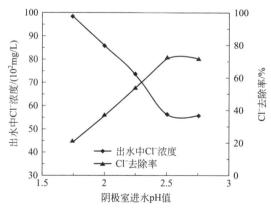

图 4-47　阴极室进水 pH 值对出水中 Cl^- 浓度和 Cl^- 去除率的影响

应的盐酸回收率基本维持在 63.3% 左右。阴极室出水中亚铁离子的浓度随着电渗析装置阴极室进水 pH 值的增大而减小，铁回收率随着电渗析装置阴极室进水 pH 值的增大而增大。当电渗析装置阴极室进水 pH 值从 1.75 增大至 2.75 时，出水中亚铁离子浓度由 332.6mg/L 降低至 102.1mg/L，铁回收率由 70.1% 增大至 87.8%。阴极室出水中氯离子浓度随着电渗析装置阴极室进水 pH 值的增大而减小，氯离子去除率随着电渗析装置阴极室进水 pH 值的增大而增大。当电渗析装置阴极室进水 pH 值从 1.75 增大至 2.75 时，出水中氯离子浓度由 85.6×10^2 mg/L 降低至 46.13×10^2 mg/L，氯离子去除率由 20.8% 增大至 72.1%。

（4）电渗析装置阴、阳极室进水流量对联合工艺出水水质的影响

使电渗析装置阴、阳极室进水流量保持相同，通过阀门分别调节流量为 0.036L/h、0.048L/h、0.06L/h、0.072L/h、0.084L/h 进行膜电解实验，考察电渗析装置阴、阳极室进水流量变化对酸洗废水处理效果的影响，实验结果如图 4-48～图 4-50 所示。

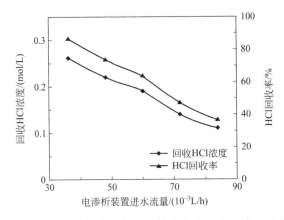

图 4-48　进水流量对回收 HCl 浓度和 HCl 回收率的影响

由图 4-48～图 4-50 可知，在其他条件维持恒定的情况下，回收盐酸浓度和盐酸回收率均随着电渗析装置阴、阳极室进水流量的增大而减小。当电渗析装置阴、阳极室进水流量从 0.036L/h 增大至 0.084L/h 时，回收盐酸浓度由 0.26mol/L 降低至 0.11mol/L，相应的盐酸回收率由 86.7% 降低至 36.7%。阴极室出水中亚铁离子的浓度随着电渗析装置阴、阳极室进水流量的增大而增大，铁回收率随着电渗析装置阴、阳极室进水流量的增大而减小。当电渗析装置阴、阳极室进水流量从 0.036L/h 增大至 0.084L/h 时，出水中亚铁离子的浓度由 55.9mg/L 增大至 180.3mg/L，铁回收率由 91.4% 降低至 81.8%。阴极室出水中氯离子浓度随着电渗析装置阴、阳极室进水流量的增大而增大，氯离子的去除率随着电渗析装置阴、阳极室进水流量的增大而减小。当电渗析装置阴、阳极室进水流量从 0.036L/h 增大至 0.084L/h 时，出水中氯离子浓度由 35.69×10^2 mg/L 增大至 95.61×10^2 mg/L，

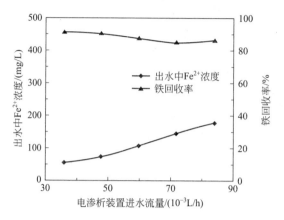

图 4-49　进水流量对出水中 Fe^{2+} 浓度和铁回收率的影响

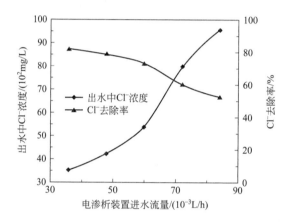

图 4-50　进水流量对出水中 Cl^- 浓度 Cl^- 去除率的影响

氯离子的去除率由 82.2％降低至 52.2％。

在实验系统中,电渗析装置阴极上主要发生析铁还原反应,阳极上主要发生析氧和析氯两个氧化反应。随着反应的进行,阴极液中的亚铁离子不断在阴极上析出,阴极液中亚铁离子的浓度不断降低,驱使铁离子水解反应向相反的方向进行,溶液中的氢离子浓度不断降低,从而阴极液出水 pH 值不断上升。阳极液中的氢氧根离子和氯离子不断在阳极上失去电子而被氧化,产生氧气和氯气,从而使阳极液出水 pH 值不断下降。随着电渗析装置阴、阳极室进水流量的增加,废水在电渗析装置中的停留时间缩短,进而导致扩散传质和电迁移传质过程减弱,溶液中离子的传质速率下降,部分离子还未参与扩散渗析和电极反应就已经流出电渗析反应槽,从而阴极室出水中的亚铁离子和氯离子浓度均随进水流量的增大而增大,回收盐酸浓度随进水流量的增大而减小,相应的盐酸回收率、铁回收率和氯离子去除率均随进水流量的增大而减小。根据实验结果,当电渗析装置阴、阳极室进水流量在 0.06L/h 时,盐酸回收率、铁回收率和氯离子均可达到比较理想的数值,虽然流量

污水电化学处理技术

更小时，电渗析过程进行得更彻底，但电极副反应增加，阴极室出水中会形成少量氢氧化铁沉淀。因此，确定电渗析装置阴、阳极室进水流量为 0.06L/h 进行下一组实验。

（5）电渗析装置槽电压对联合工艺出水水质的影响

采用恒压输出方式，分别调节槽电压为 7V、10V、13V、15V、17V，进行膜电解实验，考察电渗析装置槽电压变化对酸洗废水处理效果的影响，实验结果如图 4-51～图 4-53 所示。

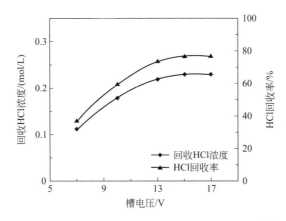

图 4-51　电渗析装置槽电压对回收 HCl 浓度和 HCl 回收率的影响

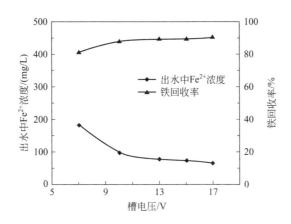

图 4-52　电渗析装置槽电压对出水中 Fe^{2+} 浓度和铁回收率的影响

由图 4-51～图 4-53 可知，在其他条件维持恒定的情况下，回收盐酸浓度与盐酸回收率均随着电渗析装置槽电压的增大而增大。当电渗析装置槽电压从 7V 增大至 17V 时，回收盐酸浓度由 0.11mol/L 增大至 0.23mol/L，相应的盐酸回收率由 36.7％增大至 76.7％。阴极室出水中亚铁离子浓度随着电渗析装置槽电压的增大而减小，铁回收率随着电渗析装置槽电压的增大而增大。当电渗析装置槽电压从

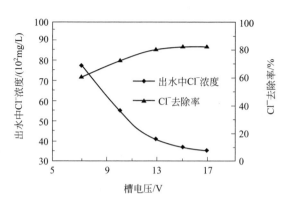

图 4-53 电渗析装置槽电压对出水氯离子浓度的影响

7V 增大至 17V 时，出水中亚铁离子的浓度由 185.6mg/L 降低至 65.1mg/L，铁回收率由 81.4% 增大至 90.7%。当槽电压大于 10V 后，出水中亚铁离子浓度与铁回收率变化幅度较小。阴极室出水中氯离子浓度随着电渗析装置槽电压的增大而减小，氯离子去除率随着电渗析装置槽电压的增大而增大。当电渗析装置槽电压从 7V 增大至 17V 时，出水中氯离子浓度由 78.28×10^2 mg/L 降低至 35.53×10^2 mg/L，氯离子的去除率由 60.7% 增大至 82.2%。当槽电压大于 10V 后，出水中氯离子浓度与氯离子的去除率变化幅度不大。

电渗析装置的槽电压由理论分解电压、阴离子交换膜电压降、阳极过电压、阴极过电压、溶液欧姆电压降及导线中欧姆电压降组成。实验系统中，1mol 氯化亚铁分解生成 1mol 铁，反应中自由能的变化为 -303.49kJ/mol，相当于此自由能变化的理论分解电压为 -1.572V。当槽电压低于理论分解电压时，氯化亚铁不能克服离子间的吸引力而分解。而当槽电压过高时，一方面剩余的能量使水温上升，造成能量的浪费，另一方面会使操作电压超过系统的极限电压，引起浓差极化现象，迫使水发生解离，使电流效率降低。根据实验结果，当电渗析装置槽电压小于 10V 时，虽然可以使氯化亚铁发生电离，但膜电阻、电极电阻、溶液欧姆电压降及导线电阻消耗了大部分电势能，从而导致离子在电渗析装置中的迁移推动力和迁移速率下降。当槽电压大于 10V 时，可能引起浓差极化现象，水电离后担负起导电的作用，而溶液中的亚铁离子和氯离子在系统中的迁移速率并不会因为槽电压的增大而增大。因此，根据实验结果，选定电渗析装置槽电压为 10V。

（6）最优化参数组合平行实验

根据实验结果，采用筛选出的最优化参数，即设定扩散渗析装置料液进水流量为 0.35L/h，维持蒸馏水与酸洗废水流量比为 1，电渗析装置阴极室进水 pH 值为 2.50，阴极室和阳极室进水流量为 0.06L/h，槽电压为 10V，进行 3 组平行实验，实验结果见表 4-3。

表 4-3　最优化参数组合平行实验结果

序号	水质参数	盐酸浓度/(mol/L)	亚铁离子浓度/(mg/L)	氯离子浓度/(mg/L)
1#	原水	0.30	1300	20137
	出水	2.5×10^{-6}	98.1	5331
	回收酸	0.2	57.8	7702
	酸回收率/%	66.7	—	—
	铁回收率/%	—	88.01	—
	氯离子去除率/%	—	—	73.5
2#	原水	0.30	1300	20137
	出水	3.1×10^{-6}	101.1	5297
	回收酸	0.19	55.3	7528
	酸回收率/%	63.3	—	—
	铁回收率/%	—	87.97	—
	氯离子去除率/%	—	—	73.7
3#	原水	0.30	1300	20137
	出水	2.8×10^{-6}	99.3	5427
	回收酸	0.21	56.7	7698
	酸回收率/%	70.0	—	—
	铁回收率/%	—	88.0	—
	氯离子去除率/%	—	—	73.0
平均	原水	0.30	1300	20137
	出水	2.8×10^{-6}	99.5	5352
	回收酸	0.2	56.6	7643
	酸回收率/%	66.7	—	—
	铁回收率/%	—	87.99	—
	氯离子去除率/%	—	—	73.4

由表 4-3 可知，在筛选出的最优化参数组合条件下进行的 3 组平行实验中，当原水中盐酸浓度约为 0.3mol/L、亚铁离子浓度约为 1300mg/L、氯离子浓度约为 20000mg/L 时，电渗析装置阳极室回收盐酸平均浓度为 0.2mol/L，盐酸平均回收率为 66.7%，电渗析装置阴极室出水中亚铁离子平均浓度为 99.5mg/L，铁回收率均可达 88%，阴极室出水中氯离子平均浓度为 5352mg/L，氯离子以盐酸和氯气的形式被去除，氯离子平均去除率为 73.4%。

由实验结果可以看出，采用扩散渗析-电渗析联合工艺处理装置处理盐酸酸洗废水，既可以消除酸洗废水对环境的污染，又可回收酸洗废水中的游离酸和铁。在应用该技术处理酸洗废水时，扩散渗析装置料液进水流量、蒸馏水与酸洗废水流量比、电渗析装置阴极室进水 pH 值、阴极室和阳极室进水流量以及槽电压对酸回收率、铁回收率和氯离子去除率有显著的影响。此外，阴离子交换膜的性能、电渗析装置电极材料对酸洗废水的处理效果也会起到决定性的作用。在实验中所采用的DF120 型阴离子交换膜和自制阳极是经过一系列静态和动态实验确定的，实验结果表明，所采用的阴离子交换膜能较好地实现酸洗废水中盐酸和氯化亚铁的分离，所制备的阳极在酸性介质中使用时具有较好的稳定性和活性。

4.6.3.4 扩散渗析-电渗析法处理酸洗废水的能耗分析

（1）扩散渗析装置料液进水流量对电流效率与耗电量的影响

控制扩散渗析装置蒸馏水与酸洗废水流量比为 1，通过阀门调节料液进水流量和蒸馏水进水流量分别为 0.3L/h、0.35L/h、0.4L/h、0.45L/h、0.5L/h，考察扩散渗析装置进水流量变化对系统电流效率与耗电量的影响，实验结果见图 4-54。

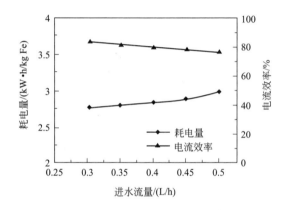

图 4-54　进水流量对耗电量和电流效率的影响

由图 4-54 可知，扩散渗析-电渗析系统耗电量随着扩散渗析装置进水流量的增大而增大，电流效率随着扩散渗析装置进水流量的增大而减小，但变化幅度均不大。在扩散渗析装置进水流量从 0.3L/h 增大至 0.5L/h 的过程中，耗电量从2.77kW·h/kg Fe 增大至 3kW·h/kg Fe，电流效率从 83％降低至 77％。

由于当扩散渗析装置进水流量增大时，残液室中的盐酸和氯化亚铁的浓度均增大，中间水室中的盐酸和氯化亚铁的浓度均减小，即电渗析装置阴极室进水中的盐酸和氯化亚铁的浓度均增大，阳极室进水中盐酸和氯化亚铁的浓度减小。阳极液中的离子总数的降低导致阳极室中的水发生电离并参与电极反应，从而使电流效率略有降低，耗电量略有增加。

（2）扩散渗析装置流量比对电流效率与耗电量的影响

维持扩散渗析装置料液进水流量为 0.35L/h，通过阀门调节蒸馏水与酸洗废水流量比分别为 0.4、0.6、0.8、1、1.4、1.8、2.2，考察扩散渗析装置蒸馏水与酸洗废水流量比变化对酸洗废水处理效果的影响，实验结果见图 4-55。

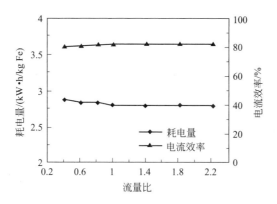

图 4-55　流量比对耗电量和电流效率的影响

由图 4-55 可知，扩散渗析-电渗析系统耗电量随着扩散渗析装置蒸馏水与酸洗废水流量比的增大而减小，电流效率随着扩散渗析装置蒸馏水与酸洗废水流量比的增大而增大，但变化幅度均不大。在扩散渗析装置蒸馏水与酸洗废水流量比从 0.4 增大至 2.2 的过程中，耗电量从 2.88kW·h/kg Fe 降低至 2.8kW·h/kg Fe，电流效率从 80.2%增大至 82.4%。

在维持料液流量不变的情况下，随着水流量的增大，扩散渗析装置扩散室（Ⅱ室）中盐酸和氯化亚铁的浓度随之降低，而料液池（Ⅰ室）中溶质的浓度不变，这样膜两侧溶质的浓度差增大，因此，离子在扩散渗析装置中的迁移推动力增大，迁移速率增大，更多的离子穿过阴离子交换膜进入Ⅱ室，使电渗析装置阳极室进水中的离子总数增加，从而使电渗析装置耗电量有所降低，电流效率有所增大。

（3）电渗析装置阴极液 pH 值对电流效率与耗电量的影响

在残液槽中溶液 pH 值分别达到 1.75、2.00、2.25、2.50、2.75 时，开启电渗析器阴极室和阳极室进水阀门，进行膜电解实验，考察电渗析装置阴极室进水 pH 值变化对酸洗废水处理效果的影响，实验结果见图 4-56。

由图 4-56 可知，扩散渗析-电渗析系统的耗电量随着电渗析装置阴极室进水 pH 值的增大而减小，电流效率随着电渗析装置阴极室进水 pH 值的增大而增大。在电渗析装置阴极室进水 pH 值从 1.75 增大至 2.75 的过程中，耗电量从 3.51kW·h/kg Fe 降低至 2.8kW·h/kg Fe，电流效率从 65.4%增大至 82%。

当阴极液 pH 值较小时，电能主要消耗在析氧反应上，析铁反应的电流效率较小，随着阴极液 pH 值的增大。析铁反应的电流效率逐渐增大。同理，铁回收率随阴极室进水 pH 值的增大而增大。根据耗电量的计算公式，在槽电压保持稳定的情况下，耗电量与回收铁的质量成反比，因此，耗电量随着阴极室进水 pH 值的增大而减小。根据实验结果，当阴极室进水 pH 值大于 2.5 时，电流效率与耗电量变化幅度均不明显，故选择阴极室进水 pH 值为 2.50 进行下一组实验。

（4）电渗析装置进水流量对电流效率与耗电量的影响

使电渗析装置阴、阳极室进水流量保持相同，通过阀门分别调节流量为

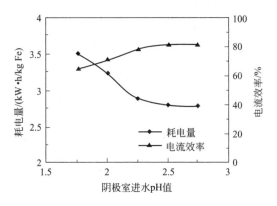

图 4-56　阴极室进水 pH 值对耗电量和电流效率的影响

0.036L/h、0.048L/h、0.06L/h、0.072L/h、0.084L/h，进行膜电解实验，考察电渗析装置阴、阳极室进水流量变化对酸洗废水处现效果的影响，实验结果见图4-57。

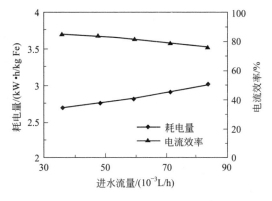

图 4-57　进水流量对耗电量和电流效率的影响

由图 4-57 可知，扩散渗析-电渗析系统的耗电量随着电渗析装置阴、阳极室进水流量的增大而增大，电流效率随着电渗析装置阴、阳极室进水流量的增大而减小。在电渗析装置阴、阳极室进水流量从 0.036L/h 增大至 0.084L/h 的过程中，耗电量从 2.69kW·h/kg Fe 增大至 3.01kW·h/kg Fe，电流效率从 85.3%降低至 76.4%。

随着电渗析装置阴、阳极室进水流量的增大，废水在电渗析装置中的停留时间缩短，进而导致扩散传质和电迁移传质过程减弱，溶液中离子的传质速率下降，部分离子还未参与扩散渗析和电极反应就已经流出电渗析反应槽，进而导致析铁反应电流效率随着电渗析装置阴、阳极室进水流量的增大而降低，耗电量随着电渗析装置阴、阳极室进水流量的增大而增大。根据实验结果，当电渗析装置阴、阳极室进水流量为 0.06L/h 时，电流效率与耗电量能达到比较理想的数值，并且可以保证

电渗析处理酸洗废水的处理效果，因此，选择电渗析装置阴、阳极室进水流量为
0.06L/h进行下一组实验。

（5）电渗析装置槽电压对电流效率与耗电量的影响

采用恒压输出方式，分别调节槽电压为7V、10V、13V、15V、17V，进行膜
电解实验，考察电渗析装置槽电压变化对酸洗废水处理效果的影响，实验结果如
图4-58所示。

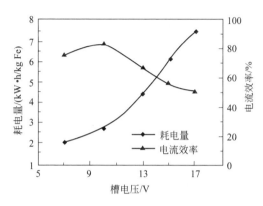

图4-58　槽电压对耗电量和电流效率的影响

由图4-58可知，扩散渗析-电渗析系统的耗电量随着电渗析装置槽电压的增大
而增大，电流效率随着电渗析装置槽电压的增大先增大后减小。在电渗析装置槽电
压从7V增大至17V的过程中，耗电量从2.12kW·h/kg Fe增大至7.5kW·h/kg
Fe。在槽电压从7V增大至10V的过程中，电流效率从76%增大至83.7%；在槽
电压从10V增大至17V的过程中，电流效率从83.7%降低至52.1%。

电渗析装置的槽电压由理论分解电压、阴离子交换膜电压降、阳极过电压、阴
极过电压、溶液欧姆电压降及导线中欧姆电压降组成。实验系统中，1mol氯化亚
铁分解生成1mol铁，反应中自由能的变化为-303.49kJ/mol，相当于此自由能变
化的理论分解电压为-1.572V。当槽电压低于理论分解电压时，氯化亚铁不能克
服离子间的吸引力而分解。而当槽电压过高时，一方面剩余的能量使水温上升，造
成能量的浪费，另一方面会使操作电压超过系统的极限电压，引起浓差极化现象，
迫使水发生解离，使电流效率降低。根据实验结果：当电渗析装置的槽电压小于
10V时，亚铁离子无法在阴极放电，故电流效率不高；当电渗析装置的槽电压大
于10V时，极化现象明显，电流效率显著下降，溶液电阻明显增大，从而耗电量
显著增加。因此，实际操作电压应保持在极限电压以下，确定操作电压为10V。

（6）最优化参数组合实验条件下的电流效率与耗电量

根据实验结果，采用筛选出的最优化参数，即设定扩散渗析装置料液进水流量
为0.35L/h，维持蒸馏水与酸洗废水流量比为1，电渗析装置阴极室进水pH值为
2.50，阴极室和阳极室进水流量为0.06L/h，槽电压为10V，进行4组平行实验，

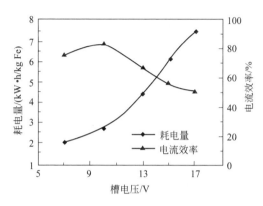第4章 电渗析技术

考察最佳操作条件下的平均电流效率与平均耗电量，实验结果见表 4-4。

表 4-4　最优化参数组合实验条件下的电流效率与耗电量

参数	1	2	3	4	平均
耗电量/(kW·h/kg Fe)	2.80	2.79	2.81	2.82	2.81
电流效率/%	81.5	82	81.8	81.6	81.7

由表 4-4 可知，在筛选出的最优化参数组合条件下进行的 4 组平行实验中，平均耗电量为 2.81kW·h/kg Fe，平均电流效率可达到 81.7%。

实验结果表明，采用扩散渗析-电渗析联合工艺处理装置处理盐酸酸洗废水的平均耗电量为 2.81kW·h/kg Fe，按照实际产生的酸洗废水水质，处理 1t 废水的耗电量为 3.65kW·h/t，按照工业用电收费标准 [0.6 元/(kW·h)]，处理 1t 废水的费用为 2.19 元。而采用传统的中和法（用烧碱作中和剂）处理等量的酸洗废水所需消耗的药剂费用为 3.64 元/t，并且由于无法回收酸洗废水中的铁和盐酸而造成的经济损失约 2.02 元/t（其中损失的铁粉按 1000 元/t 计，盐酸按 400 元/t 计）。通过对比可以发现，采用扩散渗析-电渗析联合工艺处理装置处理盐酸酸洗废水的经济效益和环境效益显著。

参考文献

[1] 李长海，党小建，张雅潇. 电渗析技术及其应用 [J]. 电力科技与环保，2012，28 (4)：27-30.

[2] 李广，梁艳玲，韦宏. 电渗析技术的发展及应用 [J]. 化工技术与开发，2008，37 (7)：29-30.

[3] 李鹏飞，马军，邓桦，等. 扩散渗析-电渗析集成工艺用于丝素蛋白脱盐 [J]. 2017，37 (6)：91-101.

[4] 贾福强，苗钧魁，于跃芹，等. 响应面法优化电渗析处理褐藻酸钠废水工艺 [J]. 环境工程学报，2014，8 (3)：1042-1045.

[5] 肖莹莹，张麟，章北平，等. 电渗析法深度处理铜冶炼废水研究 [J]. 环境科学与技术，2012，35 (8)：182-184.

[6] 王伟，傅荣强，刘兆明. 双极膜电渗析由葡萄糖酸钠制备葡萄糖酸的实验研究 [J]. 膜科学与技术，2017，37 (1)：109-113.

[7] 高艳荣，王建友，刘红斌. 双极膜电渗析解离 NaCl 清洁制备酸碱的实验研究 [J]. 膜科学与技术，2014，34 (3)：97-102.

[8] 王文聪，杜伟，刘德华. 双极膜电渗析法 1,3-丙二醇发酵液的脱盐处理及主要副产物的回收 [J]. 膜科学与技术，2015，35 (1)：104-107.

[9] 陈霞，蒋晨啸，汪耀明，等. 反向电渗析在新能源及环境保护应用中的研究进展 [J]. 化工学报，2018，69 (1)：188-202.

第5章 ▶▶
电容去离子技术

5.1 电容去离子技术的原理及技术特点

5.1.1 双电层理论

（1）Helmholtz 平板电容器模型

在电极-溶液界面存在着两种电效应：一种是电极与溶液两相中的剩余电荷所引发的静电作用；另一种是电极和溶液中各种粒子（电解质、溶剂分子等）之间的特性吸附以及偶极子定向排列的作用。这两种效应间的相互作用决定了界面的结构和性质。静电作用使电解池中极性相反的剩余电荷趋向于电极表面排列，形成紧密双电层结构（也被称为紧密层）。对于这一实验现象的理论解释可追溯到 19 世纪 Helmholtz 的平板电容器模型理论。其认为固体表面电荷与带相反电荷的离子（也称反离子）构成平行的两层（即双电层），其距离约等于离子半径，很像一个平板电容器。一般来说，双电层理论模型描述的是在一个界面上（在 CDI 中即为电极材料与电解质溶液之间的界面）存在电荷的分离，即在界面的其中一相上会出现某一种电荷的过剩及表面电势 ϕ_0（电极材料本身的表面电荷），这一过剩电荷就会被来自另外一相的电荷（在 CDI 中是电解质溶液中的离子）所补偿。这两部分电荷相互抵消最终达到界面的电荷平衡。换言之，固体界面的电荷直接被一层致密的反离子所补偿。对于 CDI 体系的溶液界面来说，Helmholtz 化的平板电容器模型是一种理想状态：阴极向阳极每发生一次电子的转移，都会相应有一个阳离子定向移动到阴极表面，同时会有一个阴离子定向转移到阳极来补偿并保持电中性。该模型基本上可以解释界面张力随电极电位的变化规律以及微分电容曲线上为何出现平台区的现象，但解释不了界面电容随电极电位和溶液总浓度的变化而改变的现象。

Helmholtz 的平板电容器模型虽然对双电层结构做出了说明以及电路学解释，但是考虑的因素较少并且比较简单，特别是忽略了离子在溶液中本身的热运动，即离子在溶液中的分布情况不仅受固体表面的静电吸引力的影响，同时受到离子试图达到均匀分布的热运动因素的影响，这两种效应相互间的共同作用使离子在固-液界面附近达到了一定的平衡分布，因而，理想状态的 Helmholtz 平板化容器模型在实际 CDI 电极界面储存离子的过程中是不可能实现的。一般来说，电极和溶液两相中的荷电离子均不是静止不动地分布于电极-溶液界面，其处于一种无序的不间断的热运动状态。粒子的热运动使得剩余电荷无法完全紧贴着电极表面分布，而是呈现出一定的分散性质，形成所谓的分散层结构。基于双电层结构分散性的特点（即剩余电荷分布取决于静电作用和热运动的对立统一结果），在不同条件下的电极体系中，双电层的分散性不同。当电极体系是由金属和电解质溶液组成时，由于金属相中自由电子的数量较多，剩余电荷在其表面的富集对自由电子分布情况的影响非常小，可以认为剩余电荷均呈紧密状态分布。在溶液相中，电解质离子浓度较高，电极表面电荷密度较大时，离子的热运动速率较低，对剩余电荷分布的影响较小，电极与溶液相中的离子间静电作用较强，对剩余电荷的分布起主导作用，溶液中剩余电荷处于紧密分布的状态，形成了紧密双电层结构。反之，若离子浓度较低，电极表面电荷密度较小，则离子热运动效应作用力强于静电作用，形成紧密层与分散层共存的结构。

（2）斯特恩（Stern）模型

在 1910 年和 1913 年，Gouy 和 Chapman 对 Helmholtz 平板电容器模型进行了修正，提出了扩散双电层模型（也称 Gouy-Chapman 模型），将离子热运动的概念加入到模型之中。该模型认为，溶液中的离子在静电作用和热运动的作用下按照粒子的玻尔兹曼分布的规律分布，完全忽略了紧密层的存在，并提出溶液中的反离子只有一部分是紧密排列在距固体表面 1～2 个离子厚度上，另一部分则是一直扩散到本体溶液中。尽管其能合理地解释微分电容最小值的出现以及电容随电极电位变化的规律，但微分电容的理论计算值却要远远高于实验测定值，并且解释不了微分电容曲线中平台区的出现。

1924 年，Stern 在两种理论模型中对实验结果合理解释的基础上，提出了双电层静电模型。其对 Gouy-Chapman 模型做了进一步修正，也被称为 Gouy-Chapman-Stern 模型，他认为双电层由紧密层和分散层两部分组成。20 世纪 60 年代以来，在斯特恩模型得到广泛认可的基础上，研究者们对紧密层结构模型做了补充和修正，充实了紧密层在电极溶液界面中的理论解释，提出了两种条件下（无离子特性吸附和有离子特性吸附时）的紧密层结构模型。溶液中的离子除了因静电作用而富集在电极溶液界面外，还可能基于同电极表面的相互作用发生物理或化学吸附，这种吸附同电极材质、离子种类及水合离子半径大小有关，被称为特性吸附。当电极表面带负电时，由于多数阳离子与电极间的无特性吸附作用，双电层一侧的剩余电荷由阳离子所带的电荷组成，此时紧密层由水合阳离子以及水化偶极层串联组成。当电极表面带正电时，构成双电层溶液一侧剩余电荷的阴离子水化程度较低，又能进行特性吸附，阴离子的水化膜受到影响，阴离子逃逸出水化膜进而直接吸附于电极表面，形成内紧密层结构，如图 5-1 所示。

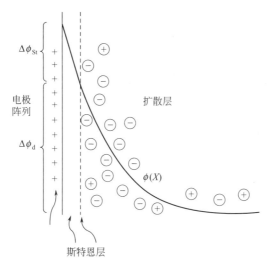

图 5-1   双电层吸附模型

5.1.2   CDI 体系对离子态污染物的去除机制

CDI 技术的基本原理是在低强度电场的条件下，随着进水中离子在电场力作用下向电极的定向迁移，利用带电电极表面所形成的双电层束缚进水中的离子，使水中的溶解盐类及其他带电物质在电极表面富集，进而达到去除离子的目的；当电极表面所衍生的双电层吸附的离子达到电极的饱和吸附容量后，通过电极反接或短接的方式，被其束缚的离子逐渐脱离电极表面，释放回溶液中，从而完成了电极的再生，再生后的电极可重新投入使用。电容去离子工艺原理如图 5-2 所示。

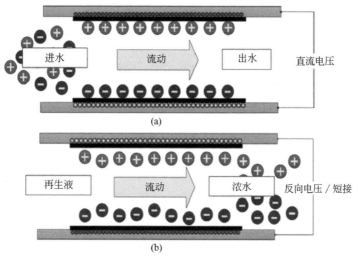

图 5-2   电容去离子工艺原理

CDI系统中，随着直流电的引入，体系中随之发生了法拉第反应以及非法拉第反应，如图5-3所示。其中非法拉第反应以电容存储离子（a）和离子动力过程为主（b），法拉第反应以水化学过程（e）和碳氧化（f）为主。（c）与（d）分别涉及的表面化学充电反应以及碳与有机高分子间的氧化还原充放电反应均在选用特定的炭电极材料时发生，一般CDI体系所采用的纯炭材料不会发生此类功能性充放电反应。尽管CDI体系的理论输入电压为1.2V，但体系内仍存在法拉第反应，主要以阴、阳极水的微弱电解反应和碳的氧化为主，这两种反应直接影响了电极的寿命以及体系所需的能耗。在形成双电层电容和离子迁移至电极表面所需的电能外，法拉第反应发生的程度决定了体系长期运行所需的附加能耗。

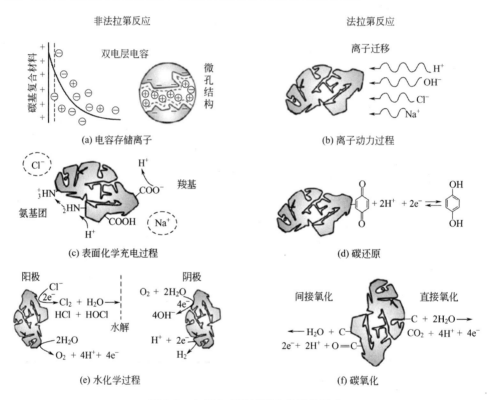

图 5-3　电容去离子过程中涉及的反应

5.1.3　技术特点

（1）CDI体系的优势

海水及苦咸水淡化处理是解决淡水资源短缺的重要途径之一，在各行各业中，如电力、石油化工、电子、纯净水制备、实验室用水等方面，都起到了不可或缺的作用，具有不可替代的重要意义。海水及苦咸水中的含盐量分别在3000～35000mg/L左右，其中主要盐分是氯化钠，其次是氯化镁、硫酸镁及氯化钙等。

海水淡化技术，即去除海水及苦咸水中的带电离子（阴离子和阳离子），以达到所需盐浓度要求的处理方法。目前主要的海水淡化方法有热法（低温多效蒸馏、多级闪蒸等）、膜法（微滤、纳滤、反渗透、电渗析等）等。

多效蒸馏是将上一级的水蒸气作为下一级蒸馏器的热源，并将上一级水蒸气冷凝成淡水，该级的操作压力和温度均比上一级略低，以此来减少能耗。多效蒸馏的特点是在低温、低压的条件下即可进行连续化、多级化的海水淡化处理，进而得到多倍于加热蒸汽量的蒸馏水。该技术具有操作弹性较大、设备投资小及运行费用低等优点。多效蒸馏的装置构造如图 5-4 所示。

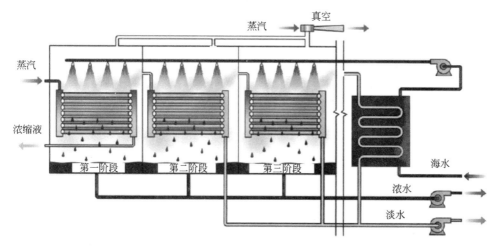

图 5-4 多效蒸馏的装置构造

多级闪蒸是通过减压汽化处理进水来达到去离子目的的一种海水淡化技术。其先将加热至一定温度的海水引入闪蒸室（低于该温度下的饱和蒸气压）而成为过热水产生蒸汽，再经冷凝后形成淡水，逐级流入下一级闪蒸室，多级蒸发/降温得到淡水。该方法具有设备构造简单、费用较低、对进水前处理要求低和使用寿命长等特点，适用于大规模制备淡化水。多级闪蒸的装置构造见图 5-5。

电渗析是膜分离技术的一种，在外加直流电场力的作用下，利用离子交换膜对溶液中阴、阳离子的阻挡以及渗透作用，达到溶质和溶剂分离的目的。其基本原理为：在正、负两电极间交替地平行放置阴、阳离子交换膜，构成浓水室和淡水室，在直流电场的作用下当两膜所形成的隔室中流入含离子的水溶液时，阴、阳离子在电场力的作用下向电极迁移，穿过离子交换膜，与膜带相反极性电荷的离子被阻挡在膜外。随着电迁移过程的进行，浓室中的离子浓度逐渐升高，淡化室的离子浓度逐渐降低进而得到淡化水。电渗析技术具有能耗低、操作简单的优势，但在电渗析装置长期运行的过程中，由于外加电压较高，电极表面会发生氧化还原反应，加速电极的腐蚀，缩短其使用寿命。与此同时，进水中的高价阳离子会在浓差极化的作用下使离子交换膜产生结垢现象，需定期更换膜组件以及增加除膜垢工序，影响装

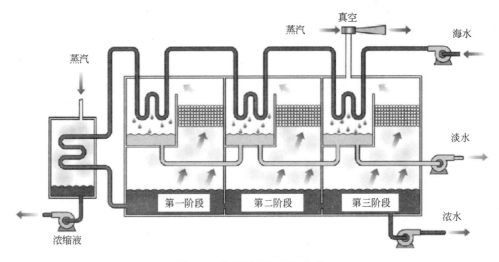

图 5-5　多级闪蒸的装置构造

置的连续化稳定运行。电渗析的装置构造见图 5-6。

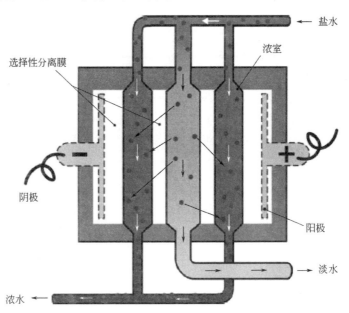

图 5-6　电渗析的装置构造

　　反渗透是利用反渗透膜的选择透过性（只能透过水分子而不能透过溶质），在外加压力推动的条件下，从含无机盐离子的进水中提取纯水的分离过程。反渗透具有独特的优势，其脱盐率较高，是全球采用最多的海水及苦咸水淡化技术。但是它也存在一定的缺陷，在分离过程中反渗透膜处理水量的增加会产生压力降，而压力降的产生则会提高体系所需的操作压力，进而增加能耗。此外，高压操作条件所需额外的高压设备，需要对进水加强预处理，提高膜的寿命，经长期运行后需要定期清洗膜组件。反渗透的装置构造见图 5-7。

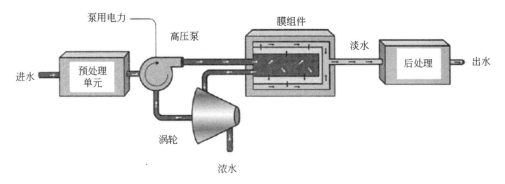

图 5-7　反渗透的装置构造

电容去离子技术（CDI）作为一种基于双电层电容理论而衍生的新型电吸附体系，以其低能耗、环境友好、易于工程化等优势逐渐成为离子去除领域的研究热点技术[1]。与上述介绍的脱盐方法相比，CDI 技术具有许多独特的优势：①与多级闪蒸等热处理方式相比，体系不需外加热源，在常温条件下即可稳定运行，采用的电极再生过程不需添加任何酸、碱或盐，只需将多孔电极短接或者反接，通入原水清洗即可。②与电渗析法相比，CDI 技术不需要任何膜，运转费用低，而且在低电压的条件下即可稳定运行，能量利用率较高。由于采用的输入电压大多为 1.2V，在一定程度上缓解了传统电迁移体系长期运行所引发的浓差极化效应。此外，这种低输入电位低于水的电解电压，多孔电极上基本不会发生氧化-还原（ORR）反应，所以不产生气体，同时也降低了能耗。③与蒸馏技术相比，CDI 装置无需热法的换热器，维护方便。虽然蒸馏工艺的过程简单易于实现，但水中常见的钙、镁等离子容易在管壁上结垢，且蒸馏工艺设备占地大，所需的消耗动力也较大。④CDI 系统对水的利用率较高，体系构造简单，易于规模化搭建。此外，电容去离子过程属于常压操作，不需反渗透法的外部高压条件，电极的端电压低于电渗析的电势，一般为 1.2V，主要的能耗产生于溶液中离子的吸附和迁移，再生过程中电极表面的离子解吸的过程中又能产生电能，可回收部分能量，进一步降低了体系的能耗。综上所述，CDI 具有环境友好、成本低廉、操作简单等优点，其出现弥补了传统脱盐技术的不足，在脱盐技术朝着工业化方向发展的道路上会得到更多的关注和发展。

（2）体系构造

目前应用的 CDI 体系以平板式装置为主，另外还有一些膜电容去离子、流动型电极电容去离子以及电池型电容去离子等各种各样的 CDI 装置被开发出来。近年来，为了提高 CDI 系统的理论吸附容量以及进水的处理量，除了从开发新型电极材料的方向入手外，许多研究者们同时也对 CDI 装置的结构以及电极的存在形式进行了设计与改造。CDI 单元一般由密封板、垫片、垫圈、电极、绝缘膜组装而成，两边由导电片连接外置电源。体系主要由电极单元、淡化室单元、进水输送单元以及电源供给单元组成。其中电极单元多为多孔吸附材料涂覆在导电集流体上形成，通电后就可形成双电层，进而吸附进水中的阴、阳离子。密封板一般为不导电材料，一般采用螺栓和螺母加固，材质一般采用亚克力玻璃板，主要的作用是固定CDI 电极组件。集流体是连接电极材料与外置电源的关键，所以导电能力需非常好，内阻应尽量小。加隔板是为了防止电极间短路，一般选用不导电的聚合物膜。

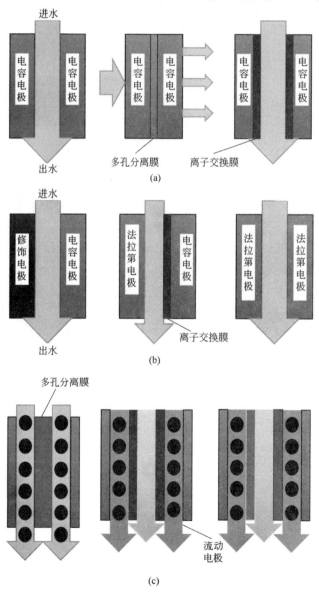

图 5-8 电容去离子装置类型（一）

在平板式 CDI 反应器的基础上，研究者们将阴、阳离子交换膜加载于电极单元中，阳极端加载阴离子交换膜，阴极端加载阳离子交换膜，基于离子交换膜对离子的选择透过性的特点，这种方式有效地避免了离子间的共存排斥作用，进一步提升了 CDI 体系处理进水的效率，在一定程度上降低了能耗，这种 CDI 体系也被称为膜电容去离子技术（MCDI）。这种体系的出现为选择性捕集离子提供了可能，这是因为其可搭载近年来新研制的选择性离子交换膜，其原理是基于离子交换膜表面负载带电官能基团，通过电排斥作用，排斥同价态的离子，使低价态的离子通过膜，进而被电极所产生的双电层所吸附，从而实现了不同价态离子的定向吸附。几种不同类型的 CDI 装置如图 5-8 和图 5-9 所示。

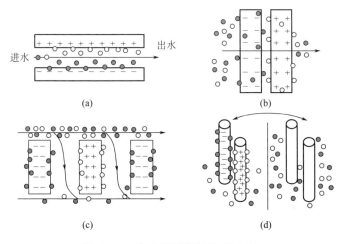

图 5-9　电容去离子装置类型（二）

尽管平板式 CDI 系统的优势有目共睹，但经典的 CDI 体系由于采用固定碳电极，炭电极表面吸附一定量的离子之后，槽电压降低，易造成孔道中的离子脱附，增大出水中离子浓度，从而限制 CDI 系统的吸附容量。另外，为保证 CDI 体系正常运行，一旦电极表面的吸附点位达到饱和则需对电极进行再生处理，即需要对电极进行不断地充放电交替操作，而且由于多孔炭电极的吸附量受限于脱盐单元的规模，使得 CDI 在脱盐时的成本和能耗显著升高。为避免传统 CDI 系统存在的上述不足，提高脱盐效率，国外已有学者制备炭悬浮液（炭泥浆）作为流动电极，并将其应用于 CDI 领域，这种新型的 CDI 工艺被称为流动电极电容去离子技术（flow electrode capacitive deionization，FCDI）。它是利用集电器表面刻划的孔道中的悬浮炭材料作为电极（作用等同于传统 CDI 系统中的固定碳电极），在施加电压的条件下，电解液中的离子通过离子交换膜迁移，进入流动电极，被其中悬浮的炭材料吸附。图 5-10 即为 FCDI 装置的电容吸附机理示意图。

（3）工艺影响因素

① 外电压　电压作为 CDI 系统的驱动力，对于离子在淡化室内向两极方向的

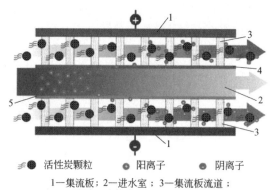

活性炭颗粒　　　阳离子　　　阴离子

1—集流板；2—进水室；3—集流板流道；
4—阴离子交换膜；5—阳离子交换膜

图 5-10　FCDI 装置的电容吸附机理

定向迁移以及体系长期运行所伴随的浓差极化效应有着重要的影响。从理论分析的角度出发，1.2V 的供电电压可以满足 CDI 体系去离子的需要，当外加电压高于水的电解电压时，伴随着炭电极长期运行所产生的氧化效应以及进水中钙、镁等离子的结垢，体系长期去离子的过程中电极的电阻由于以上两种副反应而增大，在电压仍不变的条件下，体系的电流密度进而降低，造成离子的电迁移速率减慢，影响去离子效率。当电极结垢时，生成的碳酸钙、碳酸镁、硫酸钙等沉淀不仅会使得电极的电阻突增，还会堵塞炭电极表面的多孔结构，阻碍离子的迁移，影响双电层的形成。当电极垢呈点状分布于极板表面时，其存在也会阻断活性炭颗粒间的电连接。

②　进水流速　进水流速的快慢影响着离子浓度通量的大小。一般来说，CDI 反应器的电极理论吸附容量、电极去离子的处理效率以及极板的规格决定了进水流速应该如何设定。流速过快，离子泵入总量高于饱和吸附容量造成出水中盐的浓度过高；流速过慢，淡化室吸附时间过长，进水离子浓度极低引发水的解离，产生浓差极化，影响电极的寿命。

③　极板间距　对于 CDI 系统来说，极板间距一般在 1～5mm 的范围内，这是由双电层的形成机制所决定的。极板间距过大影响离子向电极两侧的有效迁移；极板间距过小容易引起两极板间形成短路，影响吸附进程的进行。

④　进水离子浓度　CDI 体系目前只适用于低浓度的含盐废水，由于电极材料的单位吸附容量有限，对高浓度进水的去除率一般较低。离子浓度较高时，淡化室的电阻随之降低，电解质溶液中更利于离子的迁移与传递；离子浓度过低的进水，电阻较大，通电过程中不利于离子的有效运动。

5.2　CDI 体系的电极材料

一般来说，电极材料需要具备以下三个方面的基本要求：较高的比表面积、良好的导电性和足够的电化学稳定性。通常多孔性导电材料为最佳电极材料，因为它们具有高比表面积和优异的导电性，高比表面积为离子吸附提供更多的空隙，也意味着能提高材料的电容量，而导电性则有利于提高溶液中电子与离子的传输速率。研究者们认为理想的 CDI 电极材料应具有以下特点[2]：

① 可利用的高比表面积及多维孔洞；
② 良好的导电性；
③ 能快速响应电吸附-脱附的转变；
④ 电极表面与电解液能良好接触；
⑤ 能适应宽范围的 pH 值溶液以及在不同工作环境下保持电化学稳定；
⑥ 根据实验的设计易于成型；
⑦ 可以适应频繁的电压变化；
⑧ 不易结垢。

炭材料具有巨大的比表面积和三维孔洞，较易形成很高的双电层电容，且炭材料形式多样、性能稳定、环境友好、成本低廉、操作简单，这些特点都很符合电容去离子电极的要求，所以炭材料无疑是 CDI 技术的首选之材。目前，人们已经将多种炭材料用于 CDI 电极并开展了相关研究，包括：活性炭、炭气凝胶、碳纳米管、介孔碳以及石墨烯等。

5.2.1 活性炭基材料

由于用于制备活性炭的原材料种类繁多且分布广泛，如低成本的生物质前驱体木材、果壳、煤渣等储量丰富，均能通过高温炭化法制备孔容量分布丰富的电极材料。但是关于活性炭比表面积与电吸附量之间的关系的认识还不够明确，其中影响电容的因素有很多。对大部分活性炭电极而言，溶液很难浸润到活性炭的微孔中，造成微孔产生的局部比表面积为无效比表面积，意味着活性炭的有效电容小，因此，活性炭的高比表面积与其电容量不存在线性关系，限制了其在 CDI 中的应用。另外，通过涂覆法制作多孔活性炭电极时，需要用聚四氟乙烯（PTFE）等高分子胶黏剂将活性炭粉末或颗粒同导电剂黏结在一起，而这会造成电极内产生很大的传质阻力，导致电导率下降，进而增加了 CDI 体系运行时的能耗。

Chung-Lin Yeh 等[3]采用两步活化法（氢氧化钾化学活化同二氧化碳物理活化耦合的方式），以椰子壳为碳源制备出介孔与微孔容量比可控的活性炭电极材料。在 1.0V 的操作电压下，比表面积高达 2105m^2/g，介孔体积占总孔径体积为 70.7% 的生物炭电极对氯化钠的电吸附量达到 9.72mg/g，吸附速率高达 0.060min^{-1}。

Nalenthiran Pugazhenthiran 等[4]以纤维素为碳源、石墨粉为导电剂、二氧化硅为模板、氨丙基三乙氧基硅烷为交联剂，采用炭化与氢氟酸耦合处理制备得到层状叠加的碳纤维电极。电极可在 90min 内完成对氯化钠的电吸附，仅需 40min 即可实现氯化钠的脱附和电极的再生。操作电压为 1.2V 时，电吸附量可达 13.1mg/g。

图 5-11 为典型的活性炭材料的吸附性能曲线[5]。

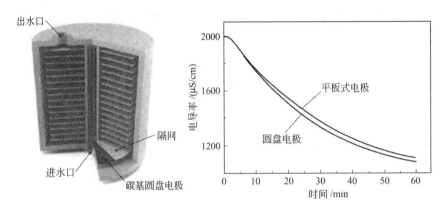

图 5-11　活性炭材料的吸附性能曲线

5.2.2　炭气凝胶

炭气凝胶（carbon aerogel）是一种具有纳米级孔结构的有机凝胶，由纳米颗粒与连通的小孔隙孔道构成。通过缩聚反应，有机气凝胶的多孔前驱体（苯酚-间苯二酚-甲醛等）聚合成湿凝胶，再经过超临界、蒸发法或溶剂交换干燥法得到干凝胶，得到的干凝胶在惰性气氛环境中，于 1000℃ 左右进行煅烧，即可热裂解得到炭气凝胶，其比表面积可高达 1000m²/g，电阻＜40MΩ/cm，最重要的是力学性能优异。在保持电极整体性的条件下，炭气凝胶还可按照实验需要切割成不同形状，同时避免了黏结剂的使用，因此很适合作为电极材料。

早在 1996 年，美国加州伯克利的劳伦斯利弗莫尔（Lawrence Livermore）国家实验室的 Farmer 等研究人员就开发出了 97% 的部分都是空气的炭气凝胶。他们课题组将这种炭气凝胶堆叠起来制成 CDI 多孔电极，发现该装置对钠、氯、铬、锰、铜等离子均有很好的去除效果。不过高昂的成本和复杂的工艺使炭气凝胶生产技术一直没有大规模工业化应用，所以到目前为止也没有在脱盐领域推广开来。不过不少实验室已开始试图优化炭气凝胶的生产工艺，并逐步降低其生产成本，以求降低 CDI 脱盐工艺的总体成本。如 Zafra 课题组在炭气凝胶上掺杂了锰离子和铁离子，用于增大其在 CDI 应用中的电吸附量。Xu 等人研究了炭气凝胶对不同离子的吸附选择性以及 CDI 技术的关键参数，发现吸附效率随着溶液浓度的增大而提高。图 5-12 为炭气凝胶材料的电吸附性能曲线[6]。

5.2.3　碳纳米管及碳纤维材料

1991 年，日本电镜专家 Iijima 借助高分辨率的 TEM 发现了碳纳米管（carbon nnaotubes，CNTs），又称巴基管，属于一维富勒烯。碳纳米管具有独特的中空孔

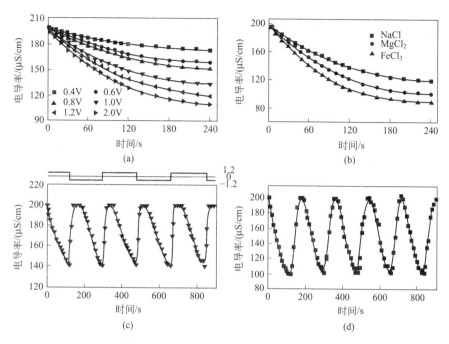

图 5-12　炭气凝胶材料的电吸附性能曲线

洞结构和适中的孔径，研究证明几乎碳纳米管的所有表面积都可作为离子吸附的位点，相比活性炭，碳纳米管所具有的高比表面积的利用率更高。碳纳米管表面通过适当的处理，就可以形成多种官能团，改性为具有良好亲、疏水性和吸附特性的材料。同时，又因为其特殊的物理、力学特性及良好的化学惰性，很有潜力成为超级电容器的理想材料，成为世界各国科学家的研究热点。尽管如此，目前碳纳米管作为 CDI 多孔电极材料还存在发展瓶颈：①碳纳米管的生产成本依旧高，难以大规模推广和应用；②制备出来的碳纳米管一般为粉末状态，需要用胶黏剂将碳纳米管黏结在一起，所以使用起来还很不便，生产工艺还有待改进。L. Y. Shi 课题组利用自组装方法制备了碳纳米管，并用氢氧化钾（KOH）活化使碳纳米管形成三维的小孔/介孔结构。同时由于活化，碳纳米管上产生的许多缺陷有助于增大比表面积和离子扩散通道，从而提高碳纳米管的去盐效率。李海波等人对比了碳纳米管与石墨烯在 CDI 应用中的吸附效率，研究结果表明，由于碳纳米管的孔洞结构和亲水性，使其除盐效率比石墨烯电极高。Wang 等人利用化学氧化法制备了聚吡咯/碳纳米管（PPy/CNT）复合物并制成 CDI 电极，发现该电极对阳离子具有选择吸附性。与纯碳纳米管作为 CDI 电极时比较，PPy/CNT 复合电极的电吸附量增大了3 倍。图 5-13 为典型的碳纤维材料的电容吸附性能曲线[7]。

5.2.4　石墨烯及其改性材料

自从 2010 年，英国科学家 Andre Geim 和 Konstantin Novoslov 因对石墨烯的

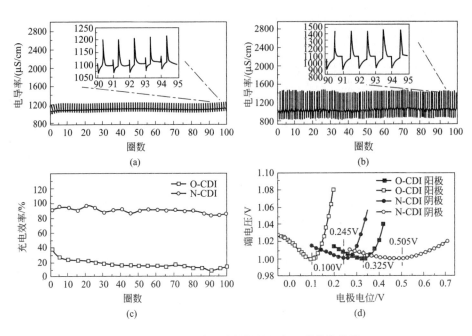

图 5-13　典型的碳纤维材料的电容吸附性能曲线

研究做出杰出贡献而获得了诺贝尔物理学奖之后，国际材料界掀起了一场对石墨烯结构、性能、制备以及应用的技术革命。石墨烯，是除了碳纳米管、富勒烯、金刚石等碳同素异形体以外的二维新型炭材料。石墨烯中的碳原子以 sp^2 杂化轨道混成轨域排列构成蜂巢晶格状结构，因此二维石墨烯也被认为是其他炭材料的基本单元。从零维的富勒烯，一维的碳纳米管，二维的石墨烯，再到三维的金刚石，至此，炭材料家族构成了从零维到三维的完整体系。在石墨烯中，每个碳原子通过 σ 键与其他三个碳原子相连，剩余的 π 电子在碳原子所属晶格中形成一个 π 轨道键，而与其他碳原子的 π 电子形成一个离域大 π 键，构成离域电子网络。电子可在此网络内自由移动，从而赋予石墨烯优异的导电性能。此外，石墨烯还有许多卓越的物理性能，如室温下的载流子迁移率可以达到 $15000cm^2/(V \cdot s)$，液氮温度下高达 $250000cm^2/(V \cdot s)$。同时具有优异的导热性能 [热导率高达 $5000W/(m \cdot K)$] 和力学性能（杨氏模量达到 $1.06TPa$）。另外，石墨烯的理论比表面积（$2600m^2/g$）和电导率（$7200S/m$）都远高于其他炭材料和一些普通金属材料。石墨烯所具有的高孔隙率、高比表面积、高电导率、良好的热导率和高的机械强度等优点，使其在能源化工、光电器件、传感器和生物技术等多方面都有广阔的应用前景。在超级电容器方面，科学工作者已制备出高达 $200F/g$ 以上的石墨烯基超级电容器。因此，石墨烯如此优异的特性也预示着其能在 CDI 技术中取得良好的应用前景和广阔潜力。图 5-14 为典型的石墨烯基电极材料的吸附性能曲线[8]。

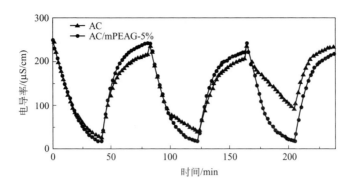

图 5-14 典型的石墨烯基电极材料的吸附性能曲线

5.3 CDI 技术在水处理领域中的应用

5.3.1 海水淡化及苦咸水脱盐

Mohamed Mossad 等[9]利用来自 AQUA EWP 的 CDI 系统实验装置,以 TDS 去除率(电吸附效率)和能耗为考核指标,研究溶液温度、初始溶液 TDS 浓度以及溶液流速等不同工艺参数对模拟海水电吸附除盐性能的影响,并探讨了活性炭电极对不同阴、阳离子的脱盐效果,发现对阳离子而言,其电极的离子选择性为 $Fe^{3+}>Ca^{2+}>Mg^{2+}>Na^+$,而对于阴离子则是 $SO_4^{2-}>Br^->Cl^->F^->NO_3^-$,同时发现 CDI 技术对溶解性的硅土、二氧化硅等含硅污染物没有去除效果,最后通过动力学分析证明电吸附过程符合准一级动力学模型。

苦咸水(brackish water)指碱度大于硬度的水,含大量中性盐,pH 值大于 7,总溶解性固体(TDS)一般大于 1500mg/L。近年来随着电容去离子技术在水处理领域中受到越来越多学者的关注,已有研究报道采用电容去离子方法实现苦咸水淡化。

韩国 Yu-Jin Kim 等[10]研究了 CDI 及其改进技术 MCDI(膜电容去离子技术)对含有油类化合物的苦咸水进行脱盐处理的适用性,考察了不同电压下,自组装的含多孔炭电极的 CDI 装置的离子吸脱附重复性、离子去除效率及电流效率指标,实验结果表明电极吸脱附多次后处理效率依然稳定,重复性高。MCDI 技术因多了离子选择层(离子交换膜),可将电流效率提高到 90.2%,远高于同条件下 CDI 技术的 49.3%,尽管随着进水含油化合物(辛烷)浓度增加,脱盐效率会降低,但电极经一定次数的循环使用后,MCDI 的性能并没有明显降低,其可用于含油类化合物苦咸水的脱盐处理。

Wangwang Tang[11]等通过电容去离子技术吸附去除地下苦咸水中的氟离子与硝酸根离子,研究了流速、初始氟离子浓度、初始共存的氯化钠浓度对反应器电吸附氟离子性能的影响。结果表明，随着共存的氯离子浓度的升高，出水氟离子浓度会随之升高。通过计算推导得到了两种离子的一维迁移模型，能较好地描述在一定的操作参数范围内的氯离子与氟离子的动力学过程。

5.3.2　重金属离子的去除

近年来，一些重金属污染事件已成为全球的环境焦点。水溶液中含有的重金属阳离子因其带有正电荷，可采用电吸附技术将其吸附到阴极表面而去除。

Shuyun Huang 等[12]采用电容脱盐系统去除水溶液中的铜离子，电极为活性炭材料，铜离子浓度较低时，在氯化钠、天然有机物、二氧化硅共存的环境下，铜离子可被电极充电过程中产生的双电层所吸附。

Zhe Huang 等[13]对不同浓度的镉、铅、三价铬离子及这三种离子的混合溶液进行双电层吸附实验。结果表明，操作电压为 1.2V、金属离子浓度为 0.5mmol/L 时，镉、铅、三价铬离子的去除率分别为 32%、43%、52%。模拟自然中被重金属污染的水体配水，金属离子浓度为 0.05mmol/L 时，镉、铅、三价铬离子的去除率高达 81%、78%、42%。

Amir Mehdi Dehkhoda 等[14]采用比表面积范围为 $971 \sim 1675 \mathrm{m}^2/\mathrm{g}$ 的三种孔隙率不同的活性炭作为电容去离子反应器的电极吸附钠离子与锌离子。以钠离子为目标吸附物时，三种电极的吸附能力相近，最高可达 5.39mg/g；以锌离子为目标吸附物时，介孔活性炭的吸附量最高。

5.3.3　含氮含磷离子的去除

近年来，随着电吸附技术成为学者的研究热点，其应用领域也越来越广。崔馨心等[15]对电吸附法去除水中盐类、氨氮、COD 的效果进行分析，结果表明，电吸附设备处理不同氨氮浓度的废水，对中、低浓度的氨氮去除效果稳定，当进水氨氮浓度低于 20mg/L 时，处理后出水氨氮浓度低于 5mg/L，COD 浓度小于 25mg/L，达到回用标准。

Yasodinee Wimalasiri 等[16]采用以多层石墨烯作为电极的膜电容去离子反应器吸附钠离子与铵离子。以氯化铵、氯化钠为目标去除物，研究发现，在初始氯化铵浓度为 400mg/L、水温为 20℃的条件下，石墨烯电极对其吸附量高达 15.3mg/g，去除率达到 99%。相比于钠离子吸附实验，石墨烯对铵离子的吸附能力要强于钠离子。

Yingzhen Li 等[17]研究了 CDI 技术对不同离子的电吸附能力。实验结果表明，在相同进水浓度的条件下，钾离子、铵离子、钠离子三者中铵离子的电吸附量最大，可达 0.21mmol/g，高于钠离子的 0.17mmol/g；硝酸根离子、溴离子、氯离子、氟离子四者中硝酸根离子的电吸附量最大，可达 0.23mmol/g，高于氯离子的 0.19mmol/g。

5.4 电极材料电容、电阻及循环充放电性能的评价方法

5.4.1 循环伏安法

循环伏安法（cyclic voltammetry）是一种常用的电化学研究方法，在电化学、无机化学、有机化学、生物化学等研究领域有着广泛的应用，主要用于研究电极反应的性质、机理和电极过程动力学参数等。CV曲线还可用于电化学-化学偶联过程的研究，即在电极反应过程中，是否伴随着其他法拉第反应的发生。该方法主要控制电极电势以不同的速率，随时间以三角波形一次或多次反复扫描，一次三角波扫描完成一个还原过程和氧化过程的循环，电势范围是使电极上能交替发生不同的还原和氧化反应，并记录电流-电势曲线。根据曲线形状可以判断电极反应的可逆程度、中间体、相界吸附或新相形成的可能性，以及化学偶联反应的性质等。常用来测量电极反应参数，判断其控制步骤和反应机理，并观察整个电势扫描范围内可发生哪些反应，及其性质如何。对于一个新的电化学体系，首选的研究方法往往就是循环伏安法，可称之为"电化学的谱图"。

在循环伏安法测试过程中，电化学分析仪控制电极电位由初始电位（initial potential）开始，以特定的斜率（scan rate，扫描速度）向第一峰（first vertex potential）连续扫描；到达第一峰之后反转扫描方向，向第二峰（second vertex potential）扫描，到达第二峰后再次反转扫描方向，以此类推，直到完成用户设定的扫描段数（扫描方向反转一次记为一段完成），如图5-15所示。线性扫描电压施加于电极上，从起始电压开始沿某一方向扫描至终止电压，再以同样的速率反方向扫描至起始电压，加压线路呈等腰三角形，完成一个循环。根据实际测试的需要，可进行连续循环扫描。当三角波电压增加时，即电位从正向负扫描时，溶液中氧化态

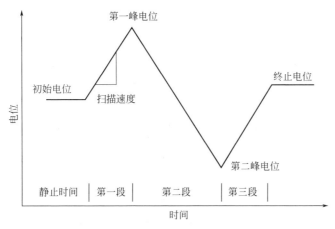

图 5-15　循环伏安法机制

电活性物质会在电极上得到电子发生还原反应，产生还原峰。反之，当逆向扫描时，电极表面生成的还原物质又失去电子发生氧化反应，产生氧化峰。对于电容去离子电极而言，CV 曲线可以明显地表征电极材料的循环充放电规律以及积分法计算电极的比电容，衡量电极在通电时产生双电层电容的大小以及性能规律。

5.4.2　交流阻抗法

以小幅度的正弦交流信号作为发生源扰动电化学测量体系，测量电解池系统对扰动的跟随情况，也可直接测量电极阻抗随交流信号频率的变化，通过此种方法来研究电极系统的过程称为交流阻抗法（AC impedance），也被称为电化学阻抗谱（electrochemical impedance spectroscopy，EIS）。交流阻抗法既不是稳态方法，也不是暂态方法，其是在一个稳态条件下施加微扰动源，属于准稳态的方法。由于使用小幅度对称交流电对电极进行极化，并且频率足够高，导致每半周期的持续时间很短，不会出现严重的浓差极化和表面状态的变化，电极表面交替出现阳极以及阴极反应，即使扰动信号长时间作用于电解池，也不会导致极化的累加效应。

电解池系统中，由于其内部包含着电量的转移、材料表面的化学变化和体系内组分浓度的变化等一系列过程，其与由简单线性电学原件（电阻、电容以及电感等）组成的电路截然不同。当电解池的两电极上施加具备正弦波形且振幅足够小的交变电压信号时，对应地，电解池中将产生同一频率的正弦交变电流，且两者的振幅成一定的比例。电解池等效电路就是由电阻（R）和电容（C）组成的电路，交流电通过电解池时，可将双电层等效地看作电容器，电极、溶液以及电极反应所引发的阻力作为电阻。交流阻抗法实质是研究 RC 电路在交流电作用下的特点与应用，也是一种基于频率区域内的测量方法，其通过测量得到阻抗谱进而研究电极，因而能比其他常规电化学测试得到更多的动力学信息以及界面结构信息。例如可从阻抗谱中所含时间常数及其数值推测影响电极过程的因素变量情况。交流阻抗法中仪器控制工作电极与参比电极之间的基准电位保持在偏置电位（offset potential），并在基准电位上施加一个设定振幅（amplitude）的正弦波，正弦波的频率由设定的初始频率（initial frequency）向终止频率（final frequency）扫描。施加的电位和工作电极的电流被同时采集并处理，系统的阻抗和相位等信息被记录为频率的函数。交流阻抗法机制如图 5-16 所示。

5.4.3　计时电位法

恒电流源供给恒定的电流通过溶液，电解开始后，工作电极对参比电极的电极电势随时间的变化通过电化学工作站记录下来。电解过程中，溶液保持静止，且有大量支撑电解质存在，电活性物质仅通过扩散向电极表面迁移。电解时，电极反应物质在工作电极表面的浓度不断降低，工作电极电势也随之发生变化。以铁元素在铂电极表面的还原为例，其中包括两种可溶物质的可逆电极反应，工作电极电势由

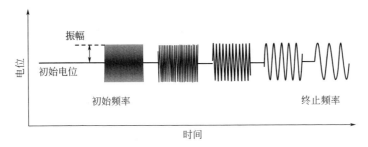

图 5-16　交流阻抗法机制

电极表面活性物质氧化态与还原态的浓度比决定，可通过能斯特方程式计算得到。电解开始前溶液中不存在亚铁离子，时间为 0 时工作电极电势高于 Fe^{3+}/Fe^{2+} 的氧化还原电势。电解开始时，三价铁以恒定的速率被还原成二价铁。初始工作电极电势随时间的变化较大，当电极表面三价铁和二价铁的浓度接近相等时，一定的电量所引起的电极电势变化较小，此后二价铁在电极表面占优势，电极电势的变化较大。直到电极表面三价铁浓度为 0，有多少三价铁扩散到电极表面，就立即在电极上还原，此时工作电极电势向负方向迅速变化，进而产生一个新的阴极过程。从电极反应开始至活性物质在电极表面耗尽所用的时间称为过渡时间。当电极反应伴随有动力过程或催化过程时，电位-时间曲线的特征就不仅取决于电活性物质在电极表面的扩散，还依赖于动力过程的类型和电极反应前后所伴随的化学反应速率。

计时电位法中，仪器控制两个恒定的电流（cathodic current 和 anodic current）通过工作电极，以特定时间间隔（sample interval）采集工作电极与参比电极之间的电势差，并将电势差记录为时间的函数并显示。计时电位法机制如图 5-17所示。

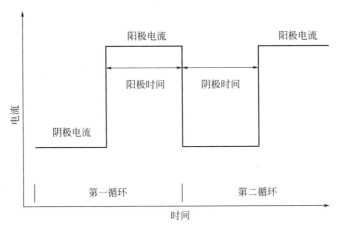

图 5-17　计时电位法机制

5.5 基于响应面优化分析的电容去离子技术（RSM-CDI）

随着经济的飞速发展，用水量的急剧上升，水资源危机是目前世界上大部分地区面临的最严峻的自然资源问题，使原本就比较紧张的淡水资源变得愈加短缺。因此，水处理技术的发展就显得尤为重要，除盐作为水处理中的重要一环，能够有效去除海水、苦咸水甚至地下水中污染离子而使水溶液得到净化的处理技术愈来愈受到学者的重视。

本研究以改善我国水环境污染严重现状、缓解我国水资源短缺危机为研究目的，拓宽及完善我国水处理技术方法，结合课题组多年来开展电化学水处理技术及设备的研究，选取高效低耗，环境友好的脱盐新技术——电容去离子技术（CDI）。与传统脱盐技术相比，电容去离子技术因低能耗、低污染、低成本等优点，已经成为脱盐甚至水处理技术领域的研究热点，研究意义巨大。尽管电容去离子技术越来越受到国内外学者的关注，但目前运行参数对 CDI 能耗影响分析的研究较少，CDI 电极材料普遍存在成本较高、难以大批量加工生产的问题，而采用普通活性炭又会有比表面积较小等不足。另外，CDI 脱盐机理还不太完善，尚未实现广泛的工业化应用。因此，本研究在综合考虑脱盐效率及能耗两个评价指标的基础上，通过流过式电吸附装置的开发、低成本炭电极的制备、工艺参数的优化等方面的研究，完善脱盐处理或者水处理中电化学及吸附理论，为电吸附技术的实践应用提供理论基础，并为该技术大规模开发以及在实际废水处理中的广泛应用提供依据与支撑，推进其工业化应用进程。

5.5.1 CDI 系统的构建

CDI 实验装置示意图见图 5-18。整个 CDI 系统由 CDI 模块、直流稳压电源、电功率仪、电导率仪、恒流蠕动泵和 pH 计组成。其中，直流稳压电源主要是给 CDI 系统提供稳定的电压，电压可调范围在 $0\sim35V$；恒流蠕动泵主要为 CDI 系统提供稳定的进出水水压；电导率仪用于实时测定溶液中电导率变化情况从而反映溶液浓度的改变；pH 计用于测定溶液 pH 值的变化；电功率仪用于测定整个 CDI 系统的电能消耗，其与直流稳压电源并联连接，与电源及 CDI 模块单元组成电路串联相接。采用循环进出水的方式，原水由储水池（烧杯）流出经蠕动泵、CDI 模块单元，最后再流回烧杯。

CDI 模块极板示意图见图 5-19。CDI 模块单元包括竖直平行放置的活性炭涂层电极，它们是 CDI 系统的核心和关键组件，起到吸脱附离子的作用，涂层电极涂覆于石墨或钛集流板上，集流板起集中传导电子汇集电流的作用。中间用有机玻璃隔板将正、负电极分隔开，以防止其相互接触发生短路，同时还可根据隔板的厚度调节电极极板间距。最外层是一对有机玻璃支撑板，对集流板、电极与隔片进行加

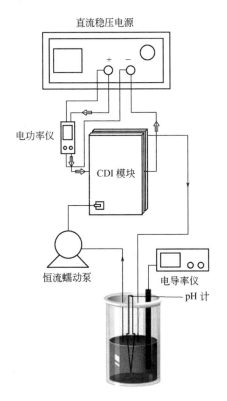

图 5-18　CDI 实验装置示意图

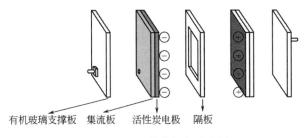

图 5-19　CDI 模块极板示意图

固。最后利用 G 字钳固定、夹紧整个 CDI 模块单元，并施以橡胶垫圈，防止溶液的渗漏流出。原水在 CDI 模块单元内采用下进上出的流动方式以增加停留时间。

5.5.2　电极的制备

以成本较低、简单易得的活性炭粉末为电极涂层的基本材料，以聚偏氟乙烯（PVDF）为黏结剂，以导电石墨粉为导电剂，按一定的比例（质量比）混合，溶于 N,N-二甲基乙酰胺（DMAc，99%）溶剂，然后利用磁力搅拌器将混合液搅拌 12h 以确保其均匀，再将炭的泥浆料直接涂覆在集流板（石墨板或钛板，60mm×

80mm）上，于60℃下在真空干燥箱中烘干4h形成活性炭涂层电极，随后再于60℃下在真空干燥箱中真空烘干2h以去除所有残留在电极表面微孔隙中的有机溶剂，得到的PVDF黏结活性炭电极涂层（不含集流板）的质量及厚度分别约为1.5g与0.22mm。为了增强炭电极表面亲水官能团的密度，提高电极吸附活性，用1mol/L氢氧化钾溶液活化处理上述制得的炭电极（室温下用氢氧化钾溶液浸泡炭电极24h），随后取出经KOH浸泡过的活性炭电极并用去离子水清洗干净，然后再于70℃下在真空干燥箱中彻底烘干6h，最终得到用于电吸附实验的活性炭涂层电极。

炭材料扫描电镜图见图5-20。

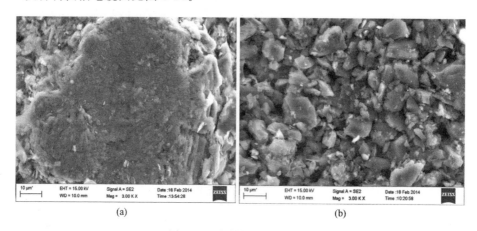

图5-20　炭材料扫描电镜图

5.5.3　运行参数对 CDI 过程脱盐效率的影响

（1）电源工作电压的影响

根据电容去离子原理，电压是驱使溶液中的离子从溶液迁移至电极表面从而被吸附去除的推动力，因此电压是影响活性炭电极电吸附脱盐效率及吸附容量的关键因素之一。理论上讲，电压越高，静电场作用力越强，脱盐效率及电吸附量也应该越大。但当电压上升到一定值后，溶液中会有电化学氧化还原反应发生，降低电流效率，使溶液组分变复杂，严重影响脱盐效率，更与CDI的离子去除机理相悖。另外，电压升高也会消耗更多电能，增加能耗。

控制NaCl溶液初始浓度为1000mg/L，电极板间距为2mm，溶液流速为25mL/min，在室温（25℃）下，测定CDI过程中不同工作电压（0V、0.4V、0.8V、1.2V、1.6V、2.0V）下，溶液浓度（溶液电导率）随时间的变化情况，结果见图5-21。不同工作电压下，电吸附达平衡时，活性炭涂层电极对溶液中NaCl的脱盐率及电吸附量的影响见图5-22。

从图5-21和图5-22中可看出，当不给电极两端施以电压即电压为0V时，不

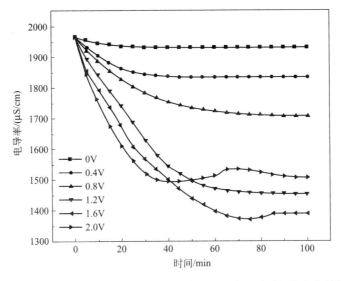

图 5-21　不同电压条件下溶液浓度（溶液电导率）随时间的变化情况

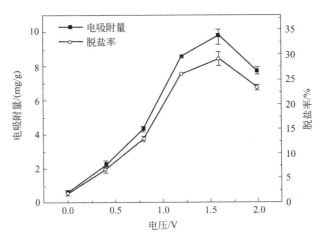

图 5-22　不同电压条件下电吸附达平衡时活性炭涂层电极
对溶液中 NaCl 的脱盐率及电吸附量的影响

存在静电场力的驱动作用，溶液中 NaCl 的去除仅依靠电极活性炭材料的吸附作用，可以发现 NaCl 的去除非常有限，几乎可以忽略不计，NaCl 电吸附量和脱盐率分别仅有 0.6mg/g 和 2.05%，说明单纯地依靠电极材料活性炭的吸附作用对溶液中的 NaCl 盐离子几乎没有去除作用，NaCl 的去除主要还是依靠对电极通电后产生的电场静电力作用实现的；当电极两端施加电压后，溶液电导率随着离子被吸附到电极表面而迅速减小，在 0~40min 时间内为电导率下降速度最快即离子去除速率最快的阶段，随后电导率的下降趋缓，在 80~100min 时间内溶液中电导率基本没有发生变化，电导率值趋于稳定，说明电吸附已达到平衡。由图 5-22 可看出，随着电源工作电压的逐渐增大，活性炭电极对 NaCl 的吸附量（去除量）及脱盐率（离子去除率）也随之逐渐增大，当工作电压为 1.6V 时，电吸附量和脱盐率达到最大值，分别为 9.76mg/g 和 29.28%，这主要是因为理论上在不发生氧化还原电解反应的情况下，电压越大，形成的双电层厚度越大，极板间的电流密度越大，吸附速率越快，离子的吸附量和去除率也就越高；但当电压继续升高达到 2.0V 时，不仅溶液电导率变化较不稳定，离子的吸附量与去除率也分别下降至 7.76mg/g 和 23.28%，这是由于在电场的作用下，电压达到一定值后，溶液中的某些离子在电极表面会发生氧化还原电解反应，降低电荷效率，影响电吸附效果，并且较高的电压也会增加电能消耗、损耗电极使用寿命。

（2）溶液初始浓度的影响

根据 Gouy-Chapman-Stern 双电层模型理论，扩散双层含有反离子的量主要取决于电解液的浓度，所以溶液浓度也是影响 CDI 过程中电极电吸附量及脱盐效率的一个关键因素。

控制 CDI 过程的电源工作电压为 1.6V，电极板间距为 2mm，溶液流速为 25mL/min，在室温（25℃）下，测定 CDI 过程中不同 NaCl 溶液初始浓度（100mg/L、200mg/L、400mg/L、600mg/L、1000mg/L、1200mg/L、1500mg/L）下，溶液浓度（溶液电导率）随时间的变化情况，结果见图 5-23。不同溶液初始浓度下，电吸附达平衡时，活性炭涂层电极对溶液中 NaCl 的脱盐率及电吸附量的影响见图 5-24。

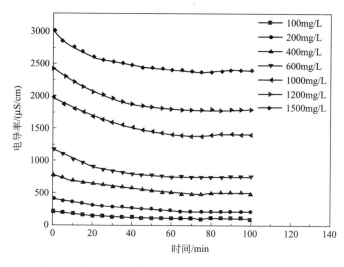

图 5-23　不同初始浓度条件下溶液浓度（溶液电导率）随时间的变化情况

由图 5-23 可以看出，随着电吸附过程的进行，溶液电导率（NaCl 浓度）逐渐下降，直至最终不再有明显变化达到平衡。在前 40min 溶液电导率快速下降，且随着浓度的升高，电导率的下降速率即离子的去除速率加快，这是由于随着溶液浓度的升高，溶液的电阻会降低，吸附速率和电流强度也会随之增强；随后 20～

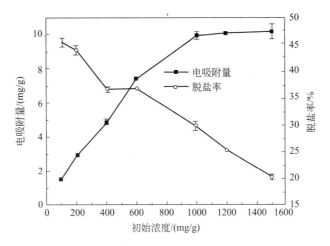

图 5-24　不同溶液初始浓度条件下电吸附达平衡时活性炭
涂层电极对溶液中 NaCl 的脱盐率及电吸附量的影响

30min 阶段，电导率下降趋势渐缓；而在 70min 以后阶段，电导率变化基本不大，直至最终电吸附达到平衡。

　　由图 5-24 可以看出，随着初始 NaCl 浓度的不断增大，活性炭电极对 NaCl 的电吸附量也逐渐增大，这主要是因为在较低的溶液浓度范围下，双电层重叠效应也更强，且随着 NaCl 浓度的增加，会有更多的盐离子与吸附剂（活性炭电极材料）上的活性点位比如表面官能团等相接触，导致有更多的盐离子被吸附去除，同时溶液浓度的增加也利于双电层结构中扩散双层所含反离子量的提升，因此电吸附会完成得更充分和有效率。而当溶液初始浓度超过 1000mg/L 后，电吸附量的变化基本不大，意味着浓度超过 1000mg/L，活性炭电极材料的吸附量接近饱和。还可以看出，随着溶液初始浓度的增加，盐离子去除率即脱盐率却逐渐减小，主要是由于在活性炭电极材料未达到饱和吸附量的阶段，尽管溶液浓度增加会导致更多的盐离子被吸附去除，但由于原始溶液的浓度值本身也较高，相应地会导致计算求得的离子去除率较低，溶液初始浓度为 100mg/L 时，脱盐率最高为 45.3%，但电极吸附量却最小，只有 1.51mg/g。

　　（3）溶液流速的影响

　　控制 CDI 过程的电源工作电压为 1.6V，NaCl 溶液初始浓度为 1000mg/L，电极板间距为 2mm，在室温（25℃）下，测定 CDI 过程中不同溶液流速（5mL/min、10mL/min、25mL/min、40mL/min、55mL/min、70mL/min）下，溶液浓度（溶液电导率）随时间的变化情况，结果见图 5-25。不同溶液流速下，电吸附达平衡时，活性炭涂层电极对溶液中 NaCl 的脱盐率及电吸附量的影响见图 5-26。

　　由图 5-25 可以看出，随着电吸附的进行，溶液电导率（NaCl 浓度）逐渐下降，直至最终不再有明显变化达到平衡。在前 40min 溶液电导率快速下降，随后

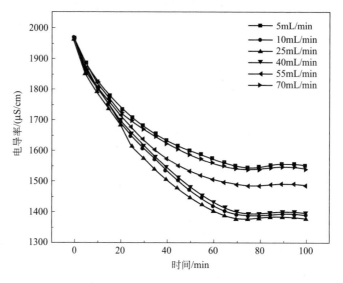

图 5-25　不同流速条件下溶液浓度（溶液电导率）随时间的变化情况

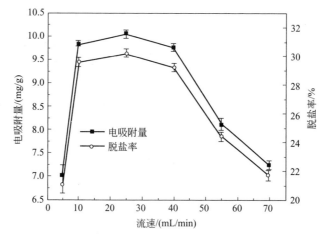

图 5-26　不同流速条件下电吸附达平衡时活性炭涂层电极对
溶液中 NaCl 的脱盐率及电吸附量的影响

20～30min 阶段，电导率下降趋势渐缓，而在 70min 以后阶段，电导率变化基本不大，直至最终电吸附达到平衡。溶液流速为 5mL/min 和 70mL/min 时，电导率的降低幅度最小，其下降速率也最慢，而溶液流速分别为 10mL/min、25mL/min 和 40mL/min 时，电导率的下降幅度均较大，下降速率也较快。另外，从图 5-26 中可以看出，在溶液流速达到某一特定值之前，活性炭电极的电吸附量及 NaCl 的去除率（脱盐率）均随着溶液流速的增大而增加，当溶液流速达 25mL/min 时，电吸附量及脱盐率最大，分别为 10.00mg/g 与 30%；随后溶液流速继续增大，电吸附量及脱盐率则又开始逐渐下降。产生这一现象的原因是在相同的工艺条件下，溶液流速越大就会有更多的盐离子到达电极表面，活性炭电极的吸附量也会更快地达到饱和状态，但是若流速继续增大，会导致 CDI 模块单元内用于离子传递转移的停留时间变短，电极表面与溶液离子的接触不充分，从而导致电吸附量与脱盐效率降低。另外，若溶液流速较小，会导致处理水量相同的溶液消耗更多的能耗。因此，在 CDI 技术的工程应用及实际操作中，必须合理地选择控制溶液流速，既不宜过大也不宜过小。

（4）极板间距的影响

控制 CDI 过程的电源工作电压为 1.6V，NaCl 溶液初始浓度为 1000mg/L，溶液流速为 25mL/min，在室温（25℃）下，测定 CDI 过程中不同电极板间距（1mm、2mm、3mm、4mm）下，溶液浓度（溶液电导率）随时间的变化情况，结果见图 5-27。不同电极板间距下，电吸附达平衡时，活性炭涂层电极对溶液中 NaCl 的脱盐率及电吸附量的影响见图 5-28。

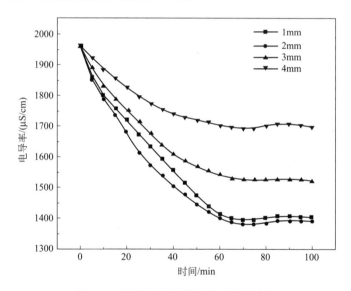

图 5-27　不同极板间距条件下溶液浓度
（溶液电导率）随时间的变化情况

由图 5-27 和图 5-28 可以看出，当电极板间距分别为 1mm 和 2mm 时，电导率的下降幅度较大，盐离子的去除效果较佳，其中极板间距为 2mm 时脱盐效果最佳，电极的电吸附量与盐离子去除率（脱盐率）最大，分别为 10.00mg/g 与 30%；随着电极板间距的增大，电导率下降趋缓，脱盐效果逐渐减弱，当极板间距增大到 4mm 时，活性炭电极电吸附量及脱盐率最低，分别只有 4.34mg/g 与 13.27%。这主要是由于极板间距越小，在相同操作条件下，电流越强，静电引力越大，所形成的双电层电容越大，吸附量越大，电容去离子效果越好，且电极间离

第 5 章　电容去离子技术

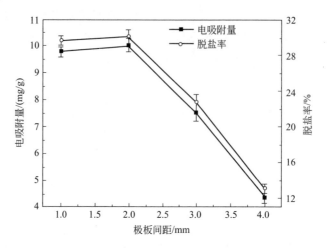

图 5-28   不同极板间距条件下电吸附达平衡时活性炭涂层电极
对溶液中 NaCl 的脱盐率及电吸附量的影响

子扩散的距离越短，减少了传质阻力；而随着极板间距增大，离子的传输阻力增大，电吸附的驱动力——静电力受到削弱，严重影响盐离子的去除效果。因此，一般来讲极板间距越小越利于电吸附除盐效率的增强。但是若电极板间距过小，一方面易造成电极短路，另一方面也会缩短离子在 CDI 系统中的停留时间，因此在 CDI 实际操作中需要合理控制电极板间的距离。

（5）实验温度的影响

由于在实际工程中，尤其 CDI 技术在某些温差较大地区的应用中，环境温度是不可忽略的一个重要因素，本研究考察了实验温度对 CDI 除盐性能的影响。控制 CDI 过程的电源工作电压为 1.6V，NaCl 溶液初始浓度为 1000mg/L，溶液流速为 25mL/min，电极板间距为 2mm，测定 CDI 过程中不同实验温度（10℃、15℃、20℃、25℃、30℃、35℃、40℃，通过恒温水浴锅实现温度的调节）下，电吸附达平衡时活性炭涂层电极对溶液中 NaCl 的脱盐率及电吸附量的影响，结果见图 5-29。

由图 5-29 可以看出，随着实验操作温度由 10℃逐渐升高到 40℃，活性炭电极的电吸附量与离子去除率（脱盐率）均逐渐下降，分别由 10.73mg/g 和 32.2％下降到 9.06mg/g 和 27.18％。说明溶液温度与 CDI 离子去除效率成反比，溶液中盐离子的电吸附去除很可能是物理吸附作用的结果，这与 Mohamed Mossad 及 Haibo Li 等人，采用多孔活性炭电极或碳纳米管与碳纳米纤维复合电极，开展温度对 CDI 性能影响实验研究的结果相一致。随着温度的升高电吸附作用减弱，产生这一现象的原因：一方面是溶液温度的升高会使盐离子更倾向于从电极表面扩散回溶液中；另一方面在温度较低的情况下，活性炭电极表面亲水性较好，使活性炭吸附材料与界面水合离子间的吸引作用加强，导致在较低的温度下会获得较高的电吸附量

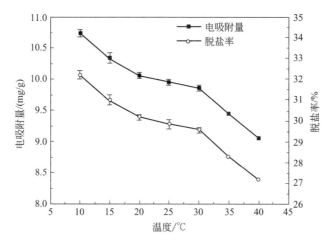

图 5-29 不同温度下电吸附达平衡时活性炭涂层电极
对溶液中 NaCl 的脱盐率及电吸附量的影响

与离子去除率。另外，从图 5-29 中还可以看出，尽管温度的变化会对电吸附的离子去除效果有影响，但影响并不是非常明显，尤其在 15～30℃范围内，电吸附量及离子去除率变化很小，说明 CDI 技术对温度的耐受性较强，在相对较宽的温度范围内，电吸附实验均可以取得较理想的实验结果。后期 CDI 实验过程均选择在室温（25℃左右）条件下进行。

5.5.4 运行参数对 CDI 过程电能消耗的影响

电能消耗（能耗）是 CDI 技术应用（尤其是工业化应用）过程中最重要的评价指标之一，直接关系着 CDI 的成本与技术经济可行性。由于 CDI 技术是利用静电力作用吸附去除溶液中离子，不涉及电化学氧化还原反应，仅需要较小的工作电压（1.2～2V），因此总体上 CDI 技术的能耗较低，这也是其相比于其他脱盐技术的一大优势。本研究分析了 CDI 主要工艺参数对 CDI 能耗的影响。CDI 实验过程中电源工作电压的大小直接与能耗密切相关，而溶液初始浓度、溶液流速与极板间距关系到 CDI 系统阻抗与电流效率以及处理水量，也与 CDI 过程的能耗息息相关，因此工作电压、原水的 NaCl 初始浓度、溶液流速与电极板间距无疑是影响 CDI 过程电能消耗的最主要、最关键的工艺参数。

（1）电源工作电压对能耗的影响

依据前面运行参数对脱盐效率影响的实验结果，控制其他实验条件不变，利用接入整个 CDI 系统中的 FLUKE 电功率仪测定不同电源工作电压（0.4V、0.8V、1.2V、1.6V、2.0V）下，电吸附达平衡时 CDI 实验的电能消耗（kW·h）。不同工作电压下，CDI 实验过程吨水能耗及吸附去除单位质量盐离子的能耗（单位脱盐能耗）见图 5-30。

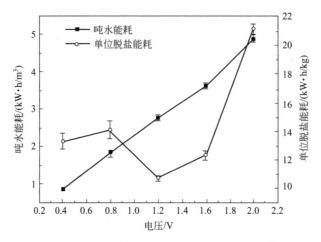

图 5-30　不同工作电压下 CDI 实验过程吨水能耗及单位脱盐能耗

由图 5-30 可以看出，处理每立方米（每吨）水量所需消耗的电能随工作电压的增大而逐渐增大，外加电压由 0.4V 升高到 2.0V 时，能耗由 0.89kW·h/m³ 增大到 4.89kW·h/m³，这主要是由于在其他实验条件相同的情况下，工作电压越大，CDI 系统的电流强度越大，相同时间内功率越大，消耗的电能也越多。而去除单位质量 NaCl 所需的能耗则随工作电压的升高先增大后减小而后又大幅增加，这与不同电源工作电压下电极的电吸附量有关。尽管高电压会导致更大的吨水能耗，但随着电压的升高，电极的电吸附量也逐渐增大，相应的吸附去除单位质量的盐离子所需的能耗反而有所下降，但是当工作电压为 2.0V 时，去除单位质量 NaCl 的能耗却最大，是因为电压 2.0V 时电极电吸附量也相对较低。工作电压为 1.2V 和 1.6V 时去除每千克 NaCl 所消耗的电能最少，分别为 10.74kW·h 和 12.31kW·h，且此时电极的电吸附量也是相对较大的。因此，工作电压的取值范围在 1.2~1.6V 之间时，CDI 过程是较经济高效的。

（2）溶液初始浓度对能耗的影响

依据前面运行参数对脱盐效率影响的实验结果，控制其他实验条件不变，测定不同初始浓度的原液（100mg/L、200mg/L、400mg/L、600mg/L、800mg/L、1000mg/L、1200mg/L、1500mg/L）电吸附达平衡时，CDI 过程的电能消耗（kW·h），结果见图 5-31。

由图 5-31 可以看出，原水的初始浓度从 100mg/L 升高到 1500mg/L，CDI 系统的吨水能耗也一直在升高，由 0.71kW·h/m³ 升高至 5.95kW·h/m³。这主要是由于随着溶液浓度的增大，溶液的阻抗逐渐减小，使整个 CDI 系统的总阻抗逐渐减小，电流强度则逐渐增大，从而导致功率越大，相同时间内处理每立方米原水消耗的电能也越多。而去除单位质量的盐所消耗的电能则随着电解液浓度的升高，先减小后升高，溶液初始浓度为 600mg/L、800mg/L 和 1000mg/L 时，能耗相对

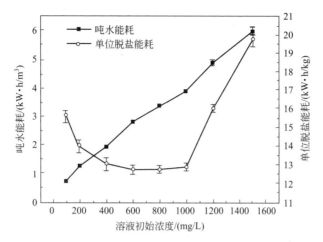

图 5-31 不同溶液初始浓度条件下电吸附达平衡时 CDI 过程的电能消耗

较低，分别为 12.66kW·h/kg、12.73kW·h/kg 和 12.84kW·h/kg。这是由于随着溶液初始浓度的升高，电极的电吸附量也逐渐增大，因此吸附去除每千克 NaCl 所消耗的电能反而变小，但当溶液初始浓度超过 1000mg/L 后，电极的吸附量基本不再变化（接近饱和），因此去除单位质量盐离子的能耗又逐渐增大。尽管从经济成本角度看，初始浓度为 600mg/L 时吨水能耗与单位脱盐能耗相对较低，但其电极电吸附量却不如高浓度区（800~1000mg/L）时的吸附量大。

（3）溶液流速对能耗的影响

依据前面运行参数对脱盐效率影响的实验结果，控制其他实验条件不变，测定不同溶液流速（5mL/min、10mL/min、25mL/min、40mL/min、55mL/min、70mL/min）下，电吸附达平衡时 CDI 过程的电能消耗（kW·h），结果见图 5-32。

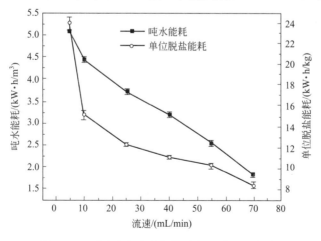

图 5-32 不同溶液流速条件下电吸附达平衡时
CDI 过程的电能消耗

由图 5-32 可以看出，当溶液流速从 5mL/min 增大到 70mL/min 时，整个 CDI 系统的吨水能耗逐渐降低，由 5.06kW·h/m³ 下降到 1.83kW·h/m³。这是由于流速越大，单位时间内处理水的流量就越大，因此在其他条件不变的情况下，处理每立方米原水消耗电能（kW·h/m³）反而会越少。同时，随着流速从 5mL/min 升高到 70mL/min，吸附去除每千克 NaCl 所需消耗的电能（kW·h/kg）也逐渐减少，由 23.99kW·h/kg 减少到 8.41kW·h/kg，可能是因为流速越大，CDI 的电吸附速率越大。尽管当溶液流速为 55mL/min 与 70mL/min 时，吨水能耗与单位脱盐能耗均相对最少，但此时电极的电吸附量相对较低，脱盐效果也相对较差。

（4）极板间距对能耗的影响

依据前面运行参数对脱盐效率影响的实验结果，控制其他实验条件不变，测定不同极板间距（1mm、2mm、3mm、4mm）下，电吸附达平衡时 CDI 过程的电能消耗（kW·h）结果见图 5-33。

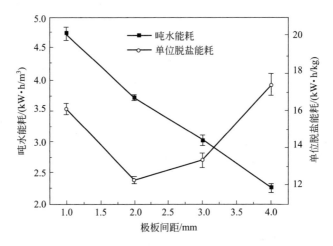

图 5-33 不同极板间距条件下电吸附达平衡时 CDI 过程的电能消耗

由图 5-33 可以看出，当极板间距从 1mm 增大到 4mm 时，CDI 过程的吨水能耗逐渐减小，由 4.72kW·h/m³ 下降到 2.25kW·h/m³，这是因为极板间距越小，极板间溶液电阻越小，CDI 过程的电流越大，在相同条件下，其能耗也越大。CDI 过程吸附去除单位质量 NaCl 所消耗的电能则随电极板间距的增大而先减小后增大，这是因为尽管吨水能耗随极板间距增大而逐渐减小，但极板间距的增大也会导致脱盐效果的大幅下降，反而会导致相同条件下去除每千克 NaCl 所消耗的电能升高。因此，极板间距取值范围为 2~3mm，吸附去除单位质量 NaCl 消耗的电能相对较少。

5.5.5 基于响应面法的 CDI 脱盐工艺参数优化

响应面法（response surface methodology，RSM）是一种非常实用的数理统计

方法，利用合成实验设计和数学模型，对所感兴趣或需求的响应受多个变量影响的问题进行建模和分析，并采用多元二次回归方程拟合因素和响应值之间的函数关系，最终达到优化及确定该响应最佳值的目的。相比传统的数理统计方法，其以非常经济的方式，通过较少的实验次数，在较短的时间内对所选实验参数进行全面研究，从而得出最佳结论。

响应面法因其优越性，已受到越来越多学者的关注。在许多物理、化学以及生物实验过程中，响应面法在实验优化设计、模型建立以及确定最优条件等方面有着非常广泛的应用。常用的响应面（RSM）实验设计方法有 Box-Behnken design（BBD）、星点设计（Central composite design，CCD）和 Doehlert Ma-trix（DM）设计，其中 Box-Behnken design（BBD）设计是近年来应用较多的 RSM 实验设计方法，其由三种环环相扣的 22 因子设计组成，结合 RSM 法通过对实验结果进行非线性数学模型拟合，优化各影响因子，分析最优响应，具有精度高、预测性好等优点。

（1）响应面实验设计

选取对脱盐效率及电能消耗影响相对较大，同时也是实验室规模乃至工业化应用中亟须调控优化的四个关键工艺参数——电源工作电压（X_1）、NaCl 溶液初始浓度（X_2）、溶液流速（X_3）与极板间距（X_4）作为变量因子，以电吸附量（Y_1）和吸附去除单位质量 NaCl 的能耗（Y_2）作为响应量，按 BBD 实验设计要求，设计四因素三水平 CDI 实验，通过 Design-Expert 软件，根据计算所得决定系数 R_2 分析响应面优化实验结果。BBD 实验设计的因素与水平见表 5-1。响应面实验方案及结果见表 5-2。实验设计方案中 29 个实验点，1～24 号实验为析因实验，24～29 号实验是中心实验，零点实验重复 5 次。

表 5-1　BBD 实验设计的因素与水平

变量	单位	编码	因素水平值	因素实际值
电源工作电压（A）	V	X_1	−1,0,1	1.2,1.6,2.0
溶液初始浓度（B）	mg/L	X_2	−1,0,1	200,600,1000
溶液流速（C）	mL/min	X_3	−1,0,1	10,25,40
极板间距（D）	mm	X_4	−1,0,1	1,2,3

表 5-2　基于 RSM 的 BBD 实验方案及结果

序号	X_1（电压）/V	X_2（初始浓度）/(mg/L)	X_3（流速）/(mL/min)	X_4（极板间距）/mm	Y_1（电吸附量）/(mg/g)	Y_2（能耗）/(kW·h/kg)
1	1.20	200.00	25.00	2.00	2.61	12.27
2	2.00	200.00	25.00	2.00	2.05	24.01
3	1.20	1000.00	25.00	2.00	8.62	10.74

第 5 章　电容去离子技术

序号	X_1(电压)/V	X_2(初始浓度)/(mg/L)	X_3(流速)/(mL/min)	X_4(极板间距)/mm	Y_1(电吸附量)/(mg/g)	Y_2(能耗)/(kW·h/kg)
4	2.00	1000.00	25.00	2.00	7.83	21.01
5	1.60	600.00	10.00	1.00	5.92	20.2
6	1.60	600.00	40.00	1.00	5.62	14.83
7	1.60	600.00	10.00	3.00	5.48	16.77
8	1.60	600.00	40.00	3.00	5.79	12.31
9	1.20	600.00	25.00	1.00	5.02	14.48
10	2.00	600.00	25.00	1.00	4.86	28.34
11	1.20	600.00	25.00	3.00	4.99	12.02
12	2.00	600.00	25.00	3.00	4.65	23.53
13	1.60	200.00	10.00	2.00	3.15	17.11
14	1.60	1000.00	10.00	2.00	9.99	14.97
15	1.60	200.00	40.00	2.00	3.05	12.56
16	1.60	1000.00	40.00	2.00	9.95	10.99
17	1.20	600.00	10.00	2.00	4.53	13.51
18	2.00	600.00	10.00	2.00	4.02	26.43
19	1.20	600.00	40.00	2.00	4.22	9.98
20	2.00	600.00	40.00	2.00	3.92	19.52
21	1.60	200.00	25.00	1.00	2.08	18.34
22	1.60	1000.00	25.00	1.00	9.92	16.05
23	1.60	200.00	25.00	3.00	2.67	14.5
24	1.60	1000.00	25.00	3.00	7.84	13.32
25	1.60	600.00	25.00	2.00	7.74	12.66
26	1.60	600.00	25.00	2.00	7.32	12.36
27	1.60	600.00	25.00	2.00	7.45	12.96
28	1.60	600.00	25.00	2.00	7.82	11.96
29	1.60	600.00	25.00	2.00	7.98	12.82

（2）基于 RSM 的 CDI 工艺脱盐效果优化研究

① 二次多项式模型的建立与拟合　为了分析研究不同实验参数对离子去除效率的影响程度及其相互影响，根据表 5-1 和表 5-2 的实验设计安排与实验结果，设

选取的电源工作电压、NaCl 溶液初始浓度、溶液流速与极板间距四个关键独立参数为 X 值，以需要研究的响应值（电吸附量）为 Y 值，建立针对 CDI 工艺参数优化的响应面优化模型。

优化模型的选取关系着实验数据的拟合以及回归方程的获得，对基于响应面理论的实验操作参数的优化至关重要。在研究工作中，选用线性模型（Linear）、二因子交互模型（2FI）、二次多项式（Quadratic）以及三次多项式（Cubic）模型拟合实验数据以获取回归方程。采用序列模型平方和、缺适性检定以及模型综合统计三种实验分析方法，判定了各种模型的一致性与适用性，结果见表 5-3。

表 5-3　脱盐效果优化的模型一致性与适用性检验分析

来源	连续性	失拟项	R^2	R^2	备注
	p	p	校正值	预测值	
Linear	<0.0001	0.0032	0.7290	0.6918	
2FI	0.9843	0.0018	0.6569	0.5216	
Quadratic	<0.0001	0.0682	0.9515	0.8678	建议采用（suggested）
Cubic	0.9773	0.0091	0.9113	-1.4786	较差（aliased）

由表 5-3 可以看出，三次多项式方程模型被证明是最不适当、较差的（aliased），而二次多项式方程则被证明更适合于实施进一步的研究（suggested），由于其相较于线性和双因子模型显著性更强（$p<0.0001$）、有最大的校正 R^2（0.9515）和预测 R^2（0.8678），以及失拟项不显著（$p=0.0682>0.05$），因此二次多项式模型是实验最佳数学模型。

利用二次多项式方程，表达基于 BBD 实验设计模型所获得的实验结果与输入变量之间的经验关系。以电吸附量（Y_1）为因变量，以工作电压（X_1）、溶液初始浓度（X_2）、溶液流速（X_3）和极板间距（X_4）为自变量（其中 X_1、X_2、X_3 和 X_4 均为基于已编码因子的水平值），建立二次响应曲面方程，见式(5-1)。

$$Y_1 = 7.66 - 0.22X_1 + 3.21X_2 - 0.045X_3 - 0.17X_4 - 0.057X_1X_2 +$$
$$0.053X_1X_3 - 0.045X_1X_4 + 0.015X_2X_3 - 0.67X_2X_4 +$$
$$0.15X_3X_4 - 2.03X_{12} - 0.48X_{22} - 0.99X_{32} - 1.09X_{42} \tag{5-1}$$

② 响应面二次模型的方差分析（ANOVA）　方差分析（analysis of variance，简称 ANOVA），又称"变异数分析"或"F 检验"，是一种统计学技术手段，由 R. A. Fisher 发明。方差分析用于两个及两个以上样本均数差别的显著性检验，其从观测变量的方差入手，研究诸多控制变量中哪些是对观测变量有显著影响的变量，并通过分析研究不同来源的变异对总变异的贡献大小，从而确定可控因素对研究结果影响力的大小。

通过对二次响应面优化模型多项式方程的方差分析，可以判断基于响应面理论的 CDI 工艺参数优化是否准确可信。利用 Design-Expert 8.0 数据处理软件对式

第 5 章　电容去离子技术

(5-1) 的二次回归方程进行方差分析，结果见表 5-4。

表 5-4　二次回归方程方差分析结果

方差来源	平方和	自由度(df)	均方	F	p（Prob＞F）	备注
二次模型	158.52	14	11.32	40.21	＜0.0001	极显著
X_1（工作电压）	0.59	1	0.59	2.09	0.1699	
X_2（溶液初始浓度）	123.78	1	123.78	439.58	＜0.0001	极显著
X_3（溶液流速）	0.024	1	0.024	0.086	0.7732	
X_4（极板间距）	0.33	1	0.33	1.18	0.2950	
X_1X_2	0.013	1	0.013	0.047	0.8316	
X_1X_3	0.011	1	0.011	0.039	0.8460	
X_1X_4	8.100×10^{-3}	1	8.100×10^{-3}	0.029	0.8677	
X_2X_3	9.000×10^{-4}	1	9.000×10^{-4}	3.196×10^{-3}	0.9557	
X_2X_4	1.78	1	1.78	6.33	0.0247	显著
X_3X_4	0.093	1	0.093	0.33	0.5746	
X_1^2	26.78	1	26.78	95.10	＜0.0001	
X_2^2	1.47	1	1.47	5.24	0.0382	
X_3^2	6.38	1	6.38	22.66	0.0003	
X_4^2	7.73	1	7.73	27.46	0.0001	
残差	3.94	14	0.28			
失拟项	3.65	10	0.36	4.96	0.0682	不显著
纯误差	0.29	4	0.074			
总和	162.47	28				

注：$R^2=0.9757$，校正 $R^2=0.9515$，预测 $R^2=0.8678$，C.V%＝9.21。

根据 F 值和 p 值判断每一相关系数的显著性，F 值越高（$F＞F0.01$）或 p 值越低（$p＜0.01$）表示因素对实验指标影响极显著或模型显著性非常高；$F0.05＜F≤F0.01$ 或 $0.01≤p＜0.05$ 表示因素对实验指标影响显著或模型适应性显著；而 $F＜F0.05$ 或 $p＞0.05$ 则表示因素对实验指标影响不显著或模型适应性不显著 [140，143，148]。根据表 5-4，由于二次回归模型的 F 值较大，为 139.68，且 p 值（Prob＞F，即概率大于 F）＜0.0001，说明二次回归模型的适应性非常显著，即实验因素与响应值之间的非线性方程关系是极显著的，而 p 值（Prob＞F）＜0.05 表明整个模型及模型涉及的变量关系达到显著水平。因此在本实例中，X_2、X_2X_4、X_{12}、X_{22}、X_{32} 与 X_{42} 为影响显著的变量或变量关系（$p＜0.05$），且整体上变量主效应对实验指标的影响明显高于变量之间相互作用的影响。同时，模型失拟项的 p 值为 0.0682（＞0.05），表明失拟项不显著且模型拟合较好。另外，也可以根据三种不同相关系数（R^2）实现对拟合模型优度及适应度的评估，模型相关

系数 $R^2=0.9757$，表明从统计学角度看回归模型的优度及适合度较高，且仅存在 2.43% 没有被模型所说明的偏差，而校正 $R^2=0.9515$、预测 $R^2=0.8678$，表明相关系数 R^2 的校正值与预测值合理且一致。相对较低值的方差系数（C. V% $=9.21$ <10）也反映了二次回归模型较高的准确度和可信度。

综上所述，二次回归模型达显著性水平，模型的拟合度、优度、精确度和可信度均较高，进一步说明基于响应面理论 CDI 工艺脱盐效果的优化是有效且可靠的。

③ CDI 工艺对脱盐效果影响的响应面分析　基于前期单因素优化实验结果，在室温下，按表 5-1 及表 5-2 的因素水平值及实验设计方案进行 CDI 实验。根据表 5-2 Box-Behnken 设计的电吸附实验结果，利用 Design-Expert 软件得到各实验参数对电吸附脱盐效果影响的响应曲面图（图 5-34）。

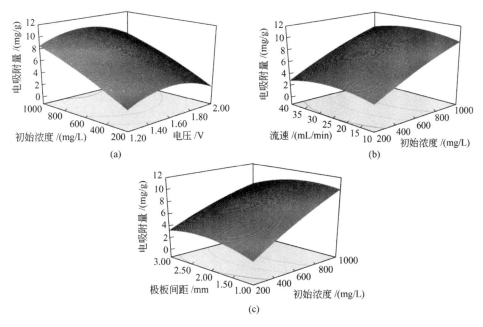

图 5-34　电吸附脱盐效果影响的响应曲面图

根据式(5-1) 各变量因子前的系数以及表 5-4 方差分析中各变量的 p 值，可知各因素对 CDI 脱盐效果的影响程度大小为溶液初始浓度（X_2）＞工作电压（X_1）＞极板间距（X_4）＞流速（X_3），而各影响因素之间的相互影响则只有初始浓度（X_2）与极板间距（X_4）之间交互作用较显著，其余各因素之间交互作用均较小。

图 5-34(a) 反映了流速和极板间距分别为 25mL/min 和 2mm 时，电源工作电压与溶液初始浓度对电吸附量的影响及其交互作用，即 $Y_1=f(X_1,X_2,25,2)$。由图 5-34(a) 可以看出，在任一特定的溶液初始浓度下，电吸附量随着电源工作电压的增大线性增加，直到电源工作电压达到某一限值，随后又开始线性减小，直至电源工作电压最终达到 2.0V。由于更高的电压会导致更强的静电作用力并形成更厚

的双电层，理论上 CDI 过程中电吸附量应随着电源工作电压的增大而增大，但若工作电压超过某一特定值后，在电极表面会发生电化学氧化还原反应从而影响离子去除效率。

以本研究为例，当工作电压超过 1.6V 后，溶液中离子接触电极后会在其表面发生氧化还原反应，其在电极阴极表面可能发生的还原反应如下：

酸性条件下（pH<7）：$O_2 + 2H^+ + 2e^- \longrightarrow H_2O_2$，$\varphi^\ominus = 0.6945V$

碱性条件下（pH>7）：$O_2 + 2H_2O + 4e^- \longrightarrow 4OH^-$，$\varphi^\ominus = 0.4009V$

而在电极阳极表面可能会发生 Cl^- 的氧化反应，从而生成 Cl_2，随后随着 Cl_2 在阳极附近的富集，Cl_2 又会发生歧化反应生成 HCl 与 HClO。同时，阳极表面上的 C 与 H_2O 也可能会发生产生 H^+ 的氧化反应。在 CDI 实验中，电极表面氧化还原反应的发生会产生诸如电极表面结垢与电极腐蚀等一系列问题，同时电源工作电压越大，CDI 过程消耗的电能也越多。因此，为了避免电极氧化还原反应的发生并尽量使能耗降到最低，合理控制 CDI 实验工作电压至关重要。

图 5-34（b）反映了电源工作电压和极板间距分别为 1.6V 和 2mm 时，溶液初始浓度与溶液流速对电吸附量的影响及其交互作用，即 $Y_1 = f(1.6, X_2, X_3, 2)$。由图 5-34（b）可以看出，在任一给定的溶液初始浓度下，电吸附量随流速的增大先逐渐增大而后开始逐渐下降，溶液流速约为 25mL/min 时，可获得最大的电吸附量。在相同的实验条件下，流速越大，电极材料的吸附量越易达到饱和，但若溶液流速过大会导致溶液中离子在 CDI 模块单元中的停留时间过短，影响传质速率，降低脱盐效率。但总体上流速的响应面曲线较为平滑，说明流速对电吸附量的影响相对较小。

图 5-34（c）反映了电源工作电压和流速分别为 1.6V 和 25mL/min 时，溶液初始浓度与极板间距对电吸附量的影响及其交互作用，即 $Y_1 = f(1.6, X_2, 25, X_4)$。由图 5-34（c）可以看出，在任一特定初始浓度下，随着极板间距从 1mm 增大到 3mm，电吸附量先是略有升高而后出现一定幅度的下降。理论上极板间距越小，离子在溶液中传输阻力越小，电流越强，电吸附量越大，但若极板间距过小也会缩短离子在 CDI 单元内的停留时间并易造成电极短路，反而影响离子去除效率。

由图 5-34（a）～（c）均可以看出，在任一其他影响因子固定不变时，电吸附量均随溶液初始浓度的升高而逐渐增加。溶液浓度越高，扩散双层容量增大且有更多的离子与吸附剂电极材料表面的活性点位相接触，同时溶液浓度增高使溶液电阻变小，电流强度与吸附速率增强，因而电吸附过程更充分，也更有效率。但当初始浓度超过 800mg/L 后，电吸附量的增长趋缓，暗示电极材料的吸附量可能接近饱和，尤其当 NaCl 溶液初始浓度超过 1000mg/L 时。另外，由于初始浓度（X_2）的响应面图表现曲线最陡，说明其对电吸附量的影响最为显著。

另外，在图 5-34 各因素的响应曲面图中，趋于红色的响应曲面区域表明活性炭电极的电吸附量较大。由此，初始浓度在 800～1000mg/L（高浓度区）、电压

1.4～1.6V、极板间距 1～2mm、流速 15～25mL/min 的范围内，可获得较大的电吸附量。

④ 基于 RSM 的 CDI 工艺参数优化的评估与验证　运用响应面法（RSM），通过 Box-Behnken 实验设计，优化了 CDI 过程活性炭电极脱盐的实验条件，并利用 Design-Expert 软件建立了二次多项式优化模型［式(5-1)］，为 CDI 技术的进一步开发应用筛选一种模型优化方法。基于对脱盐效果优化的响应面二次模型，为获得最佳工艺条件，对表达电吸附量的回归方程式［式(5-1)］中 4 个自变量分别求偏导并使其等于 0，求解方程得到四个自变量的精确值分别为：电源工作电压 1.57V、NaCl 溶液初始浓度 1000mg/L、溶液流速 24.52mL/min、极板间距 1.62mm。在此操作条件下，预测电吸附量理论上能达到的最大值为 10.6mg/g。

参考预测最优工艺参数值，并考虑实际操作可行性，将上述预测工艺条件调整为电源工作电压 1.57V、NaCl 溶液初始浓度 1000mg/L、溶液流速 25mL/min、极板间距 2mm。据此修正后的最佳工艺条件，进行 CDI 电吸附的验证实验，验证实验包含三组平行实验，获得电极的吸附量均值为（10.53±0.21）mg/g（较之前单因素优化所得的最佳值提高了 5.3%），在预测最优值的 95% 置信区间内（9.97～11.16mg/g），与预测值基本吻合，且相对误差为 0.66%，说明实验值与预测值相一致，拟合度高，进一步表明基于 RSM 理论的 CDI 工艺条件优化是一种可靠且有指导意义的优化方法。另外，获得此最大电吸附量时 CDI 工艺的电能消耗为 12.24kW·h/kg NaCl。

（3）基于 RSM 的 CDI 工艺能耗优化

① 二次多项式模型的建立与拟合　为了分析研究不同工艺条件对 CDI 工艺电能消耗的影响程度及其相互影响，根据表 5-1 和表 5-2 活性炭涂层电极电吸附的实验设计安排与实验结果，设选取的电源工作电压、NaCl 溶液初始浓度、溶液流速与极板间距四个关键独立参数为 X 值，以需要研究的响应值（能耗）为 Y 值，建立针对 CDI 工艺参数优化的响应面优化模型。

如前所述，在研究工作中选用线性模型（Linear）、二因子交互模型（2FI）、二次多项式（Quadratic）以及三次多项式（Cubic）模型拟合实验数据以获取回归方程。采用序列模型平方和、缺适性检定以及模型综合统计三种实验分析方法，判定了各种模型的一致性与适用性，结果见表 5-5。

表 5-5　能耗优化的模型一致性与适用性检验分析

来源	连续性	失拟项	R^2	R^2	备注
	p	p	校正值	预测值	
Linear	<0.0001	0.0010	0.7401	0.6923	
2FI	0.9938	0.0005	0.6659	0.4755	
Quadratic	<0.0001	0.2965	0.9894	0.9736	建议采用（suggested）
Cubic	0.2358	0.3892	0.9929	0.9158	

由表 5-5 可知，由于模型显著性极强（$p<0.0001$）、校正 R^2（0.9894）和预测 R^2（0.9736）均接近于 1，且失拟项不显著（$p=0.2965>0.05$），因此二次多项式模型是实验最佳数学模型，更适于实施进一步研究（suggested）。

利用二次多项式方程，表达基于 BBD 实验设计模型所获得的实验结果与输入变量之间的经验关系。以吸附去除单位质量 NaCl 的能耗（Y_2）为因变量，以工作电压（X_1）、溶液初始浓度（X_2）、溶液流速（X_3）和极板间距（X_4）为自变量（其中 X_1、X_2、X_3 和 X_4 均为已编码各因素的水平值），建立二次响应曲面方程，见式(5-2)。

$$Y_2=12.55+5.82X_1-0.98X_2-2.4X_3-1.65X_4-0.37X_1X_2-$$
$$0.85X_1X_3-0.59X_1X_4+0.14X_2X_3+0.28X_2X_4+$$
$$0.23X_3X_4+4.13X_{12}+0.38X_{22}+0.8X_{32}+2.74X_{42} \qquad (5-2)$$

② 响应面二次模型的方差分析（ANOVA）　利用 Design-Expert 8.0 数据处理软件对式(5-2)能耗优化的二次回归方程进行方差分析，结果见表 5-6。

表 5-6　能耗优化的二次回归方程方差分析结果

方差来源	平方和	自由度（df）	均方	F	p（Prob>F）	备注
二次模型	665.08	14	47.51	188.23	<0.0001	极显著
X_1（工作电压）	406.47	1	406.47	1610.56	<0.0001	极显著
X_2（溶液初始浓度）	11.43	1	11.43	45.28	<0.0001	极显著
X_3（溶液流速）	69.12	1	69.12	273.88	<0.0001	极显著
X_4（极板间距）	32.64	1	32.64	129.32	<0.0001	极显著
X_1X_2	0.54	1	0.54	2.14	0.1655	
X_1X_3	2.86	1	2.86	11.32	0.0046	极显著
X_1X_4	1.38	1	1.38	5.47	0.0347	显著
X_2X_3	0.081	1	0.081	0.32	0.5795	
X_2X_4	0.31	1	0.31	1.22	0.2879	
X_3X_4	0.21	1	0.21	0.82	0.3804	
X_1^2	110.61	1	110.61	438.27	<0.0001	
X_2^2	0.95	1	0.95	3.77	0.0725	
X_3^2	4.12	1	4.12	16.32	0.0012	
X_4^2	48.54	1	48.54	192.35	<0.0001	
残差	3.53	14	0.25			
失拟项	2.90	10	0.29	1.82	0.2965	不显著
纯误差	0.64	4	0.16			
总和	668.61	28				

注：$R^2=0.9947$，校正 $R^2=0.9894$，预测 $R^2=0.9736$，C.V%=3.16。

由表 5-6 可见，由于具有较大的 F 值（139.68）且 p 值 <0.0001，二次回归模型的适应性极显著，实验因素与响应值之间的非线性方程关系也是极显著的。同时，模型失拟项 p 值为 $0.2965>0.05$，失拟项不显著，表明模型拟合较好。同样由于 p 值（即 "Prob$>F$"）<0.05，X_1、X_2、X_3、X_4、X_1X_3、X_1X_4、X_{12}、X_{32} 与 X_{42} 均为影响显著的变量或变量关系（$p<0.05$），且单一变量对实验指标的影响明显高于变量之间相互作用的影响。模型相关系数 $R^2=0.9947$，表明回归模型的优度及适合度较高，仅存在 0.53% 没有被模型所说明的偏差，而校正 $R^2=0.9515$ 与预测 $R_2=0.8678$，表明相关系数 R^2 的校正值与预测值合理且一致。另外，方差系数 C. V% $=3.16<10$ 也反映了二次回归模型较高的准确度和可信度。综上，二次回归模型达显著性水平，并具有较高的拟合度、精确度和可信度，说明基于响应面理论的 CDI 工艺能耗优化是可靠有效的。

③ CDI 工艺对能耗影响的响应面分析　结合表 5-1 的因素水平值及表 5-2 的 CDI 实验设计方案。根据表 5-2 Box-Behnken 设计的 CDI 实验结果，利用 Design-Expert 软件得到各实验参数对 CDI 能耗影响的响应曲面图（图 5-35）。

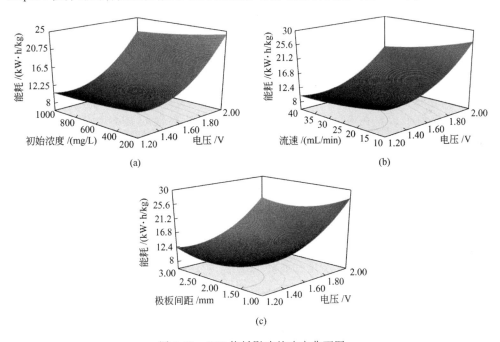

图 5-35　CDI 能耗影响的响应曲面图

根据表 5-6 方差分析中各变量的 p 值，可知各因素对 CDI 能耗影响均较显著（$p<0.0001$）。另据式(5-2)各因子前系数大小可判断各因素影响程度大小为：工作电压（X_1）＞溶液流速（X_3）＞极板间距（X_4）＞溶液初始浓度（X_2）。由于 $p<0.05$，工作电压（X_1）与溶液流速（X_3）以及工作电压（X_1）与极板间距（X_4）之间交互作用较显著，其余各因素之间交互作用相对较弱。

图 5-35(a)～(c)分别反映了不同工艺条件下，电源工作电压、溶液初始浓度、溶液流速以及极板间距对 CDI 能耗的影响及其交互作用，包括 $Y_2 = f(X_1, X_2, 25, 2)$、$Y_2 = f(X_1, 600, X_3, 2)$ 和 $Y_2 = f(X_1, 600, 25, X_4)$。从图中可以看出，工作电压越小，能耗越低，并且工作电压的响应面图所表现的曲线最陡，说明其对能耗的影响最显著；流速和极板间距的响应面曲线也略陡，对 CDI 能耗的影响次之，且能耗均随流速和极板间距的增大而减小；而初始浓度的响应面曲线则相对较为平滑，对能耗的影响相对最小。另外，图 5-35 中蓝色的响应曲面区域表示 CDI 过程去除单位质量 NaCl 的能耗较低，因此，由图 5-35 在工作电压 1.2～1.3V、初始浓度 800～1000mg/L、极板间距 2～3mm、流速 25～40mL/min 的范围内，CDI 过程的能耗相对较小。

根据对 CDI 工艺电吸附量的优化结果：在高浓度区（800～1000mg/L）既能获得较大的电吸附量，吸附去除 NaCl 的能耗也相对较低；尽管低电压下消耗的电能较少，但若电压太低，使电场驱动力较弱，也会导致电吸附量下降；尽管流速越高，能耗越小，但流速接近 25mL/min 时会出现最大的电吸附量；极板间距在 2mm 附近时可同时获得较大的电吸附量，并消耗较少的电能。因此，综合考虑电能消耗与脱盐效果，在工作电压 1.3～1.6V、溶液初始浓度 800～1000mg/L、溶液流速 25～40mL/min、极板间距 2mm 的工艺条件下，CDI 过程是最经济高效的。

④ 基于 RSM 的 CDI 工艺参数优化的评估与验证　基于 RSM 法，求解由 Design-Expert 软件获得的响应曲面二次方程[式(5-2)]，得到能耗最低时的最佳工艺参数值。理论上，在电源工作电压 1.38V、NaCl 溶液初始浓度 904.05mg/L、溶液流速 40mL/min、极板间距 2.16mm 的工艺条件下，可获得吸附去除 NaCl 的最小能耗 9.13kW·h/kg。但为便于实验实际操作，将上述工艺条件修正为电源工作电压 1.38V、NaCl 溶液初始浓度 900mg/L、溶液流速 40mL/min、极板间距 2mm，并在此修正后的最优条件下进行三组平行的 CDI 验证实验，实验结果获得的能耗为（9.81±0.28）kW·h/kg，在预测最小能耗的 95% 置信区间（8.34～9.92kW·h/kg），且与预测值的相对误差为 7.44%，说明实验值与预测值相一致且拟合度高。另外，在此获得最低能耗的实验条件下，活性炭电极的电吸附量为 9.12mg/g，较优化后可获得的电极最大吸附量（10.53mg/g）降低了 13.4%。

综上，基于 RSM 法建立二次响应曲面优化模型，优化 CDI 的脱盐效果与能耗，具有明显的有效性和可行性，对 CDI 的实验结果分析与工艺条件优化具有良好的指导意义，在一定程度上节约了实验成本、提高了实验效率。

5.5.6　CDI 过程电极再生性

根据电容去离子 CDI 的技术原理，当电极上吸附的离子达到饱和后，断开电源，失去电场力的束缚作用，被吸附的离子从电极上脱落，释放到溶液中，使电极再生，再生后的电极可重新投入使用以循环利用，这也是电吸附除盐技术的特有优势。电极的可再生性对 CDI 系统的实用性以及 CDI 技术的进一步开发应用有着十分重要的意义。依据前期条件优化后的最佳操作条件，采用充电吸附、断电脱附的方式，完成一次电极的循环使用（重复 5 次），考察 CDI 过程中活性炭涂层电极的再生性能，结果见图 5-36 和图 5-37。

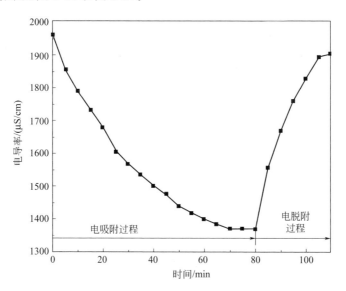

图 5-36 室温下处理 1000mg/L NaCl 溶液，活性炭涂层
电极电吸附除盐单次吸附/脱附曲线

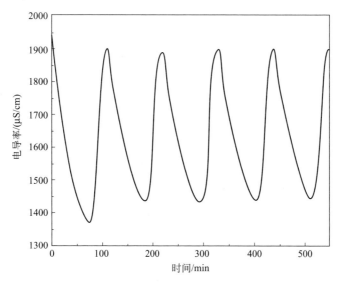

图 5-37 CDI 过程活性炭电极经 5 次吸/脱附（充/放电）
循环溶液电导率随时间的变化情况

图 5-36 反映了室温下处理 1000mg/L NaCl 溶液，活性炭涂层电极电吸附除盐单次吸附/脱附曲线。由图 5-36 可以看出，当对电极施以 1.6V 的直流电压后，溶液中的离子流经 CDI 模块单元被快速地吸附到电极表面，溶液电导率迅速下降，约 70min 后电导率无明显变化，达到吸附平衡状态，吸附过程持续 80min；80min 后断开电源，失去静电力作用，吸附在电极表面上的离子又重新移回溶液中，溶液电导率快速升高，30min 后电导率基本不再变化，脱附结束，电极实现一次充/放电循环。

图 5-37 反映了 CDI 过程活性炭电极经 5 次吸/脱附（充/放电）循环溶液电导率随时间的变化情况。从图 5-37 中可以看到，每次脱附完成后，溶液电导率略低于原水的电导率值，并且从第二次充/放电循环开始，电吸附达平衡时溶液电导率均高于第一次吸附平衡时的数值，说明被吸附的离子并没有完全从电极表面脱附下来，仍有部分离子残留在电极孔隙中，导致后面的吸附过程中电极吸附量与吸附效率略有下降。尽管如此，5 次吸/脱附循环电导率随时间变化的曲线图仍基本一致（尤其后 4 次循环），说明总体上活性炭涂层电极的重复利用完全可以实现。另外，电极再生脱附任何外加能量或物质只要撤去外加电压即可，利于 CDI 技术装置的应用推广。

5.5.7 CDI 技术强化与改进

（1）电极涂层材料活性炭二次活化改性

众所周知，电极材料的特性是 CDI 技术电吸附除盐性能的最关键因素之一。尽管活性炭材料因其原材料来源广泛、生产工艺简单、成本较低、易于工业化生产以及比表面积相对较高等诸多优势，成为水处理领域最常用的吸附和分离材料，但普通市售商业活性炭往往存在比表面积没有得到充分利用、材料内部孔径分布不规则，主要以微孔为主而易于吸附除盐的中孔比例较小等不足，导致其在 CDI 脱盐领域有一定的局限性。

为了增大活性炭材料的比表面积和改善孔径结构，提高吸附性能，一直以来研究者通过物理及化学方法对活性炭的表面结构特性和表面化学性质进行改性。比如，人们常采用模板法、有机凝胶炭化法、催化活化法以及自组装法等制备有序中孔（介孔，孔径 2~50nm）活性炭，但这些方法的制备工艺相对较复杂，难以实现产业化。事实上活性炭的二次活化也是常用的活性炭材料制备及改性方法，且与其他改性方法相比，其制备改性工艺较简单、生产成本较低，在合理控制活化条件的情况下，可获得可控中孔活性炭材料。

活化是活性炭制备过程中造孔阶段最为关键的一环，通常通过药剂或气体活化来实现。气体活化法是用氧化性气体（水蒸气、CO_2 等）将原材料先经炭化后再在 800~1000℃ 的无氧环境下进行活化，以使炭材料开孔、扩孔及创造新孔，从而形成发达的孔隙结构。而药剂活化法是指将 $ZnCl_2$、KOH、H_3PO_4 等化学药品加入活性炭原料中，然后在通入惰性气体保护下加热，进行活化。与其他活化法相比，药剂活化法具有活化时间短、活化反应易控制、孔径可控、产物比表面积大等优点，可制备出以微孔或中孔为主的产品，是制备高性能活性炭的主要方法。本研究采用药剂活化法，以干燥的 KOH 粉末为活化剂，在高温下对市售活性炭粉末材料进行二次活化改性。

① 二次活化温度的确定　在确保其他条件不变的基础上，通过单因素优化，以活性炭涂层电极的离子吸附量和活性炭的产率（炭的产出量/炭的投加量）为评价指标，研究了不同活化温度对活性炭电极电吸附除盐性能的影响，结果见图 5-38。

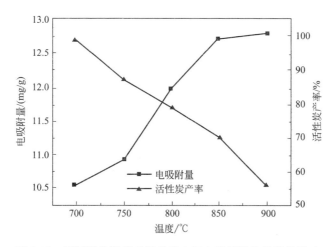

图 5-38　不同活化温度对活性炭电极电吸附除盐性能的影响

图 5-38 反映了活性炭电极电吸附量和炭收率（活性炭产率）与活化温度的关系。由图 5-38 可知，随着活化温度的升高，活性炭电极的吸附量越大，电极电吸附性能越强；相反，炭的收率则随活化温度的升高而逐渐减小。这是由于活化温度越高，活化反应的活性就越高，对活性炭材料孔隙结构的改造作用越明显，越利于炭电极对溶液中盐离子的吸附。同时，反应活性越高，单位时间内消耗的炭也越多。尽管活化温度为 900℃ 时，炭电极的电吸附量最大可达 12.80mg/g，但相对850℃ 时电极吸附量的提升并不明显，且 900℃ 时活化后炭的收率最小，仅有 56%。因此，综合考虑 850℃ 是活性炭二次活化改性的最佳活化温度。

② 二次活化时间的确定　采用特定的活性炭二次活化步骤与方法，在确保其他条件不变的基础上，通过单因素优化，以活性炭涂层电极的离子吸附量和活性炭的产率为评价指标，研究了不同活化时间对活性炭电极电吸附除盐性能的影响，结果见图 5-39。

图 5-39 反映了活性炭电极电吸附量和炭收率（活性炭产率）与活化时间的关系。从图 5-39 中可以看出，活性炭电极电吸附量随活化时间的延长先增大后减小，

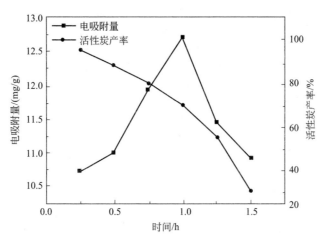

图 5-39　不同活化时间对活性炭电极电吸附除盐性能的影响

而炭的收率则逐渐减少。这说明活化时间的延长可以使活化反应进行得更充分,对活性炭的孔隙结构改造作用也更充分,利于电极电吸附性能的提高。但同时随着活化时间的延长,炭的收率出现极大下降,当活化时间为 1.5h 时,炭的收率仅有31%,电极的吸附量也出现下降,这是因为活化反应消耗了大部分活性炭,其孔隙结构被破坏,电极电吸附性能也随之下降。因此,结合电极电吸附量与炭收率,选择 1h 为活性炭材料二次活化改性的最佳活化时间。

(2) 活性炭二次活化后的性能优化

① 二次活化后电极材料活性炭粉末的孔结构　根据实验确定炭材料二次活化的最佳活化条件,利用比表面积及孔隙度吸附分析仪,测定二次活化后活性炭材料的 BET 比表面积,同时通过密度函数 DFT 法分析研究活化后炭电极材料的孔径分布,并与未活化的活性炭材料孔隙结构进行对比分析,结果见图 5-40 和图 5-41。

由图 5-40 可以看出,活化前活性炭材料的 N_2 吸/脱附等温线均是在较低的相对压力下迅速上升,达到一定的相对压力后趋于稳定,但二次活化后活性炭的 N_2 吸/脱附等温线出现细微的脱附滞后环,表明材料中有一定比例中孔的存在,且二次活化后不同相对压力下,炭材料的吸附量更大。由图 5-41 也可以看出,二次活化后的炭材料,其中孔比例明显多于未经二次活化的炭材料。产生这些现象的原因可能是活性炭的二次活化具有开孔、扩孔及造孔的作用,打开了在炭材料形成过程中被炭或焦油等其他颗粒所堵塞的部分孔隙,增大了原有的孔径,使得活性炭材料的比表面积和孔容都得到了提高。据前文所述,在原材料生产加工过程中形成的中孔不仅可以有效降低双电层重叠效应,而且能够减小扩散阻力,使溶液中离子更易接触电极表面而被吸附,从而增大电极对离子的吸附量。因此,经二次活化后的活性炭是更佳、更理想的电容去离子 CDI 涂层电极材料。经计算,二次活化前后活性炭材料的 BET 比表面积以及中孔比例分别为 1902m^2/g 和 41%(表 5-7)。

表 5-7　活化前后活性炭材料的 BET 比表面积及吸附效率

样品	比表面积/(m²/g)	中孔比例/%	比电容量/(F/g)	吸附量/(mg/g)
活化前	1770	35	73.62	10.53
活化后	1902	41	97.71	12.73

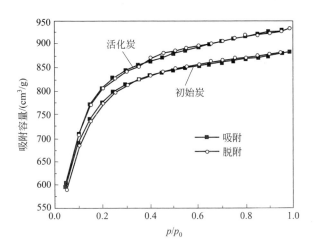

图 5-40　活化与未活化材料的孔吸附容量关系

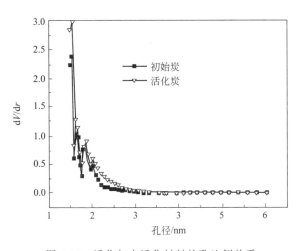

图 5-41　活化与未活化材料的孔比例关系

　　② 二次活化前后活性炭电吸附性能对比　　基于前期的工艺优化,在获得最佳脱盐效果时的 CDI 工艺条件以确定的活性炭材料最佳二次活化条件下,在室温下,测定二次活化前后,以活性炭粉末为电极材料的涂层电极在 CDI 过程中,溶液浓度(溶液电导率)随时间的变化情况,并进行对比分析,结果见图 5-42。二次活化前后,活性炭涂层电极 CDI 除盐的脱盐率及电吸附量见图 5-43。

　　图 5-42 反映了 CDI 过程中,在 1.53V 工作电压、25mL/min 流速、2mm 极板

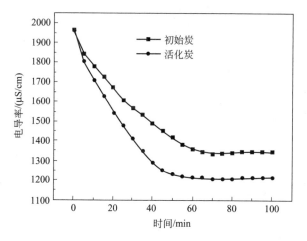

图 5-42 二次活化前后溶液浓度（溶液电导率）随时间的变化情况

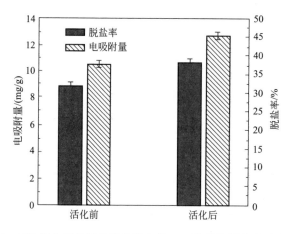

图 5-43 二次活化前后活性炭涂层电极 CDI 除盐的脱盐率及电吸附量

间距下，分别以二次活化前后的活性炭为电极材料制备涂层电极处理初始浓度 1000mg/L 的 NaCl 溶液时，溶液浓度（电导率）随时间的变化关系图。从图 5-42 中可以看出，以二次活化后炭材料制备的电极其脱盐效果明显更佳（电吸附平衡时，溶液电导率下降幅度更大），且其吸附速率更快，达到平衡时所需的电吸附时间更短。如前面所述，由于活性炭的二次活化具有开孔及扩孔的作用，活化后利于吸附去除溶液中离子的中孔孔径增多，溶液中离子传质扩散阻力减小，更易于进入电极表面的炭孔隙被束缚在溶液界面与电极表面形成的双电层中，从而被吸附去除，电极的电吸附效率得到了提高，所以经二次活化后的活性炭涂层电极的电吸附时间较短。

由图 5-43 可以看出，经二次活化后的活性炭涂层电极的电吸附量与离子去除率分别由 10.53mg/g 和 31.59％升高到 12.73mg/g 和 38.2％，均提高了 20.89％。

这是因为二次活化后活性炭电极材料的比表面积由 $1770m^2/g$ 上升到 $1902m^2/g$（表 5-7），电极材料的有效比表面积越大，电极吸附的离子就越多，其电吸附量也越大。另外，活性炭电极材料的电容量越大，其电吸附量也会越大。为此，本研究分析测定了二次活化前后活性炭涂层电极的循环伏安 CV 曲线，分别计算了二次活化前后涂层电极的比电容量，结果见图 5-44。

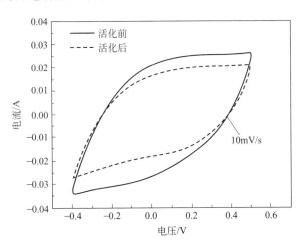

图 5-44　二次活化前后涂层电极的比电容量

图 5-44 展示了 10mV/s 电压扫描速率时，分别以二次活化前后的炭材料制备活性炭涂层电极的循环伏安曲线图。从图 5-44 中可以看出，无论是否经二次活化，CV 图中的电流（A）均随电压（V）平稳地呈线性升高和降低，并没有明显的氧化还原峰出现，表明溶液中离子的吸附去除是由于电场静电力作用，而非发生了电化学氧化还原反应。同时二次活化后电极的 CV 图更接近矩形，说明活化后电极的双电层电容特性更好。另外，在相同的电压扫描速率下，二次活化后电极 CV 图的面积明显大于二次活化前电极 CV 图，说明电极的电容量增大。经计算，二次活化后电极比电容量由 73.62F/g 升高到 97.71F/g，提高了 32.72%。

据文献报道，双电层电容器电极电容量的计算如下：

$$C = \int \frac{\varepsilon}{4\pi d} \mathrm{dS} \tag{5-3}$$

式中，S 为形成双电层的电极实际有效面积；ε 为介质的介电常数；d 为介电层厚度。由于二次活化后活性炭电极材料的比表面积更大，电极可有效利用的表面积更大，形成更大面积的双电层，双电层电容量 C 也得到了提高。因此，二次活化后，涂层电极的电吸附量更大，吸附了更多的离子，这也从另一个角度解释了二次活化后电极电吸附脱盐效率提升的原因。

另外，在此获得最佳脱盐效果的工艺条件下，电极涂层材料活性炭经二次活化后的 CDI 过程的能耗为 12.01kW·h/kg（表 5-9），略低于活性炭二次活化前 CDI

过程的能耗（12.24kW·h/kg）。

（3）膜电容去离子（MCDI）强化脱盐性能

在电吸附污水处理过程中，要实现较高的脱盐效率，除了开发利用高比表面积、高电容量的电极材料外，改进 CDI 装置内部的结构，也是提高其电吸附除盐性能的重要方法。本研究在 CDI 模块单元内引入阴、阳离子交换膜，通过离子交换技术与电容去离子技术的联合运用，形成膜电容去离子技术体系（membrane capacitive deionization，MCDI）。

① MCDI 与 CDI 电吸附脱盐效率对比　基于前期的工艺优化，在获得最佳脱盐效果时的 CDI 工艺条件（即工作电压为 1.53V、原水 NaCl 初始浓度为 1000mg/L、流速为 25mL/min、极板间距为 2mm）下，电极涂层材料选择市售普通活性炭，对比分析 MCDI 与 CDI 的电吸附过程，并分别计算两种实验情形下电极的离子去除率与电吸附量，结果见图 5-45 与图 5-46。

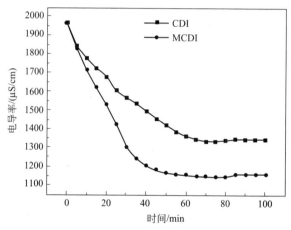

图 5-45　两种实验条件下离子去除率的规律

由图 5-45 可以看出，MCDI 实验溶液电导率的下降速率明显快于 CDI 实验中溶液电导率的下降速率，达到电吸附平衡时所用的时间也更短，且平衡时电导率的下降值更大。

图 5-46 对比了 MCDI 与 CDI 过程活性炭涂层电极的脱盐效果，在前期优化后的最佳实验条件下，MCDI 的电吸附量与脱盐率分别为 13.78mg/g 与 41.34%，相较于 CDI 的 10.53mg/g 与 31.59%，吸附量与脱盐率均提高了 30.8%，脱盐效果提升明显，说明引入离子交换膜的 MCDI 技术具有一定的应用推广前景。

如前所述，由于分别引入只允许阳离子通过的阳离子交换膜和只允许阴离子通过的阴离子交换膜，有效避免电容去离子除盐过程中离子的吸附与脱附同时进行，并遏制了共离子效应。另外，CDI 过程中当对电极两端施加电压产生极化电压时，在阴阳电极表面可能会发生氧化还原电解反应，产生影响电流效率的 OH^- 和 H^+ 等离子，而阴、阳离子交换膜的引入，可以在一定程度上阻碍阴极表面还原反应产

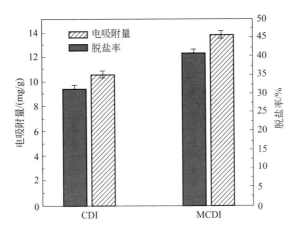

图 5-46　两种实验条件下电吸附量和脱盐率的不同

生的 OH^- 与阳极表面氧化反应产生的 H^+ 进入主体溶液中，避免这些离子对电流效率与脱盐效果的负面影响，因此，提高了 MCDI 过程脱盐效率。

本研究还利用 FLUKE 电功率仪测定了基于 CDI 最佳工艺条件的 MCDI 过程的电能消耗，结果见表 5-8。结果表明 MCDI 过程的吨水能耗与吸附去除每千克 NaCl 所消耗的电能分别为 $4.56kW \cdot h/m^3$ 和 $11.03kW \cdot h/kg$。其吨水能耗高于 CDI 过程的 $3.69kW \cdot h/m^3$，这是因为离子交换膜的引入会增加整个装置的电阻，导致相同条件下处理一定量的废水消耗的电能更高；而由于 MCDI 的脱盐效果更好，相同条件下吸附去除的 NaCl 的量也更多，因此其去除单位质量 NaCl 的能耗反而低于 CDI 过程的 $12.24kW \cdot h/kg$。

表 5-8　基于 CDI 最佳工艺条件的 MCDI 过程的电能消耗

脱盐方式	吨水能耗/(kW·h/m³)	单位脱盐能耗/(kW·h/kg)
电容去离子(CDI)	3.69	12.24
膜电容去离子(MCDI)	4.56	11.03

同时，本研究还分别比较了以市售活性炭为电极材料的 CDI 与 MCDI 和以二次活化后活性炭为电极材料的 CDI 与 MCDI 四种实验情形下的脱盐效果与吸附去除单位质量 NaCl 的能耗，结果见表 5-9。

表 5-9　四种实验情形下的脱盐效果与吸附去除单位质量 NaCl 的能耗

脱盐方式	电吸附量/(mg/g)	脱盐率/%	单位脱盐能耗/(kW·h/kg)
CDI(普通炭电极材料)	10.53	31.59	12.24
CDI(二次活化后炭电极材料)	12.73	38.20	12.01
MCDI(普通炭电极材料)	13.78	41.34	11.03
MCDI(二次活化后炭电极材料)	14.75	44.26	11.01

由表 5-9 可以看出，经活性炭电极材料二次活化改性和引入离子交换膜改进 CDI 模块为 MCDI 后，脱盐效果均有明显提高。在对活性炭粉末二次活化的同时又采用膜电容去离子 MCDI 强化脱盐后，盐离子的去除效果最佳，离子吸附量与去除率分别为 14.75mg/g 和 44.26%，比原始 CDI 过程的吸附量和脱盐率提高了 40%。另外在相同条件下，MCDI 吸附去除单位质量 NaCl 的电能消耗也相对较低。

② MCDI 电吸附动力学分析　测定 25℃下，原水 NaCl 初始浓度 600mg/L 时，不同吸附时间下活性炭涂层的电极电吸附量，然后利用非线性最小二乘法通过 Origin8.0 软件拟合实验数据，分析 MCDI 过程的电吸附动力学模型，并与 CDI 过程的吸附动力学模型进行对比，结果见图 5-47，其中虚线代表 MCDI 与 CDI 的理论吸附曲线。相同条件下，MCDI 与 CDI 的电吸附动力学参数见表 5-10。

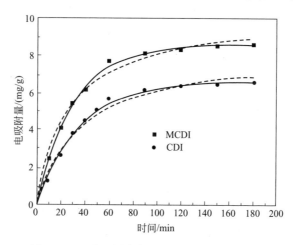

图 5-47　两种不同条件下的电吸附动力学模型

表 5-10　两种不同条件下的电吸附动力学参数

实验方式	准一级动力学模型			准二级动力学模型		
	q_e/(mg/g)	$k_1/10^{-2}\mathrm{min}^{-1}$	R^2	q_e/(mg/g)	$k_2/[10^{-2}\mathrm{g/(mg \cdot min)}]$	R^2
MCDI	8.55	3.35	0.9987	10.18	0.38	0.9890
CDI	6.66	2.80	0.9941	8.21	0.35	0.9788

由图 5-47 和表 5-10 可知，通过对实验数据的拟合，由于准一级动力学模型的相关系数 R^2 值（0.9987）大于准二级动力学模型的 R^2 值（0.9890），说明 MCDI 的吸附过程遵循准一级动力学模型，与 CDI 过程的吸附动力学模型相一致，从动力学角度看，引入离子交换膜并未改变电极脱盐的吸附方式。另外，MCDI 过程的一级吸附速率常数 k_1（3.35）要高于 CDI 过程的一级吸附速率常数 k_1（2.80），说明引入阴、阳离子交换膜，不但增强了脱盐效果，同时也利于提高离子在溶液中的

传输速率，提升了脱盐速率。

③ MCDI 电吸附等温线分析　通过 Langmuir 与 Freundlich 两种吸附等温线模型，研究了 MCDI 电吸附等温线，进一步分析 MCDI 的吸附机理与吸附方式。测定 25℃下，不同吸附平衡浓度下，活性炭电极的电吸附量，然后利用非线性最小二乘法通过 Origin8.0 软件拟合实验数据，研究 MCDI 电吸附量随平衡浓度变化的曲线即吸附等温线，并对比分析 MCDI 与 CDI 过程的电吸附等温线模型，结果见图 5-48 和表 5-11。

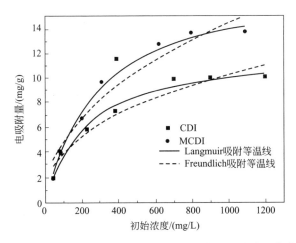

图 5-48　两种实验条件下电吸附量随平衡浓度变化的曲线

表 5-11　吸附等温线参数

实验方式	Langmuir 吸附等温线			Freundlich 吸附等温线		
	q_m/(mg/g)	K_L(×10⁻²)	R^2	K_F	n	R^2
MCDI	17.89	0.35	0.9878	0.61	2.18	0.9341
CDI	12.28	0.46	0.9815	0.66	2.52	0.9420

从图 5-48 和表 5-11 中可以看出，MCDI 实验过程中，Langmuir 与 Freundlich 吸附等温模型拟合结果的相关系数 R^2 分别为 0.9878 和 0.9341，说明实验数据与 Langmuir 吸附等温线拟合较好，MCDI 过程电极对盐离子的吸附符合 Langmuir 吸附等温模型，趋近于理想的单分子层覆盖吸附，这与 CDI 过程遵循的吸附等温模型（Langmuir 吸附等温模型）一致。另外，与 CDI 过程近似，在中高浓度区，实验数据与 Freundlich 等温线的拟合也存在一定的偏离，且 Freundlich 常数 n 值也大于 1，表明吸附较易进行，为"优惠吸附"，说明 MCDI 过程离子交换膜的引入只是遏制共离子效应，加速对离子的吸附而未改变离子的等温吸附方式。由表 5-11 可知，利用 Langmuir 吸附等温模型得到的 MCDI 过程的理论最大吸附量 q_m 为 17.89mg/g，大于 CDI 过程的最大吸附量 q_m（12.28mg/g），说明 MCDI 可获得更

好的吸附效率与脱盐效果。

此外，根据图 5-48，结合各实验数据点，在原水 NaCl 初始浓度较低（100mg/L 与 200mg/L）时，MCDI 的电吸附量与 CDI 的电吸附量近似，离子交换膜的引入对电极脱盐量的提升作用较小，脱盐效果并没有得到提升；随着 NaCl 初始浓度逐渐加大，电极电吸附量也明显提升，且相较于 CDI 过程脱盐效果得到了明显改善，这主要是由于引入的离子交换膜的面电阻较大，当溶液浓度较低时，整个 MCDI 系统的等效电阻较大，导致流经电流较小，影响了电极脱盐效率；而随着溶液浓度逐渐增高，MCDI 系统的等效电阻也逐渐减小，电流效率并不会得到明显降低，加之引入离子交换膜后起到的遏制共离子效应等作用，因此脱盐效率得到了明显提高。

④ MCDI 过程电极再生性　采用前期优化后的最佳实验条件，并且由于离子交换膜的引入增大了整个电路电阻，为提升离子在溶液中的迁移速度，加速电极的再生，脱附过程选择先断开电源，然后再将电源反接的方式（施加一与充电电压大小相同的反向电压），直至脱附结束，完成一次电极吸/脱附（充/放电）循环，并与 CDI 过程电极的再生进行对比，结果见图 5-49。同时，为分析 MCDI 电极的循环使用寿命，进一步研究其再生性能，考察了 MCDI 过程吸附-脱附循环利用 5 次，溶液电导率随时间的变化情况，结果见图 5-50。

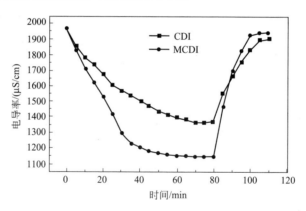

图 5-49　两种条件下一次吸/脱附循环对比

由图 5-49 可以看出，相较于 CDI，MCDI 不仅电导率下降得更多，吸附效果更好，其脱附时间也明显更短，20min 后脱附过程基本完成，在实际应用中可省电极再生过程所需的反冲洗水量，另外脱附平衡时溶液电导率更接近初始值，说明脱附更完全。从图 5-50 中可以看出，经 5 次吸/脱附循环后，电导率随时间的变化曲线基本保持一致，电极吸附效果没有降低且重复利用性较好，说明 MCDI 技术具有非常好的实用推广前景。如前所述，电源反接时，阴、阳离子交换膜的引入遏制了脱附时带有反向电荷的离子被重新吸附到电极上占据吸附点位而使电极残留离子影响电极再生效果，避免了吸附与脱附作用的同时发生。

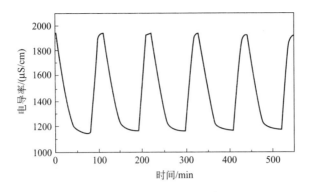

图 5-50 五次吸/脱附循环电导率的变化

5.5.8 提高 CDI 脱盐效率并降低能耗的机理

电容去离子技术（CDI）作为一种新型的环境友好型水处理技术，尽管近年来受到越来越多学者的关注与探讨，但是针对其去除离子污染物原理的深入分析的研究报道则相对不多。本书从电容去离子技术的电化学原理及吸附理论两方面，深入分析提高电容去离子率并降低吸附去除单位质量 NaCl 能耗的机理，为拓宽该技术的应用领域以及该技术的规模化开发应用打下坚实的理论基础。首先分析 CDI 体系的电极电压并初步判断电极表面电极反应发生情况；然后通过电化学交流阻抗法（EIS）和循环伏安法（CV）分析电容去离子电极的电化学性能和原理；最后通过吸附动力学、吸附等温线以及吸附热力学探讨电容去离子技术的吸附机理。

（1）提高电容去离子脱盐效率并降低能耗的电化学理论

① 电极电压与电极反应分析　目前，大多数研究均是直接分析外接电源直接施加到 CDI 模块的电源电压（工作电压）对 CDI 性能的影响，但在实际 CDI 过程中，由于溶液电阻以及可能发生的浓差极化现象的影响，电源电压并不能准确反映 CDI 的电场作用力大小，而直接作用于电极的电极电压往往更真实地反映驱使溶液中离子移向电极表面的电场作用情况，同时活性炭电极表面电极反应的发生以及 CDI 实验的电能消耗往往取决于炭电极的电极电压。因此，分析 CDI 过程的电极电压是十分必要的。

在 CDI 电极两端施以一定电压给电极充电后，电子会在电极表面迁移，当电压较小仅保持在电极表面给双电层充电时，会先产生非法拉第电流（non-Faradaic current）。理论上讲，电极电压越高，电场力作用越大，形成的双电层对离子的束缚能力越强，脱盐效果越好。然而随着施加电压的升高，电子能增加，电极表面会发生电化学氧化还原反应并形成法拉第电流（Faradaic current）。法拉第电流的产生导致电化学反应的发生，不利于离子被吸附到电极表面，会给 CDI 脱盐过程带来诸如电荷效率降低、能耗增加以及电极板腐蚀等一系列负面影响。因此，通过优化控制 CDI 的电极电压，提升 CDI 脱盐效率并降低去除 NaCl 的能耗、阻止电极表面氧化还原反应的发生，是 CDI 脱盐技术重要和紧迫的研究内容。

CDI 电极电压分析：为分析 CDI 电极电压，考虑溶液电阻的影响，本研究构建了电极电压的简易推导公式。当给 CDI 模块充电有电流流经电极时，电源电压可用阳极电压、阴极电压以及溶液电压的总和来表达：

$$\varphi_{电源} = \varphi_{阳极} + \varphi_{溶液} + \varphi_{阴极} \tag{5-4}$$

由于阴、阳电极是组成完全相同的炭电极，因此其电极电压是相等的，式（5-4）可简化为：

$$\varphi_{电源} = 2\varphi_{电极} + \varphi_{溶液} \tag{5-5}$$

而根据欧姆定律，溶液电压可由下式获得：

$$\varphi_{溶液} = IR_{溶液} \tag{5-6}$$

式中，I 为电流强度，A；$R_{溶液}$ 为溶液电阻，Ω。

利用电阻率与电导率的关系，可知：

$$R_{溶液} = \frac{1}{\kappa A} \tag{5-7}$$

式中，κ 为 CDI 模块内溶液的电导率，S/cm；L 为正、负电极间距离即极板间距，cm；A 为极板的正对面积，cm^2。

将式（5-7）代入式（5-6）中，得：

$$\varphi_{溶液} = I \times \frac{L}{\kappa A} \tag{5-8}$$

设电流密度 $i = I/A$，A/cm^2，则溶液电压可简化为：

$$\varphi_{溶液} = \frac{iL}{\kappa} \tag{5-9}$$

将式（5-9）代入式（5-5）中可得电极电压的表达式：

$$\varphi_{电极} = \frac{1}{2}\left(\varphi_{电源} - \frac{iL}{\kappa}\right) \tag{5-10}$$

由式（5-10）可以看出，电极电压主要与电源工作电压、电流密度、极板间距及溶液电导率（即溶液浓度）等因素有关。

电极电压是影响 CDI 性能的重要参数。理论上，电极电压越高，电场作用力越大，可以驱使更多的离子被吸附到电极表面而被去除，但若电极电压过高，不但会导致电极表面电化学反应的发生，也会极大地增加电吸附去除离子的能耗。根据电极电压推导公式中各运行参数的相互关系，可以得出以下推断：处理高浓度含盐废水时，在电流密度一定的情况下，可以适当降低电源电压或增大极板间距，在保证脱盐效果的同时，降低电吸附去除 NaCl 的能耗；而处理低浓度含盐废水时，则需要在保证不发生电极电化学氧化还原反应的前提下，尽可能增大电源工作电压并缩小电极板间距，以提高电极电压，增强 CDI 的脱盐效果。实际 CDI 过程中，在其他运行参数不变的条件下，增大溶液浓度、提高电源工作电压、减小极板间距或降低电流密度，均可以使电极电压增大，从而提高 CDI 的脱盐效率。

② 电极电压对溶液 pH 值与电极反应的影响　电极电压对活性炭电极电容去离子的性能影响非常重要，而不同电压下电极表面电极反应的发生情况又是决定工作电压的选取、电容去离子性能的关键，但由于受离子浓度、电极过电位（超电势）以及实际操作条件等影响，难以精确判断电吸附过程中电极反应的发生情况，仅能简单计算发生电极反应的理论电压。根据文献，电极反应的发生与 pH 值的变化有一定的关联性。因此，本实验研究首先根据式(5-10) 以及初始电流密度，计算出电极板间距 2mm，工作电压分别为 0.8V、1.2V、1.6V 和 2.0V 时，处理 1000mg/L 盐溶液的初始电极电压，然后再根据初始电极电压的变化所引起溶液 pH 值的变化及产生的相应实验现象，反推电极表面及溶液中可能发生的电化学反应，结果见图 5-51。

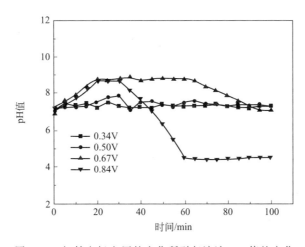

图 5-51　初始电极电压的变化所引起溶液 pH 值的变化

由图 5-51 可知，当初始电极电压为 0.34V 和 0.5V 时，可看到尽管溶液 pH 值略有波动，但整体上维持在一个稳定值，可以初步认定在此两种工作电压下，电极表面并没有氧化还原电解反应发生；当初始电极电压为 0.67V 时，溶液 pH 值在较短时间内迅速升高，经历一段变化不大的平衡阶段后又开始下降并最终恢复至溶液初始 pH 值附近，这是由于随着 CDI 实验的进行，在电极表面与主体溶液间发生了主要取决于电极表面官能团及溶液组分的电极反应，开始阶段溶液 pH 值迅速增至 8.8 左右，表明在电极阴极很有可能以一定速率发生了产生氢氧根的反应。在碱性条件下，溶液中溶解氧可能会在电极阴极表面发生两种电极反应，一种直接还原产生氢氧根，一种还原成过氧化物和氢氧根：

$$O_2 + 2H_2O + 4e^- \longrightarrow 4OH^- \text{，} \varphi^{\ominus} = 0.4009V \tag{1}$$

$$O_2 + 2H_2O + 2e^- \longrightarrow H_2O_2 + 2OH^- \text{，} \varphi^{\ominus} = -0.146V \tag{2}$$

在式(1) 中，溶解氧直接在阴极表面被还原成氢氧根，而在式(2) 中，溶解氧被还原成过氧化物 H_2O_2 和 OH^-。无论哪种反应途径，在阴极表面溶液氧都会被还原产生 OH⁻，导致溶液 pH 值升高；而随着 OH⁻ 因静电引力作用迁移至电极阳极，会在阳极发生 OH⁻ 的析氧氧化反应生成氧气，即式(1)的逆反应，最终导致溶液 pH 值又开始降低并最终达到初始 pH 值左右。

同样由图 5-51 可见，当初始电极电压为 0.84V 时，初始阶段 pH 值有短暂的升高，达到稳定阶段并保持一段时间后开始迅速下降，直至 pH 值降至 4.5 左右，同时看到电极阳极表面出现少量气泡。这一现象可通过电极阴、阳两极所发生的不同电极反应来解释，初始 pH 值略有升高是因为阴极发生了溶解氧被还原成 OH⁻ 的反应，随后 pH 值大幅下降则是由于阳极发生 Cl⁻ 被氧化成 Cl₂ 的反应，产生的 Cl₂ 随后又发生了歧化反应生成 HCl，导致 pH 值降低。Cl⁻ 的氧化反应见式(3)，Cl₂ 的歧化反应见式(4)。

$$2Cl^- \longrightarrow Cl_2 + 2e^-, \varphi^\ominus = 1.360V \tag{3}$$

$$Cl_2 + H_2O \longrightarrow HCl + HClO \tag{4}$$

随着阳极吸附的 Cl⁻ 越来越多，有更多的 Cl⁻ 在阳极被氧化为 Cl₂，致使 Cl₂ 发生歧化反应的概率也增大，产生酸性物 HCl 和 HClO，导致溶液 pH 值明显下降。另外，电极阳极表面的 C 也可能与溶液中 H₂O 发生氧化反应产生 H⁺，而导致溶液 pH 值的下降 [式(5)]。

$$C + 2H_2O \longrightarrow CO_2 + 4H^+ + 4e^- \tag{5}$$

不过需要注意的一点是，尽管溶液 pH 值与电极表面及溶液中电化学反应的发生有一定关联，但随着溶液浓度与离子组成的不同，即使在相同的电极电压下，CDI 过程中溶液 pH 值的变化也会有所差异。

在实际 CDI 过程中，溶液 pH 值的变化会对盐离子的去除产生一系列负面影响。比如，若 pH 值升高时溶液中含有钙离子和镁离子（Ca²⁺、Mg²⁺），则会在电极表面结垢，极大地影响去除效果；若 pH 值降低呈酸性时，则又会酸化、腐蚀电极，严重影响电极寿命，降低脱盐效率。因此，在施以一定电源工作电压保证双电层形成的同时，避免电极反应的发生是 CDI 实验研究的关键所在。

（2）电化学阻抗谱分析

利用电化学工作站，得到了活性炭涂层电极的 Nyquist 阻抗图谱（图 5-52），Nyquist 图谱描述了不同频率下，实部（x 轴，Z'）和虚部（y 轴，Z''）的阻抗值，通过 Nyquist 阻抗图谱分析适用 CDI 过程的等效电路以及 CDI 系统的阻抗，从电化学角度分析影响电容去离子性能的因素，并计算活性炭涂层电极的比电容量。

电荷在炭电极与电解液的接触界面上转移，当测量频率较高时，电极过程中扩散过程的影响很小，不会出现反应粒子的浓度极化，即可忽略由浓度极化而引起的 Warburg 阻抗，在这种情况下，电化学系统的总阻抗（忽略 Warburg 阻抗）可用下式表示：

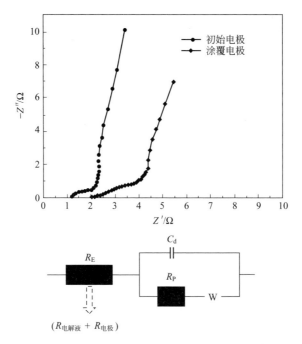

图 5-52　活性炭涂层电极的 Nyquist 阻抗图谱

$$Z(\omega)=R_E+\left(\frac{R_P}{1+\omega^2 R_P^2 C_d^2}-j\,\frac{\omega R_P^2 C_d}{1+\omega^2 R_P^2 C_d^2}\right) \tag{5-11}$$

式中，R_E 为等效串联电阻，Ω，即电极和电解液的电阻之和；R_P 为极化电阻，Ω，在充电过程中，与极化炭电极和溶液间的电荷传递电阻相关；C_d 为双电层电容，F；ω 为正弦交流波角频率，$\omega=2\pi f$（其中 f 为正弦波频率，单位 Hz）。在足够高的频率范围下（即 $\omega\gg1$，$\omega^2 R_P^2 C_d^2\gg1$），电化学系统总阻抗的表达式可简化为：

$$Z(\omega)=R_E+\left(\frac{1}{\omega^2 R_P C_d^2}-j\,\frac{1}{\omega C_d}\right)\approx R_E \tag{5-12}$$

如式(5-12) 所示，当频率很高（$\omega\gg1$）时，电路的总阻抗反映为等效串联电阻，即模块单元内产生的感应电流过程大部分是由溶液和炭电极电阻所引起的。在 CDI 过程中，电解液即溶液电阻与溶液电导率成反比，而在温度条件变化不大时，溶液电导率又与溶液浓度成正比，因此溶液电阻与溶液中离子浓度成反比，即含较高离子浓度的电解液具有较低的溶液电阻，反之亦然，进一步说明随着电解液中离子浓度的增大，CDI 系统的总阻抗将降低，且在电极两端电压不变的情况下，流经整个模块的电流将增大。

而在低频率范围内，由于浓度和扩散对电极过程的影响较大，存在浓差极化，不可忽略 Warburg 阻抗（W），同时由于浓差极化，在低频范围双电层电容（C_d）与极化电阻（R_P）也变得更加重要。随着频率逐渐减小，正弦交流波能够到达更多炭电极内部表面点位，活性炭电极的空隙结构得到充分利用，充电过程基本完成，同时由于炭电极与溶液界面间形成的赫尔姆霍兹（Helmholtz）平面以及电极作用，双电层电容（C_d）有较大幅度升高。

由图 5-52 可知，在低频区，理论上 Nyquist 阻抗图应是一条与虚部阻抗轴平行的垂直线，但是由于涂层电极炭材料的不同孔径分布引起的电极表面不均匀性，导致阻抗图发生一定角度的偏离而近似垂直地排成一条线。低频区 Nyquist 图谱表明了炭电极的电容性能，炭电极的比电容可根据阻抗图谱的虚部值（Z''）计算得到。由于当 $\omega \gg 1$ 时，系统总阻抗通过电路等效串联电阻（R_E），即炭电极电阻和电解液电阻之和来反映，据图 5-52，涂层电极系统的等效串联电阻高于未涂层电极系统的等效串联电阻，这主要是由于添加 PVDF 黏结剂导致涂层后炭电极电阻增大，使活性炭涂层电极的电阻大于未涂层电极的电阻。若假设电解液电阻不变，可根据等效串联电阻（R_E）的差值求出电极涂层部分的电阻。而在低频端，因充电过程已基本完成，Nyquist 阻抗图近似垂直地排成一条线，电极双电层电容的变化不大，可得 10mHz 下，未涂层与活性炭涂层后电极的比电容分别为 44.8F/g 和 71.05F/g，由于电极表面有活性炭涂层材料，故涂层电极的比电容高于未涂层电极即石墨集流板的比电容。另外，由交流阻抗法计算得到的活性炭涂层电极的比电容量（71.05F/g）与通过循环伏安法计算得到的活性炭涂层电极比电容量（73.62F/g）近似。

综上，在实际电容去离子过程中，除电极电阻与电解液电阻（即电极性质与溶液浓度）对脱盐效率与能耗的影响外，由于浓差极化效应，极化电阻 R_P 与 Warburg 阻抗的作用也不可忽视。在电化学实验中，影响浓差极化与极化电阻的因素主要有电极表面性质（电极活性材料性质）、电极表面积以及水力冲击强度等。因此，除需采取措施降低溶液电阻外，也需采取以下措施减弱浓差极化作用，降低极化电阻，提升 CDI 脱盐效果并降低去除单位质量 NaCl 的能耗：

① 增大溶液流速　提升 CDI 过程溶液流速类似于对 CDI 模块内的盐溶液增强搅拌作用，可以增大溶液中离子的传质速率，从而使浓差极化减小，但若流速过大也会导致溶液在 CDI 模块内的停留时间较短而影响脱盐效果，因此需在保证溶液模块内停留时间的前提下，尽量增大溶液流速。

② 增大电极板有效面积　电极板的面积相当于溶液中参与传递电荷的离子分布面积，极板面积越大，电极与溶液的接触面积越大，使电极表面附近离子溶液与本体溶液中离子浓度相接近，从而减弱浓差极化效应，减小极化电阻并降低电吸附去除 NaCl 的电能损耗。另外，增大极板面积会减小溶液电阻并降低电流密度，电流密度的降低在一定程度上可以提高电极电压，利于提升 CDI 的脱盐效果。

③ 增强电极表面活性　改变电极表面活性物质活性，提高其对溶液中离子的吸附速率，减小电极界面与溶液主体间离子浓度的差异，减弱浓差极化。

④ 缩小电极板间距　缩小极板间距可以缩短溶液中离子移向电极表面的传输

距离，使 CDI 模块内离子浓度的分布更均匀，从而减小浓差极化与极化电阻。另外由式(5-7)和式(5-10)可知，极板间距的减小可以减小溶液电阻，并使电极电压增大，从而增强 CDI 脱盐效果。

（3）电化学循环伏安分析

由于循环伏安法广泛应用于电极电化学性能、电极过程动力学以及电容特性分析等研究中，并且电容去离子（CDI）的工作原理与超电容器充放电工作原理相同，因此本研究首先选择循环伏安法作为评估分析电吸附过程活性炭涂层电极的电容特性的重要电化学测试方法。利用 CHI660D 型电化学工作站，采用三电极体系，以活性炭涂层电极（可视直径约为 1cm）为工作电极、饱和甘汞电极（SCE）为参比电极、铂电极为对电极（辅助电极），在室温（25℃）下分别测定高、中、低三种电压扫描速率下的活性炭涂层电极的循环伏安曲线，结果见图 5-53(a)～(c)。

对于理想的活性炭基超级电容材料，其循环伏安（CV）曲线应呈现标准的对称矩形，但在实际体系中，由于电极极化内阻的存在，实际曲线会存在一定的偏差。根据图 5-53，在不同的电压扫描速率下，电流（A）随电压（V）变化的 CV 曲线呈近似矩形且有一定对称性，无气泡形成，pH 值也无改变，说明 CDI 用正、负电极的性质较一致；最重要的是对于所制备的活性炭涂层电极，在 CV 图中，电流随着电压平稳地升高和降低，并没有明显的氧化还原峰出现，即无明显法拉第（Faradic）反应发生，表明双层电容的产生主要是由于电场作用，可认为溶液中离子之所以被吸附到电极表面而去除，是由于电场静电作用力，而非发生了电化学氧化还原反应。

此外，CV 图还表明了充电与放电过程即电吸附与电脱附峰形状近似，说明当施以电源电压后，活性炭电极与溶液界面间形成双层，而当电源电压反向后，形成的双层逐渐减弱，活性炭涂层电极上 NaCl 的电吸附是可逆的。

计算活性炭电极比电容，计算求得 5mV/s、10mV/s 和 50mV/s 三种扫描速率下，活性炭电极的比电容量分别为 100.44F/g、73.62F/g 和 15.75F/g，与文献报道的活性炭电极材料的比电容量值近似，比电容量随着电压扫描速率的增大而减小，从 100.44F/g 减小到 15.75F/g。这主要是由于扫描速率较低时电解液有充分的时间运载电荷移动至较为复杂的炭材料孔结构中形成双层，双层电容较充分；而随着扫描速率的增大，CV 测试在较短时间内完成，电解液中的部分离子没有足够的时间进入电极内部较小的孔中，且由于炭材料中微孔所占的比例较大，而电解质离子在炭材料电极微孔中的迁移速率又较慢，导致炭电极材料的表面积不能被充分利用，降低了电极电容量。

（4）电吸附动力学分析

① 电压对电吸附动力学的影响　由于电压是产生静电力、实现对溶液中离子吸附去除的动力之源，当给电极板两端施加以一定的电压后，可以通过静电力作用驱使溶液中带不同电荷的离子向正、负电极两端移动，并被束缚在溶液界面与电极

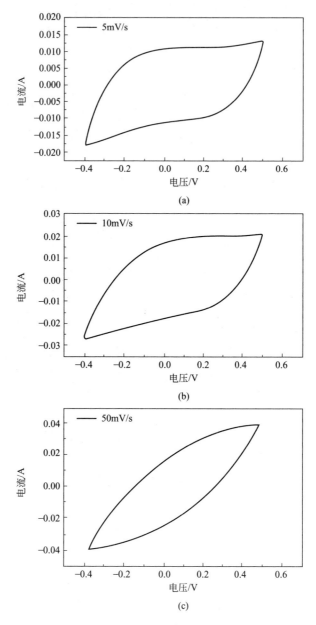

图 5-53　高、中、低三种电压扫描速率下的活性炭
涂层电极的循环伏安曲线

表面形成的双电层中，从而达到净化的目的，所以电压是影响电吸附速率的关键因素。在 25℃、溶液（NaCl）初始浓度为 600mg/L 的实验条件下，测定电源电压分别为 0V、0.4V、0.8V、1.2V 和 1.6V 时，不同吸附时间下的活性炭电极电吸附量，并利用非线性最小二乘法通过 Origin8.0 软件拟合实验数据，分析电吸附动力

学模型，考察电吸附动力学机理。准一级动力学拟合见图 5-54，准二级动力学拟合见图 5-55，拟合结果及动力学吸附参数见表 5-12。

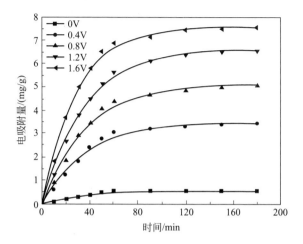

图 5-54　不同电压条件下准一级动力学拟合

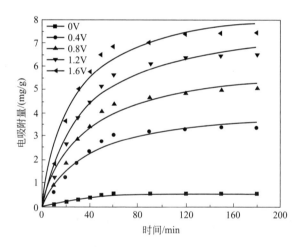

图 5-55　不同电压条件下准二级动力学拟合

表 5-12　不同电压条件下拟合结果及动力学吸附参数

电源电压 /V	准一级动力学模型			准二级动力学模型		
	q_e/(mg/g)	$k_1/10^{-2}\,min^{-1}$	R^2	q_e/(mg/g)	$k_2/[10^{-2}\,g/(mg \cdot min)]$	R^2
0	0.58	2.57	0.9548	0.74	3.28	0.9290
0.4	3.52	2.70	0.9823	4.39	0.61	0.9611
0.8	5.14	2.75	0.9880	6.38	0.44	0.9703
1.2	6.66	2.81	0.9941	8.21	0.35	0.9788
1.6	7.58	3.52	0.9936	9.02	0.45	0.9732

从图 5-54、图 5-55 及表 5-12 中可以看出，由于准一级动力学模型拟合结果的相关系数（R^2）值较高，所以准一级动力学方程对实验数据的拟合要远优于准二级动力学对实验数据的拟合，表明不同的电源电压下，活性炭涂层电极上 NaCl 的电吸附遵循准一级动力学模型。同时，当电源电压从 0V 增至 1.6V 时，NaCl 的吸附量与吸附速率常数逐渐升高。当电压为 0V 即电路断开，没有静电力驱动作用存在时，NaCl 吸附量仅为 0.58mg/g，主要是利用电极表面的活性炭材料的单纯的物理吸附作用去除 NaCl，但去除效率很低；而当电压为 1.6V 时，NaCl 吸附量可达 7.58mg/g，远高于电路断开时的吸附量，说明溶液中的盐离子（Na^+、Cl^-）主要通过电吸附及电容去离子技术实现去除。另外，与电压为 0V 时的吸附速率常数相比，电压 1.6V 时的吸附速率常数增加了 37%，这也从另一方面说明由于电压增加导致电场力作用增强，从而导致了活性炭电极上离子吸附速率的升高。

② 溶液浓度对电吸附动力学的影响　溶液浓度（NaCl 初始浓度）也是影响电吸附速率的重要因素，根据 Gouy-Chapman-Stern 双电层模型理论，扩散双电层所含反离子的量对于电极电吸附量的增强和提升起着非常重要的作用，而随着溶液浓度的升高，扩散双电层含有更多的反离子，从而导致电极电吸附量的增加。因此开展了溶液浓度对电吸附动力学影响的实验研究，在 25℃、工作电压为 1.2V 时，测定 NaCl 溶液初始浓度分别为 100mg/L、200mg/L、400mg/L、600mg/L 和 1000mg/L 时，不同吸附时间下的活性炭电极电吸附量，并利用非线性最小二乘法通过 Origin8.0 软件拟合实验数据，分析电吸附动力学模型，考察电吸附动力学机理。准一级动力学拟合见图 5-56，准二级动力学拟合见图 5-57，拟合结果及动力学吸附参数见表 5-13。

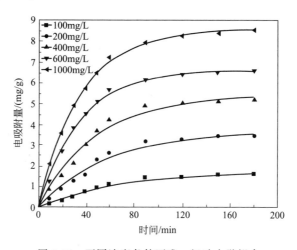

图 5-56　不同浓度条件下准一级动力学拟合

由图 5-56、图 5-57 以及表 5-13 可知，根据相关系数（R^2）反映实验数据的拟合程度，从而判断 NaCl 的电吸附动力学模型，由于准一级动力学方程拟合结果的

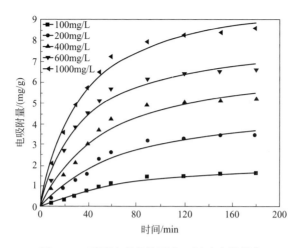

图 5-57 不同浓度条件下准二级动力学拟合

表 5-13 不同浓度条件下拟合结果及动力学吸附参数

溶液浓度 C_0 /(mg/L)	准一级动力学模型			准二级动力学模型		
	q_e/(mg/g)	$k_1/10^{-2}\text{min}^{-1}$	R^2	q_e/(mg/g)	$k_2/[10^{-2}\text{g}/(\text{mg}\cdot\text{min})]$	R^2
100	1.83	1.39	0.9809	2.63	0.40	0.9728
200	3.77	1.65	0.9776	5.21	0.25	0.9664
400	5.46	2.05	0.9795	7.19	0.25	0.9639
600	6.66	2.80	0.9941	8.21	0.35	0.9788
1000	8.58	2.82	0.9989	10.51	0.28	0.9901

相关系数（R^2）值较高，表明不同溶液 NaCl 初始浓度下，活性炭涂层电极上 NaCl 的电吸附遵循准一级动力学模型。结合准一级动力学方程实验数据拟合结果，当溶液初始浓度从 100mg/L 升高到 1000mg/L 时，活性炭涂层电极的离子吸附量和一级速率常数均逐渐增大，并且当溶液初始浓度为 1000mg/L 时，活性炭电极的离子吸附量和吸附速率分别是溶液初始浓度为 100mg/L 时的 4.69 和 2.03 倍。这主要是由于随着溶液浓度的增高，会有更多的盐离子与电极表面的活性官能团吸附点位接触而被吸附去除，导致双电层结构中的扩散双层容量增加，并且由于溶液浓度增大，导致溶液阻抗减小，从而导致吸附速率和电流强度增大。

综上，NaCl 盐溶液在活性炭涂层电极上的吸附符合准一级动力学模型，且工作电压和溶液初始浓度的升高会导致吸附速率常数与离子迁移速率变大，吸附达平衡时，电极的电吸附量也增大。因此，从电吸附动力学角度看，增大电源工作电压和溶液初始浓度十分利于提升电容去离子的脱盐效率。

（5）电吸附等温线

① 不同电压下吸附等温线分析　由于吸附等温线研究具有十分重要的理论意义及实际应用价值，本研究按照上述的实验步骤，在25℃的恒温下，考察电源电压分别为0V、0.4V、0.8V、1.2V和1.6V时活性炭电极电吸附NaCl的吸附等温线，并利用Langmuir和Freundlich等温线模型，采用非线性最小二乘法，通过Origin8.0软件分别对各实验数据进行了拟合，得到不同吸附等温方程的相关常数。

两种吸附等温模型的拟合结果见表5-14。图5-58和图5-59为不同电源电压下，活性炭涂层电极电吸附NaCl盐溶液达到平衡时的$q_e \sim C_e$关系曲线。其中，图5-58展示了Langmuir吸附等温线拟合分析结果，图5-59展示了Freundlich吸附等温线拟合分析结果。

表5-14　两种吸附等温模型的拟合结果

电源电压 U/V	Langmuir 吸附等温线			Freundlich 吸附等温线		
	$q_m/(mg/g)$	$K_L(\times 10^{-2})$	R^2	K_F	n	R^2
0	0.72	0.47	0.9775	0.06	3.12	0.9272
0.4	4.72	0.35	0.9551	0.24	2.56	0.8733
0.8	7.04	0.38	0.9691	0.36	2.53	0.8824
1.2	11.23	0.37	0.9860	0.49	2.38	0.9435
1.6	12.28	0.46	0.9815	0.66	2.52	0.9420

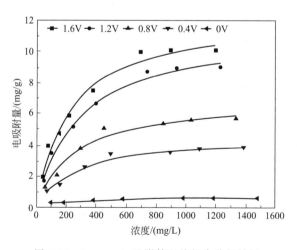

图5-58　Langmuir吸附等温线拟合分析结果

从表5-14及图5-58和图5-59中可以看出，在0～1.6V的电压范围内，由于具备较高的相关系数（R^2）值，Langmuir吸附等温线方程对实验数据的拟合明显

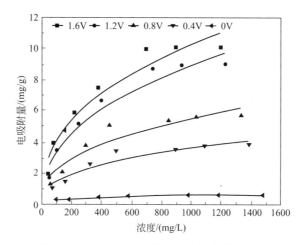

图 5-59   Freundlich 吸附等温线拟合分析结果

优于 Freundlich 吸附等温线对实验数据的拟合，表明活性炭涂层电极对 NaCl 的吸附/电吸附遵循 Langmuir 吸附等温线，属于单分子层覆盖吸附。同时根据公式计算所得的平衡参数 R_L 值均在 0~1 之间，也间接表明活性炭电极上 NaCl 的吸附/电吸附符合 Langmuir 模型。另外，在中高浓度区，拟合的 Freundlich 等温线与实验数据存在一定的偏离，并且根据 Freundlich 常数 n 值判断反应难易程度，由于不同电压下的 n 值均大于 1，表明吸附较易进行，为"优惠吸附"。

还可以看出，在 Langmuir 吸附等温模型中，参数 q_m（离子最大饱和吸附量）随着电源电压的增加而不断增大，当电压为 1.6V 时，最大饱和吸附量 q_m 为 12.28mg/g，约为电压 0V 时最大饱和吸附量（$q_m = 0.72$mg/g）的 17 倍，且从图 5-58 和图 5-59 中也可以看出，在某一固定的电压范围内，随着平衡浓度的逐渐升高，离子吸附量呈现逐渐增大的趋势，表明电压及溶液浓度的增加会促进活性炭电极上 NaCl 的最大吸附量。

此外还可以看出，电压为 0V 时各吸附平衡浓度下的吸附量均很小，不足 1mg/g，说明有电场作用存在时，电极表面与电性离子之间的作用力大于同性离子之间的排斥力，电极表面吸附材料的空隙更易被离子占据，表现为电极的吸附容量远大于无电场单纯吸附过程的吸附容量。

需要注意的一点是，由于 CDI 用电极材料自身比表面积及孔径分布等性质的不同，即使在同等条件下，电吸附达平衡时，所用活性炭电极的电吸附量也不同于碳纳米管、碳纳米纤维及炭气凝胶等其他炭电极材料的电吸附量。

② 不同温度下电吸附等温线分析   控制电源电压为 1.2V 不变，在 288K、298K 及 308K 三种不同温度条件下，通过平衡浓度与平衡吸附容量关系曲线图，利用 Langmuir 及 Freundlich 吸附等温方程，分析不同温度下活性炭电极电吸附 NaCl 的吸附等温模型，结果见图 5-60 及表 5-15。

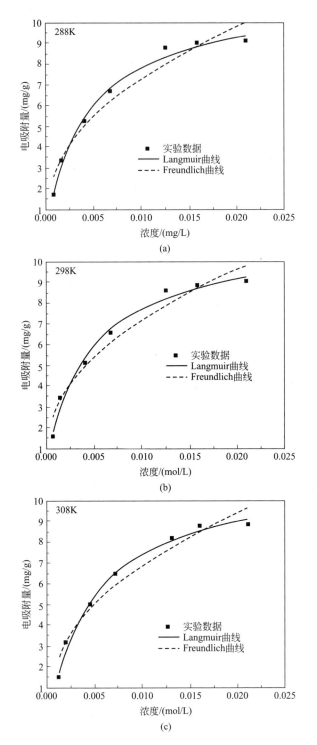

图 5-60　不同温度下活性炭电极电吸附 NaCl 的吸附等温模型

表 5-15　不同温度下活性炭电极电吸附 NaCl 的吸附等温拟合数值

温度 T/K	Langmuir 吸附等温线			Freundlich 吸附等温线		
	$q_m/(mg/g)$	$K_L/(L/mol)$	R^2	K_F	n	R^2
288	11.30	225.73	0.9896	49.51	2.40	0.9481
298	11.23	219.30	0.9860	49.65	2.38	0.9435
308	11.17	201.61	0.9928	51.29	2.30	0.9494

从图 5-60 及表 5-15 中可得到，三种温度下 Langmuir 及 Freundlich 吸附等温线的回归系数 R^2 分别为 0.9896、0.9860、0.9928 和 0.9481、0.9435、0.9494，说明 Langmuir 吸附等温线对 CDI 实验数据的拟合明显优于 Freundlich 吸附等温线，与不同电源电压下电吸附等温线的分析结果相一致，即在 CDI 实验中，活性炭涂层电极电吸附 NaCl 符合 Langmuir 吸附等温线。根据表 5-15 并结合前面单因素优化温度对脱盐率影响的实验结果可以看出，总体上温度对电吸附脱盐效率的影响并不十分明显，但随着温度从 288K 升高到 308K，盐的去除效率还是呈逐渐下降的趋势；通过 Langmuir 吸附等温方程计算的 q_m 值由 11.30mg/g 下降到 11.17mg/g，表明在较低的溶液温度下，电极的电吸附量高于其在较高溶液温度下的电吸附量，这可能是由于本研究中活性炭涂层电极对 NaCl 的电吸附属于放热过程，降低温度有利于 NaCl 的吸附。

（6）电吸附热力学分析

通过求解热力学参数，可以帮助我们了解 CDI 用活性炭电极与离子之间物质与能量的传递方式，揭示吸附本质。

利用不同温度下活性炭涂层电极吸附 NaCl 的电吸附等温线拟合结果，进行电吸附热力学研究，测定了吉布斯自由能 ΔG、焓变 ΔH 以及熵变 ΔS 三个热力学参数。图 5-61 反映了活性炭涂层电极电吸附 NaCl 的范特霍夫等温方程，表 5-16 列

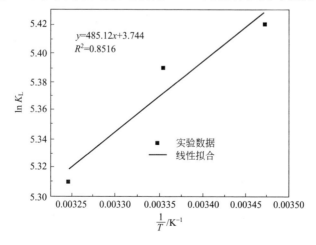

图 5-61　范特霍夫关系图

出了不同温度（288K、298K 和 308K）下活性炭电极电吸附的热力学参数。由于在温度变化范围不大的情况下，可认为 ΔH^0 与 ΔS^0 不受温度变化的影响，根据范特霍夫等温方程（van't Hoff plot），由于 Langmuir 吸附等温式实验数据拟合的相关系数比较好，活性炭涂层电极电吸附 NaCl 遵循 Langmuir 吸附等温方程，故可用 Langmuir 吸附常数 K_L 替代吸附平衡常数 K，再根据 $\ln K_L$ 对 $1/T$ 作图所得到的直线的斜率和截距可求得 ΔH^0 与 ΔS^0（其中 K_L 值由不同温度下 Langmuir 吸附等温线的拟合结果得到），计算得到不同温度下的另一个热力学参数 ΔG^0。

表 5-16　不同温度下活性炭电极电吸附的热力学参数

温度 T/K	吉布斯自由能 $\Delta G^0/(kJ/mol)$	吸附焓变 $\Delta H^0/(kJ/mol)$	吸附熵变 $\Delta S^0/[J/(mol \cdot K)]$
288	−12.998	−4.033	31.128
298	−13.309		
308	−13.620		

从图 5-61 范特霍夫（Van't Hoff）$\ln K_L$-$1/T$ 关系图中可看出，直线拟合的相关系数 $R^2 = 0.8516$。说明数据拟合较好。由拟合直线的斜率可计算出吸附焓变 ΔH^0，见表 5-16，$\Delta H^0 = -4.033kJ/mol$，小于零，为负值，表明活性炭电极对 NaCl 的电吸附过程是放热的，升高温度不利于溶液中盐离子的吸附，即降低温度有利于吸附的进行。

这与前面温度对电吸附量影响及不同温度下的 Langmuir 吸附等温线分析结果相一致，但本研究得到的焓变 ΔH^0 与 Haibo Li 等人关于碳纳米管与碳纳米纤维复合电极电吸附 NaCl 的热力学分析结果得到的 ΔH^0 正负截然相反，这可能是吸附剂（电极材料）本身的性质以及实验条件差异所引起的。熵表示系统内物质微观粒子的混乱度或无序度，混乱度越大，原子互相碰撞的可能性越大，反应的概率也就越大，在化学反应或吸附过程中系统混乱度的增加就用系统熵值的增加 ΔS^0 表示，本研究中 $\Delta S^0 = 31.128$，为正值，说明吸附过程为放热熵增过程，且混乱程度增大有利于吸附的进行。

吉布斯自由能 ΔG^0 是吸附优惠性和吸附驱动力的体现，也是判断反应或过程能否自发进行的统一的衡量标准，焓变因素及熵变因素主要对 ΔG^0 起作用。由表5-16 可见，三种温度下吸附自由能 ΔG^0 均为负值，表明活性炭电极电容去离子过程属于热力学过程，且吸附过程自发进行，吸附质盐离子倾向于从溶液中被吸附到吸附剂活性炭涂层电极表面上。

据相关文献报道，某种程度上可通过焓变 ΔH^0 与吉布斯自由能 ΔG^0 的数值大小判断吸附过程属于物理吸附还是化学吸附，一般物理吸附过程中自由能变化 ΔG^0 小于化学吸附过程中的自由能变化 ΔG^0。ΔG^0 为 $-20 \sim 0kJ/mol$，一般认为发生的吸附过程以物理吸附为主，而 ΔG^0 为 $-400 \sim -80kJ/mol$，则认为发生的吸附以化学吸附为主。并且 Kara 等人认为如果随着温度的升高吸附减弱，那么表明物理吸附在吸附过程中起主导作用，反之则化学吸附起主导作用。因此，本研究中热力学参数 ΔH^0 为 -4.033kJ/mol，三种温度下的 ΔG^0 分别为 -12.998kJ/mol、-13.309kJ/mol 及 -13.620kJ/mol，说明活性炭涂层电极吸附 NaCl 的过程以物理吸附为主，也进一步证明了活性炭电极对离子的吸附主要通过电场的静电引力作用，而不是电化学氧化还原作用。

参考文献

[1] 陈春阳，于飞，周慧明，等. 三维石墨烯凝胶电极的制备及在电容去离子中的应用 [J]. 高等学校化学学报，2015，36（12）：2516-2522.

[2] 顾晓瑜. 石墨烯复合材料的制备及其电容去离子化应用研究 [D]. 广州：华南理工大学，2016.

[3] Yeh Chung-Lin，Hsi Hsing-Cheng，Li Kung-Cheh，et al. Improved performance in capacitive deionization of activated carbon electrodes with a tunable mesopore and micropore ratio [J]. Desalination，2015，367：60-68.

[4] Nalenthiran Pugazhenthiran，Soujit Sen Gupta，Anupama Prabhath，et al. Cellulose Derived Graphenic Fibers for Capacitive Desalination of Brackish Water [J]. ACS Appl Mater Interfaces，2015，7：20156-20163.

[5] Xie Jiangzhou，Xue Yifei，He Meng，et al. Organic-inorganic hybrid binder enhances capacitive deionization performance of activated-carbon electrode [J]. Carbon，2017，123：574-582.

[6] Rudra Kumar，Soujit Sen Gupta，Shishir Katiyar，et al. Carbon aerogels through organo-inorganic co-assembly and their application in water desalination by capacitive deionization [J]. Carbon，2016，99：375-383.

[7] Niua Rui，Li Haibo，Ma Yulong，et al. An insight into the improved capacitive deionization performance of activated carbon treated by sulfuric acid [J]. Electrochimica Acta，2015，176：426-433.

[8] Song Haiou，Wu Yifan，Zhang Shupeng，et al. Mesoporous generation-inspired ultrahigh capacitive deionization performance by sono-assembled activated carbon/inter-connected graphene network architecture [J]. Electrochimica Acta，2016，205：161-169.

[9] Mossad M，Zou L D. A study of the capacitive deionisation performance under various operational conditions [J]. Journal of Hazardous Materials，2012，213：491-497.

[10] Kim Y J，Hur J，Bae W，et al. Desalination of brackish water containing oil compound by capacitive deionization process [J]. Desalination，2010，253：119-123.

[11] Tang Wangwang，Kovalsky Peter，He Di，et al. Fluoride and nitrate removal from brackish groundwaters by batch-mode capacitive deionization [J]. Water Research，2015，84：342-349.

[12] Huang Shuyun，Fan Chen Shiuan，Hou Chia Hung. Electro-enhanced removal of copper ions from aqueous solutions bycapacitive deionization [J]. Journal of Hazardous Materials，2014，278：8-15.

[13] Huang Zhe，Lu Lu，Cai Zhenxiao，et al. Individual and competitive removal of heavy metals using capacitive deionization [J]. Journal of Hazardous Materials，2016，302：323-331.

[14] Amir Mehdi Dehkhoda，Naoko Ellis，od Gyenge. Effect of activated biochar porous structure on the capacitive deionization of NaCl and ZnCl$_2$ solutions [J]. Microporous and Mesoporous Materials，2016，224：217-228.

[15] 崔馨心，谢海燕，肖乐，等. 电吸附对水中盐类、氨氮、COD 的去除效果分析 [J]. 环境工程学报，

2013, 7 (12): 4806-4810.

[16] Yasodinee Wimalasiri, Mohamed Mossad, Linda Zou. Thermodynamics and kinetics of adsorption of ammonium ions by graphene laminate electrodes in capacitive deionization [J]. Desalination, 2015, 357: 178-188.

[17] Li Yingzhen, Zhang Chang, Jiang Yanping, et al. Effects of the hydration ratio on the electrosorption selectivity of ions during capacitive deionization [J]. Desalination, 2016, 399: 171-177.

第 *6* 章 ▶▶

微生物电化学水处理技术

6.1 微生物电化学水处理技术的基本原理及特点

6.1.1 微生物燃料电池

微生物燃料电池（microbial fuel cells，MFC）是一类利用微生物催化燃料产电的技术，这一概念最早是由英国植物学家提出的。1912年，他们将酵母或者大肠杆菌放入葡萄糖培养基中，在铂电极上观察到了电压和电流的产生。微生物的外膜由磷脂双分子层、脂多糖和肽多糖构成，通常情况下微生物无法直接将电子传递到电极。氧化态电子媒介体可穿透细菌薄膜进入细胞内部接受电子，并且渗透到细胞膜外将电子转移到电极上，提高电子转移速率，进而强化了微生物燃料电池的产电效率。此外，微生物燃料电池也是一种污水处理技术。不同于传统的污水处理技术需要消耗大量的能量，MFC在处理污水的过程中还能同步产生能量，基于这个特点备受从事水处理研究的科研工作者们的关注。目前该领域的研究工作主要关注如何提高MFC污水处理的实用性，开发可用于处理各种污水的大尺寸微生物燃料电池反应器。尽管在这个过程中微生物菌群产生的电能不足以支撑一个城市的用电量，但足以维持污水处理工厂自身的能量消耗，有望实现基础水利设施的能量平衡。微生物燃料电池具有产能和污染治理的双重功效，具有极其广阔的发展前景[1]。

在微生物燃料电池中，考虑到氧气进入阳极室会降低库仑效率和提高阳极电位，因此在两电极间需放置膜组件用来形成分开的阳极室和阴极室，进而保证阳极室的无氧环境和质子的正常传递。在阳极室中，微生物通过呼吸作用降解或者氧化有机物，产生的电子在细胞内通过呼吸酶传递，并以ATP的形式为微生物提供自身生长所需的能量，电子进而直接或通过电子媒介体间接地传递到阳极上。随后，通过外电路，电子最终到达阴极与电解质反应形成闭合回路产生电流。同时，阳极产生的质子通过交换膜扩散到阴极，与氧气以及到达阴极的电子反应生成水。

微生物燃料电池的反应器主要由阴极室、阳极室和质子交换膜构成，如图6-1所示[2]。目前，常用的反应器构型有双室型、单室型和堆垛型。双室MFC通常是以批次的方式运行的，当前主要被应用于实验研究，大多由中间夹有质子交换膜的两个含有单壁的玻璃瓶组成。双室反应器容易组装，甚至矿泉水瓶都可作为简易电极室。由于电极室是单独分离的，保证了阳极电子供体和阴极电子受体的稳定反应，即不受外部因素干扰。与此同时，双室反应器的密闭性较好，抗生物污染性强，可用于产电菌的分离及性能测试。在双室反应器中，如果采用氧气作为电子受体，阴极室就必须曝气，避免阴极还原反应受限。基于实现反应器高效运行的目的，移除阴极室得到的重新设计的反应器即是单室微生物燃料电池。其设计的基本思路是将阴极与质子交换膜复合后直接与空气接触，并且作为阳极室的壁垒，阳极产生的电子通过外电路到达阴极，阴极直接在空气的环境中，利用空气中的氧气作为电子受体，同时质子也可以通过膜的作用到达阴极[3]。单室 MFC 主要分为管状、瓶状和立方体构型。为了提高微生物燃料电池的产电性能，一种常用的放大策略是将多个电池串联，进而衍生出了堆垛型 MFC。

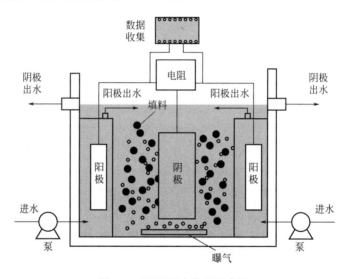

图 6-1　MFC 反应装置示意图

6.1.2　微生物电解池

微生物电解池（microbial electrolysis cells，MEC）作为 MFC 的衍生技术，是在 2005 年由两个独立的研究团队（宾夕法尼亚州立大学和瓦格宁根大学）发现的。MEC 的早期研究应用主要集中于制氢，经过近几年的研究发展，在废水处理、脱盐、生产化工产品及与其他工艺耦合等方面表现出了巨大潜力，集产能和治污于一体，为解决当下的能源问题和水资源保护提供了一种新的解决方法。

与常见的电解池类似，MEC 主要由阴阳极、外电路、供电单元、电解质溶液构成。与常规电解池系统不同的是，MEC 的阳极为生物阳极（阳极上附有电活性微生物膜）。阴极根据需要可为常见的化学阴极或生物阴极（阴极上附有电活性微

248

污水电化学处理技术

生物膜）。电活性微生物膜（与附着的电极一起称为生物电极）是 MEC 区别于传统电解池的主要特征，其应用的关键在于提高生物电极（生物阳极和生物阴极）的电活性水平（电活性微生物膜与电极间的电子交换能力）。电活性微生物膜与电极间的电子交换能力使得外压调控电活性微生物膜中微生物的代谢方向成为可能。在阳极室，微生物作为催化剂发生生物催化反应，微生物氧化阳极室内基质中的某些组分（如乙酸盐、葡萄糖、氢气等），生成二氧化碳、质子、电子。产生的电子通过纳米导线、胞内传递等方式传递到阳极表面，随后通过外电路传导到阴极表面，质子则通过扩散方式到达阴极室。在阴极室，发生化学催化或生物催化反应，与扩散到阴极表面的质子和电子结合生成氢气、甲烷等产物[4,5]。

　　MEC 反应装置见图 6-2，MEC 产氢装置见图 6-3。

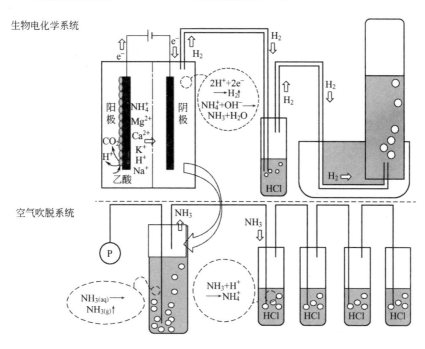

图 6-2　MEC 反应装置示意图

6.1.3　技术特点

　　影响 MEC 性能的因素有很多，包括外加电压、pH、电解池的内阻、负载电阻、电极材料、阳极上产电微生物的活性及密度、电解池结构等。外加电压作为制约 MEC 整体性能的一个重要因素，一般由供电设备或稳压器提供，其主要有两方面作用：一方面可以降低阴极的负电位，驱动微生物电解池且提供适当的电压，对提高电解池的整体性能有很大帮助；另一方面，研究发现电流可以影响微生物的新陈代谢，可以对微生物进行驯化，进而获得其在微生物降解、燃料和生产化学产品方面的应用。

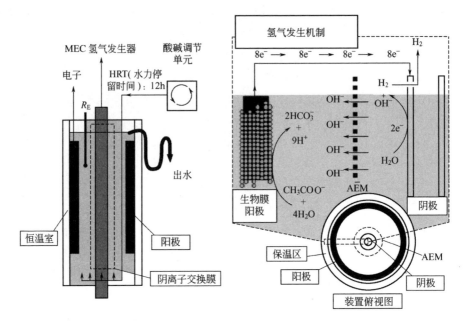

图 6-3　MEC 产氢装置示意图

　　微生物作为 MEC 系统中的生物催化剂，将有机物中的化学能转化为氢能，在 MEC 系统中扮演着重要的角色。但目前对其群落的研究还相对较少，主要集中在通过用化学物质对电极的修饰或与其他工艺结合来强化生物催化作用，产生的电流密度与微生物的群落结构、种群组成相关性等方面。

　　电极材料是影响微生物电解池效能的一个重要因素，其主要体现在对生物膜的附着、电极特性表面面积、析氢电位、导电性等的影响。阳极作为生物膜的形成场所，对微生物的附着、生长及产生的电流密度、电流输出等具有重要影响。在 MEC 系统中，阴极表面发生析氢反应，充当着主要的电子受体。炭布上的析氢反应较慢，因此需要一个较高的过电位来驱动反应，为降低过电位需要在炭布上添加催化剂。目前阴极上负载的催化剂主要有铂、镍、钯和生物阴极附着的微生物等。催化剂的种类、催化剂所处的条件等对析氢反应过电位均有影响。

6.2　微生物电化学技术在水处理领域中的应用

　　林阳等[6]采用基体原位生长二氧化锰以及电聚合聚吡咯的方法，对不锈钢网进行表面改性处理，作为复合阴极构建新型生物电化学水处理系统（图 6-4）。研究发现，改性前的不锈钢网清水膜通量低于二氧化锰改性后的膜通量，二氧化锰及聚吡咯改性后的膜通量约减少到原来的 1/39。当使用活性炭复合不锈钢阴极时，可获得较高的产电功率密度。二氧化锰/聚吡咯负载的不锈钢网在微生物燃料电池中具有良好的电化学性能，其最大功率密度可以达 1.9W/m³，相比改性前的不锈

污水电化学处理技术

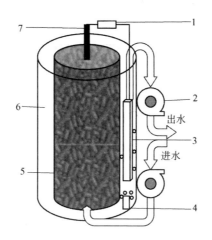

图 6-4 装置示意图

1—电阻；2—蠕动泵；3—导电膜；4—曝气；5—阳极；6—阴极；7—石墨棒

钢网，功率密度提高了 22 倍。改性不锈钢网作为过滤膜组件，使 COD 去除率达到 93%，氨氮去除率达到 68%，满足出水水质要求。

有研究者采用厌氧-生物电化学耦合系统降解橙黄Ⅱ染料，针对电子供体生活污水的混合比例和关键电解质硫酸钠浓度进行分析，评估染料脱色率、COD 去除率及电化学指标，对碳纤维表面生物膜和微生物群落结构进行解析，构建了厌氧-生物电化学耦合系统装置，如图 6-5 所示。采用完全混合式流态，续批式操作。反应器容积为 800mL。炭刷作为电极，电极间距离为 4cm，炭刷钛丝与电路连接。两极中间安置参比电极，外接 500mV 电压。研究发现，通过循环伏安曲线分析发现，生物阴极的反应电流大于非生物阴极，可说明生物电极的反应速率大，橙黄Ⅱ的氧化还原峰位于 $-0.66V$，而在非生物电极的氧化还原峰在 $-0.69V$，在微生物的作用下降低了还原橙黄Ⅱ所需的还原电压，这也说明了生物阴极对橙黄Ⅱ的还原降解效率高于非生物阴极。生活污水作为廉价碳源时，在 8h 降解时间内，生活污水所占比例为 1 时的橙黄Ⅱ的脱色效率比 1/3 时提升了 35.8%。

王茜等[7]基于微生物燃料电池以各类有机物、糖类、小分子酸作为碳源同步降解产电，构建双室 MFC 处理苎麻生物脱胶废水，研究了 MFC 系统对苎麻生物脱胶废水的降解效果和产电特性。反应以序批式全部在恒温的条件下进行，取不添加任何营养物的苎麻生物脱胶废水 500mL 置于燃料电池反应器阳极。研究发现，一个批次的运行结束后，COD 从（9880±590）mg/L 下降到（4420±264）mg/L，MFC 的端电压随脱胶废水的 COD 降低而降低，COD 值从 0h 到 72h 下降了 38.87%，之后缓慢下降。基于苎麻生物脱胶废水和自带菌群构建的 MFC 所产生的最大电压为 1096.1mV，最大功率密度为 36.55mW/m²，内阻为 470Ω。

孙靖云等[8]以精对苯二甲酸（PTA）废水作为 MFC 底物，选取 0.10g 的电气

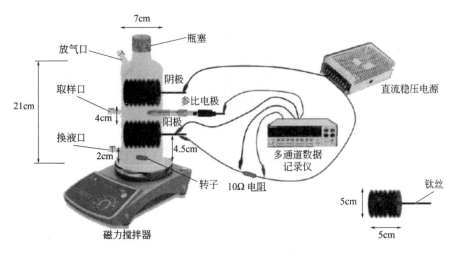

图 6-5　体系示意图

石、$75\%m(\mathrm{MnO_2})/m(\mathrm{HNT})$ 和 MWCNT-COOH 作为阳极修饰物，通过功率密度、库仑效率、塔菲尔曲线等参数考察不同修饰物对微生物燃料电池性能的影响，通过底物去除率及化学需氧量（COD）去除率评价 3 种修饰物对 PTA 废水的降解效果。实验中阳极的基材均为炭布，阳极修饰物通过炭刷涂布于炭布表面，涂覆面积为阳极有效面积 $28.26\mathrm{cm^2}$。研究发现，基于不同改性阳极构建的 MFC 对含精对 PTA 废水的去除率均高于 70%，且 COD 去除率在 79% 以上。相较于其他几种改性阳极，以 MWCNT-COOH 改性材料作阳极的 MFC 产生的最大输出电压最高，获得的最大功率密度最高，分别为 $529\mathrm{mV}$ 和 $252.73\mathrm{mW/m^2}$。

罗净净等[9]采用单室无膜微生物燃料电池处理实验室合成废水，研究该 MFC 的产电性能及其对 N、P 和 COD 的降解效果，研究了不同的运行时间、进水中 $\mathrm{NH_4Cl}$ 的初始浓度及对阳极出水进行曝气对 MFC 产电情况与污染物降解效率的影响。采用管式有机玻璃反应器，如图 6-6 所示，其总有效容积为 28mL，采用炭布作为 MFC 的电极，有效面积约 $7\mathrm{cm^2}$。通过钛丝将电池两极连接至电压采集器，外电路接有 1000Ω 的电阻。研究发现，该电池的最大输出电压可达 $371\mathrm{mV}$，最大输出功率密度可达 $301.6\mathrm{mW/m^2}$，最大电流密度可达 $2.4\mathrm{A/m^2}$，内阻为 200Ω。当 MFC 进水氨氮浓度为 $4\mathrm{mmol/L}$ 时，电池运行状态最佳。MFC 系统运行 72h 后，产电及物质消耗能力降低。单室 MFC 对模拟废水中 COD 的去除效果最明显，对氮素的去除率只有 19.7% 左右，并且只能去除小部分的磷酸盐。对其出水进行曝气处理后，磷酸盐去除率高达 95.2%，总氮去除率高达 79.6%。同时，通过扫描电镜观察到 MFC 的阳极液中大多为球形菌，并发现 MFC 阴极表面上生成了很多针状的鸟粪石结晶，说明该 MFC 系统可以实现磷元素的回收利用。

黄丽巧等[10]针对目前 MFC 系统阴极室内氨氮的硝化与反硝化在曝气条件下反硝化菌难以富集，进而造成反硝化速率较慢的问题，构建了一种基于阴离子交换

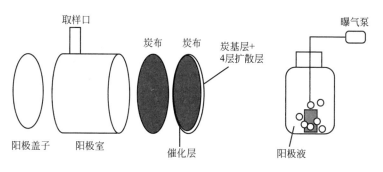

图 6-6　装置示意图

膜的 MFC 系统，使得阴极好氧硝化过程产生的亚硝酸根离子与硝酸根离子通过阴离子交换膜迁移至厌氧阳极室，并在阳极室内发生还原，进而使反硝化过程不需在好氧阴极室进行。实验用 MFC 装置为双室结构，如图 6-7 所示。装置主要由有机玻璃材质构成，电极采用炭毡，阴、阳两极液体体积分别为 250mL 和 200mL。从运行一年多且产电稳定的 MFC 反应器阳极接种 10mL 菌液到 AEM-MFC 或者 CEM-MFC 的厌氧阳极室，同时加入 20mmol/L 乙酸钠作为电子供体，用 pH 值为 7.0 的 PBS 溶液与培养液加满阳极室。阴极室持续曝气，外接 1000Ω 电阻，当电压稳定后，在电池阴极加入已经驯化好的硝化菌液与模拟废水，并加入不同浓度氯化铵母液，采用气体流量计调节阴极曝气量，控制 DO 为 (6.5±0.3)mg/L。装置在 (30±1)℃ 环境条件下运行。研究发现，当阴极内铵根初始投加浓度为 200mg/L 时，AEM-MFC 能在 66h 内完全去除总氮，而同样条件下基于阳离子交换膜 (CEM) 的 MFC，即 CEM-MFC，则需要 26d 才能达到相同的脱氮效果。在阴极室投加不同浓度铵根（0~500mg/L）条件下，AEM-MFC 连续运行 7 个月，其产电与脱氮效果稳定。相比于传统生物脱氮方法，AEM-MFC 不需要在运行过程中再

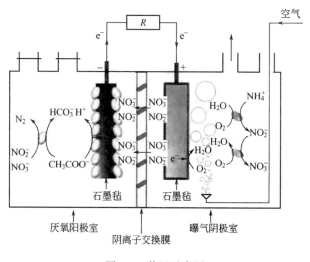

图 6-7　装置示意图

加入酸或碱调节 pH 值，所需 COD/N 较小，并能够同时回收电能。

孙彩玉等[11]采用 MFC 系统处理含银废水。以银离子为阴极电子受体，以剩余污泥为阳极底，以糖蜜废水为基质，构建双室微生物燃料电池，研究了电池的产电特性、库仑效率及金属去除率。实验装置如图 6-8 所示。电池的阳极室和阴极室均为有机玻璃制成的圆柱体，单个极室的内径为 10cm，高为 10cm，有效容积均为600mL。两个极室内部用一个有机玻璃的圆形螺管（内径为 8cm）连接，中间用质子交换膜隔开，两极外部由含负载的外电路连接。阳极室为密封厌氧，上端设有取样口。阴、阳两极电极有效面积为 54cm²，两极间用铜导线连接，并接入负载电阻，外电阻为 1000Ω。研究发现，银离子可以作为阴极电子受体，并能稳定产电，在外电阻为 3000Ω 时，不同银离子浓度的阴极电解液得到的最大电压也不同，分别为 331.7mV、447.2mV、514.5mV，最大功率密度分别为 23.93mW/m²、42.68mW/m²、62.82mW/m²。双室微生物燃料电池实现了对银离子的去除，银离子去除率最高达到了 71.6%。最后，在阴极银离子以银白色银单质沉淀聚集，在质子膜上以化合物的形式附着。在阳极废水中，虽然回收电子的情况不理想，但对废水中 COD 的去除效果还是很明显的，三种运行条件下的 COD 去除率分别为68.16%、79.63%、81.22%。

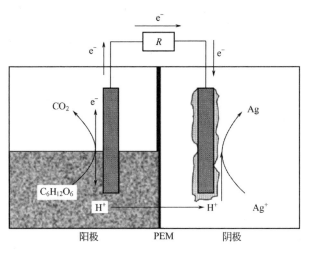

图 6-8 装置示意图

6.3 原位电凝聚膜生物处理技术

6.3.1 现状

我国是一个水资源贫乏的国家，人均水资源量约为世界水平的 1/4，面临着严重的水资源短缺和水污染问题。随着我国城市化的持续推进，废水和污染物排放总量逐年增加。2006～2014 年间每年原环保部公布的《环境统计年报》表明，2006～2014 年间我国废水排放总量由 536.8 亿吨增加到 716.2 亿吨，废水中化学需氧量（COD）排放量由 1428.2 万吨增加到 2294.6 万吨，氨（NH_4^+-N）排放量由 141.3 万吨增加到 238.5 万吨。统计结果表明，我国城镇生活污水排放量增加迅速，城镇生活污水排放量由 2006 年的 296.6 亿吨增加到 2014 年的 510.3 亿吨。另据《2015 中国环境状况公报》公布，我国地表水环境质量仍不容乐观，部分城市河段污染较严重，监测的 967 个地表水国控点位（断面）中，Ⅵ、Ⅴ和劣Ⅴ类点位（断面）仍分别占比 21.1%、5.6% 和 8.8%，污染相对较重的主要有海河、淮河和辽河流域等，主要污染指标为五日生化需氧量、化学需氧量和氨氮。此外，主要湖泊富营养化问题突出，全国 62 个重点湖泊（水库），Ⅵ类及以下水质的高达 19 个；地下水污染严重，全国开展地下水监测的 5118 个监测井（点）中，水质呈较差和极差级的比例分别高达 42.5% 和 18.8.0%。因此，水资源短缺和水污染仍将在很长一段时间内持续成为制约我国经济和社会发展的重要因素。因此，为改善水环境质量，国家对污水处理排放的要求也愈发严格，也势必催生一系列污水新型处理工艺。

长期以来，传统好氧生物处理工艺之一的活性污泥法在工业废水和城市污水的处理中起到了重要作用。但传统活性污泥法是在二沉池进行泥水分离，出水中 COD 和浊度往往偏高。另外，污泥膨胀和大量剩余污泥也成为污水处理厂运行和处理的难点。此外，为达到《城镇污水处理厂污染物排放标准》一级 A 排放标准，城镇污水处理厂也面临着提标改造的重任。为了适应新的需求，各种高效节能的污水生物处理技术应运而生。其中，膜生物反应器（MBR）技术克服了传统活性污泥法固有的二沉池占地面积大、固液分离效果不稳定、剩余污泥量大、难降解有机物处理受限等问题，具有处理效果好、污泥浓度高、负荷率高、占地面积小、剩余污泥量少等优点，是一种高效的生物处理技术。

目前，世界上 MBR 技术已经在市政污水与工业废水处理和回用方面得到了广泛应用。其技术正在不断成熟，处理规模和工程应用迅速增加和扩大，而其建设和运行费用却不断降低，其发展空间未来将会更加宽广。但是，MBR 仍有一定局限性：对于生活污水，仅依靠 MBR 本身的脱氮除磷能力，只能达到 40%～60% 左右的去除率；对于工业废水，其对难降解有机物的去除率并没有得到太大改善。此外，膜污染影响 MBR 运行通量及膜寿命，始终是 MBR 技术在污水处理领域推广应用的主要挑战。因此，将 MBR 工艺与其他工艺相结合，开发新型的高效污水处理技术，强化 MBR 处理效果并减缓膜污染是本研究的出发点。

除了上述关于 MBR 生物强化和膜污染控制的研究外，近年来，一种集电动力学作用、生物作用和膜过滤于一体的浸没式电膜生物反应器（submerged membrane electro-bioreactor，SMEBR）引起了国内外研究学者的关注。

有研究发现，在 MBR 膜生物反应器膜组件两侧分别放置电极阳极和阴极，构

第 6 章　微生物电化学水处理技术

建了膜电生物反应器，考察了在电压为 5V 时 MBER、MBR 和单纯电催化氧化还原三种工艺对苯酚的降解动力学。研究结果表明，三种工艺的苯酚降解均符合零级动力学特征，MBER、MBR 和 MER 的反应速率常数分别为 19.44、15.32 和 1.72，分析认为在弱电场作用下微生物活性较未加电场时有所提高，但未深入探讨采用何种电极、膜污染情况以及强化降解原因等。

也有研究者考察了膜生物反应器膜组件两侧是否施加电场对膜通量的影响。研究结果表明，当无外加电场时，膜通量 20min 后迅速从 $1.4m^3/(m^2 \cdot d)$ 下降至 $0.2m^3/(m^2 \cdot d)$，而施加 6V/cm 电场后，膜通量 100min 后仍可维持在 $0.7m^3/(m^2 \cdot d)$ 左右，沉积在膜表面的污泥颗粒由于带负电，在电场的作用下会驱离膜表面，从而减缓沉积层膜阻力。

有研究者采用碳纤维布为电极，置于平板膜两侧，考察了电场在 12V/cm 和 33V/cm 时对膜通量的影响。实验结果表明，电场越强，膜通量下降越小，其膜污染抑制作用越大。

在 MBR 的膜组件外用不锈钢筛网构建阳极，膜组件内用裸铜线电极构建阴极，考察了不同电压梯度下的膜污染情况。研究结果表明，电压梯度为 0.036V/cm 和 0.073V/cm 时，在电渗析及电场对污泥和 EPS 的静电斥力作用下，可以缓解膜污染。

将管式膜组件置于反应器中部，将圆形不锈钢阴极置于膜组件四周，将铁阳极置于反应器最外侧，两极板之间距离为 5.5cm，电压梯度为 1V/cm，通断电时间为 15min 开 45min 关，设计了圆形浸没式电膜生物反应器，并考察了反应器长期运行时对污染物的去除和膜污染情况。实验结果表明，与普通 SMBR 相比，该反应器可显著提高污泥浓度，降低污泥比阻和 zeta 电位，提高膜过滤性能，并显著提高对 COD 和 TP 的去除效率。

将浸没式电膜生物反应器中的铁阳极更换为铝阳极，系统考察了不同操作条件下铝阳极 SMEBR 中的膜过滤性能。研究结果表明，当 SMP（溶解性微生物产物）浓度分别为 $210\sim220mg/L$、$65\sim135mg/L$ 和小于 $65mg/L$ 时，普通 SMBR 的膜污染速率分别为 SMEBR 的 6 倍、5 倍和 1.3 倍。其研究认为，在 SMEBR 中：电动力学作用可去除废水中的 SMP 和有机胶体；电渗作用可以减少污泥中的结合水，改变活性污泥絮体的结构和形状，从而减缓膜污染。

采用铝阳极浸没式电膜生物反应器时，跨膜压差（TMP）和污泥平均粒径、EPS、zeta 电位、污泥黏度、MLSS 浓度等因素具备一定的相关性。SMEBR 中的污泥混合液特性与传统 SMBR 相差很大，且各因素对 TMP 的影响不尽相同。在现有的电膜生物反应器的研究中，对电场强化膜生物反应器除磷、电场减缓膜污染均有所报道。但对于电场对难降解有机物的强化处理效果、对膜污染的控制情况等尚缺乏深入系统的研究。

随着对水环境质量和污染物排放标准的不断提高，国内外众多学者致力于对于各种新型污水处理工艺的研发。MBR 技术由于具有处理效果好、污泥浓度高、负荷率高、占地面积小、剩余污泥量少等优点，将 MBR 和其他处理技术结合，以提高 MBR 技术的脱氮除磷效率以及难降解有机物的去除效率，是众多学者关注重点之一。此外，如何减缓 MBR 的膜污染，始终是 MBR 技术研发的重中之重。

目前，采用包括电化学方法在内的各种方法，以提高 MBR 的处理能力和减缓膜污染的研究并不罕见，但各研究相对单一，尚不系统，缺乏电凝聚对 MBR 处理能力的影响和减缓膜污染的系统阐述。因此，在本研究中我们设计了一种原位电凝聚膜生物反应器新型技术，系统研究其脱氮、难降解有机物去除性能以及膜污染特性，对于该反应器未来的技术拓展和工程应用具有重要意义。

通过耦合膜分离-电凝聚-生物处理技术，在膜生物反应器中的膜组件两侧设置铁极板，开发原位电凝聚膜生物反应器（ECMBR），深入分析原位电凝聚膜生物反应器中的混合液特性和膜污染机理，找出原位电凝聚对强化 MBR 生物处理能力的机理，为高效、节能、易于控制的原位电凝聚膜生物反应器技术的实际应用奠定理论和技术支撑。

6.3.2 原位电凝聚生物膜反应器的开发

（1）原位电凝聚膜生物反应器设计思路

从理论上分析，电凝聚是可能增强 MBR 的处理效果和控制膜污染的。电凝聚过程中的低压直流电（微电场）、电极的直接氧化还原或催化氧化还原以及铁阳极释放的铁离子对微生物的生长代谢等促进作用均有可能提高膜生物反应器的处理效果。有研究者考察低压直流电对剩余好氧污泥消化性能影响时发现，适宜的电场条件可以改善污泥的脱氢酶活性，并使细菌总数增加。适宜的微电场（电流）会刺激细胞生长，调节微生物代谢，增强微生物的细胞膜通透性、强化营养基质离子的定向迁移，在膜生物反应器内施加弱电场可改变污泥活性，有效提高处理效率。有研究表明，电极电位有可能影响微生物的酶催化氧化还原过程，并通过电解作用促进有机物的还原和氧化。此外，一些难降解有机物有可能被氧化为易生物降解的中间产物，从而有利于微生物对难降解有机物的去除。在反应器内补充铁离子，形成生物铁污泥，可以促进微生物生长代谢，增强脱氢酶活性，提高污泥活性。

此外，电凝聚过程中的电场及产生的铁离子及其水解产物可能对反应器的混合液特性及膜污染的缓解有效。有研究表明，电场可以有效改变混合液 zeta 电位和污泥表面疏水性能，并通过电泳和电渗等电动力学效应和电化学效应驱使污泥饼脱离膜表面，从而减少膜污染。也有相关研究表明，在膜生物反应器中投加铁离子，铁离子及其水解产物可混凝混合液中的胶体和大分子有机物，从而降低对膜孔的堵塞，并且降低膜生物反应器中污泥比阻，改善污泥性能，减小膜沉积层阻力，与此同时还能促进混合液中小颗粒絮凝形成较大的颗粒，提高混合液的过滤性能。

（2）原位电凝聚膜生物反应器功能设计

原位电凝聚膜生物反应器主要要实现以下两个功能：

① 提高废水处理性能，主要包括提高对生活污水的脱氮除磷能力和对工业废水中难降解有机物的去除能力。根据前面所述，对于提高废水处理性能，实现此目的的关键之处在于控制铁阳极铁离子溶出速率和微电场。

② 减缓膜污染，从而延长膜组件的使用寿命和降低运行成本。对于减缓膜污染，一方面需要适宜的铁离子溶出速率和微电场大小，另一方面，电极板和膜组件的位置关系也影响着电动效应对膜污染的作用。

因此，为实现以上功能，首先反应器中的膜组件选择帘式膜或平板膜，并在该膜组件的两侧平行设置两块平板筛网式铁极板（或一块铁极板和一块惰性电极板），选择适宜的极板间距，再将极板并经导线与可调式直流稳压电源相连接，形成电凝聚电极板，并利用直流稳压电源提供低电压（通常在 0.5～4V 之间）。利用电控装置控制电源电压大小（或电流大小）和通断电周期来控制铁离子的溶出速率和电场大小；通过控制电极换向时间比控制铁阳极铁离子的溶出量，并防止极板的钝化。通过调节电压大小、通断电时间比、电极换向时间比，可以实现原位电凝聚膜生物反应器处理不同废水时的工艺参数调整。

(3) 原位电凝聚膜生物反应器装置设计

① 原位电凝聚膜生物反应器设计　在 MBR 中膜组件的两侧平行设置两块平板筛网式铁极板，铁极板与低压直流电源和电控装置连接，主体装置如图 6-9 所示。膜组件（中空纤维膜或平板膜）浸没在反应器内，底部设曝气装置，为微生物生长提供氧气和冲刷膜组件；由直流稳压电源、时间继电器、电磁开关和液位控制器等

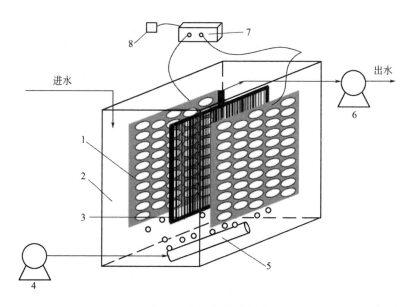

图 6-9　主体装置示意图

1—平板式筛网铁极板；2—反应池体；3—膜组件；4—曝气设备；5—曝气装置；
6—抽吸泵；7—直流稳压电源；8—电控装置

元件构成自控系统，实现电极周期换向、通断电路和进出水控制。

② 电极板通断电及周期换向系统设计　由时间继电器和电磁继电器来控制通断电时间比和电极周期换向时间比。220V 交流电先经过直流稳压电源转变为直流电，接入一组时间继电器控制直流电源的通断电，来控制电极板的通断电；直流稳压电源输出端接入一组时间继电器和电磁继电器，控制末端输出的电流方向，定时改变电流方向和持续时间，实现电极板阴、阳极定期换向。电控连接图如图 6-10 所示。

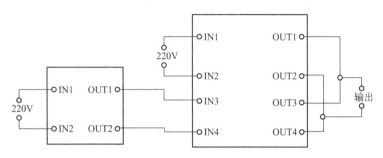

图 6-10　电控连接示意图

采用 ECMBR 处理废水，其处理工艺流程图如图 6-11 所示。处理一般控制反应条件为直流电源电压为 $0.5 \sim 4V$，通断电时间比为 $1:(1 \sim 20)$，电极换向周期为 $10 \sim 60s$，极板间距为 $5 \sim 20cm$。监控反应器进出水污染物浓度、溶解氧浓度、出水铁离子浓度、污泥浓度和 MLVSS（混合液挥发性悬浮固体浓度）/MLSS（混合液悬浮固体浓度）等，通过调整曝气量、水力停留时间、污泥停留时间、极板间距、电极电压、通断电时间比等工艺参数维持反应器的长效运行。

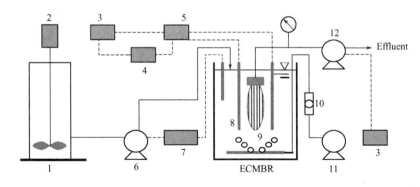

图 6-11　处理工艺流程图

1—进水箱；2—搅拌器；3—时控器；4—换向器；5—直流电源；6—给水泵；7—液位控制器；
8—铁电极；9—膜组件；10—转子流量计；11—空气泵；12—蠕动泵

③ 原位电凝聚强化膜生物反应器基本设计功能实现　为了考察 ECMBR 新技术能否实现所设计的基本功能，首先以模拟生活污水为研究对象，分析 ECMBR 对

COD、NH_4^+-N 和 TP 的去除能力，并以膜污染速率为考察指标，评价电凝聚对膜污染的减缓作用。就 ECMBR 反应器的强化脱氮、强化去除难降解有机物以及减缓膜污染的机理进行深入研究。

6.3.3 原位电凝聚膜生物反应器不同操作条件下的污水处理性能

（1）不同水力停留时间下电凝聚对 COD 和 NH_4^+-N 去除效果的影响

在曝气量为 $0.4m^3/h$、电压梯度为 $0.1V/cm$ 时，考察 MBR（1#）和 ECMBR（2#）不同 HRT（水力停留时间）下的 COD 和 NH_4^+-N 的处理性能，实验结果如图 6-12 和图 6-13 所示。

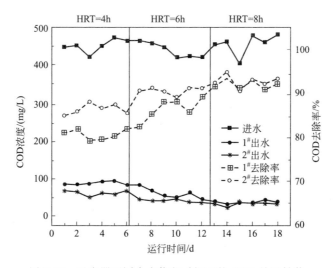

图 6-12 反应器不同水力停留时间下的 COD 处理性能

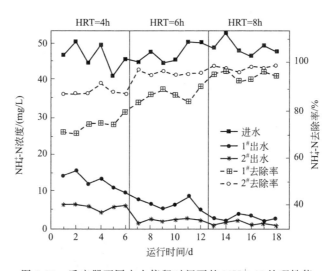

图 6-13 反应器不同水力停留时间下的 NH_4^+-N 处理性能

由图 6-12 可看出，COD 进水浓度在 400～500mg/L 之间，两个反应器的 COD 出水浓度随着 HRT 的增加而逐渐减小。在 HRT 为 4h 时，MBR 和 ECMBR 的 COD 平均去除率分别 80.6% 和 86.4%，ECMBR 的 COD 去除率比 MBR 高。当 HRT 增至 8h 时，两个反应器的 COD 出水浓度均小于 50mg/L，对 COD 的去除率相差不大。由此可见，在 HRT 较小时，电凝聚更有利于提高 COD 去除率。

由图 6-13 可以看出，NH_4^+-N 进水浓度在 41～52mg/L 之间，两个反应器的 NH_4^+-N 出水浓度也随着 HRT 的增加而逐渐减小。HRT 为 4h 时，MBR 和 ECMBR 的 NH_4^+-N 平均去除率分别 73.4% 为 87.4%，ECMBR 的 NH_4^+-N 去除率比 MBR 高 14%。当 HRT 增至 8h 时，由于 HRT 足够长，MBR 的 NH_4^+-N 去除率也高达 95.4%，出水浓度小于 5mg/L，与 ECMBR 出水相差不大。由此可见，在 HRT 较小时，电凝聚更有利于提高 NH_4^+-N 去除率。

（2）不同曝气量下电凝聚对 COD 和 NH_4^+-N 去除效果的影响

在 HRT 为 6h、电压梯度为 0.1V/cm 时，考察 MBR 和 ECMBR 不同曝气量下污水 COD 和 NH_4^+-N 的处理性能，实验结果如图 6-14 和图 6-15 所示。

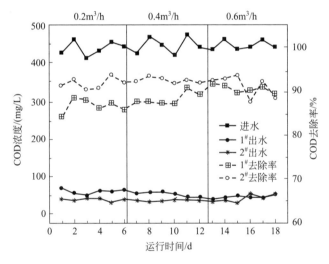

图 6-14　反应器不同曝气量下的 COD 处理性能

由图 6-14 可以看出，在曝气量为 0.2～0.6m^3/h 之间，两个反应器的 COD 去除率变化情况不大，出水 COD 在 30～60mg/L 之间，这是因为当曝气量为 0.2～0.6m^3/h 时，测得反应器内的 DO 在 2.5～6mg/L 左右，基本可以满足降解 COD 的需氧量。但在曝气量为 0.2m^3/h 和 0.4m^3/h 时，ECMBR 对 COD 的去除率要高于 MBR，可能是因为当污水中的 COD 为易生物降解的葡萄糖等碳源时，SMP 是 COD 的主要组成部分，而电凝聚可凝聚部分 SMP，从而降低污水中的 COD 浓度。当曝气量提高至 0.6m^3/h 时，ECMBR 中出水中的 COD 浓度有所上升且有所波动，可能是因为 ECMBR 中的污泥絮体颗粒较大，容易受到气泡的冲击而解絮，降

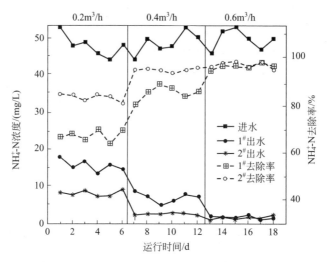

图 6-15　反应器不同曝气量下的 NH$_4^+$-N 处理性能

低了对 SMP 的吸附和凝聚作用。由此可见，在较低曝气量时，电凝聚有利于降低出水中的 COD 浓度。

由图 6-15 可以看出，两个反应器的 NH$_4^+$-N 去除率随着曝气量的增加显著增加，当曝气量从 0.2m³/h 升高至 0.4m³/h 时，MBR 和 ECMBR 中 NH$_4^+$-N 的平均去除率分别由 67.1％和 82.9％上升至 85.1％和 94.5％，这是因为在曝气量较低时，异养细菌代谢有机物时会和硝化菌竞争氧气，导致硝化效率偏低。在曝气量为 0.2m³/h 和 0.4m³/h 时，ECMBR 的氨氮去除率远高于 MBR，可能是由于电凝聚有利于提高污泥浓度、增强硝化菌活性。

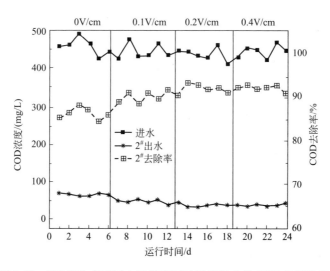

图 6-16　ECMBR 在不同电压梯度下对模拟污水的 COD 处理效果

（3）不同电压梯度下电凝聚对 COD、NH$_4^+$-N 和 TP 去除效果的影响

由于电凝聚可能存在化学除磷的作用，在考察 ECMBR 对 COD 和 NH$_4^+$-N 去除效果的基础上，同时探讨 ECMBR 的除磷性能。在 HRT 为 6h、曝气量为 0.2m^3/h 时，ECMBR 在不同电压梯度下对模拟污水的处理效果如图 6-16～图 6-18 所示。

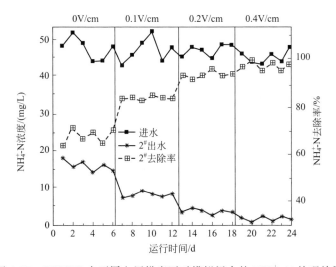

图 6-17　ECMBR 在不同电压梯度下对模拟污水的 NH$_4^+$-N 处理效果

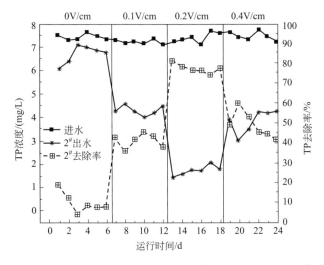

图 6-18　ECMBR 在不同电压梯度下对模拟污水的 TP 处理效果

由图 6-16 可以看出，当电压梯度从 0V/cm 提高至 0.2V/cm 时，COD 的平均去除率由 87.2% 提高至 94.3%；电压梯度继续提高至 0.4V/cm 时，COD 的去除率变化不大。在 ECMBR 中，COD 的去除可能是生物降解和电凝聚的共同作用，

适宜的电压梯度有利于 COD 的生物降解和电凝聚的协同去除。而当电压梯度过大时，尽管有可能增强电凝聚作用，但过大的电场强度和过多的铁离子可能会抑制微生物增长并降低污泥活性。由图 6-17 可知，当电压梯度从 0V/cm 提高至 0.2V/cm 和 0.4V/cm 时，NH_4^+-N 的平均去除率由 67.2% 分别提高至 92.3% 和 96.7%。在 0～0.4V/cm 范围内，NH_4^+-N 去除率随着电压梯度的增加显著增加，电凝聚对硝化过程促进明显。由图 6-18 可以看出，当电压梯度从 0V/cm 增加至 0.2V/cm，TP 的平均去除率由 11.2% 增加至 77.1%，但当电压梯度进一步增加至 0.4V/cm 时，TP 的平均去除率又降至 51.3%。

当 MBR 中没有电凝聚时，在好氧工况下 TP 的去除率仅为 11.2%，生物除磷作用并不明显。当有电凝聚时，MBR 对 TP 的去除主要有两方面作用：一是铁离子的化学除磷；二是聚磷菌的生物除磷。化学除磷与溶液中的铁离子浓度直接相关，铁离子的溶出量按照法拉第定律相关公式计算。假定不考虑在周期换向和通断电时的电流变化，在通断时间比为 20s/20s、HRT 为 6h 时，不同电压梯度下铁离子的理论溶出情况如表 6-1 所列。

表 6-1　不同电压梯度下铁离子的理论溶出情况

电压梯度 /(V/cm)	电流强度 /A	电流密度 /(A/cm²)	铁离子溶出速率 /(mg/h)	6h 铁离子溶出量 /mg	溶出铁离子浓度 /(mg/L)
0.1	0.05	0.83	26.11	156.68	5.60
0.2	0.11	1.83	57.45	344.70	12.31
0.4	0.26	4.33	135.79	814.76	29.10

整个反应器中的铁离子平衡为：进水中的铁离子＋极板溶出的铁离子＝膜出水的铁离子＋进入污泥中的铁离子。为了探明铁离子在反应器中的去向，实验检测了不同电压梯度下 ECMBR 进水和出水的铁离子浓度范围，具体见表 6-2。由表 6-2 可知，电凝聚过程中溶出的铁离子基本上都进入了污泥中。

表 6-2　不同电压梯度下 ECMBR 进水和出水中的铁离子浓度范围

电压梯度 /(V/cm)	铁离子浓度/(mg/L)	
	进水	出水
0.1	未检出	未检出
0.2	未检出～0.04	未检出～0.28
0.3	未检出～0.05	0.13～0.88

污水中的 TP 进水浓度平均值为 7.4mg/L，理论上完全化学除磷需要铁离子至少在 13.4mg/L 以上，因此，在电压梯度从 0.1V/cm 增加至 0.4V/cm 时，化学除磷率应逐渐增加。但是实验结果却表明，在 0.4V/cm 时，ECMBR 的除磷率反而下降，一方面说明了 ECMBR 除磷是生物除磷和化学除磷的共同作用，另一方面也

说明了过高的电压梯度会抑制生物除磷作用。因此，适宜的电压梯度，既有利于增强聚磷菌活性，提高生物除磷效率，也有利于化学除磷，使系统能充分发挥化学除磷和生物除磷的协同作用。

6.3.4　原位电凝聚膜生物反应器不同操作条件对膜污染速率的影响

考察恒流出水条件时不同操作膜通量、膜出水抽停时间比和曝气强度下电凝聚对跨膜压差的影响。

（1）不同操作膜通量下电凝聚对跨膜压差的影响

分别在膜通量为 $23L/(m^2 \cdot h)$、$38L/(m^2 \cdot h)$ 和 $45L/(m^2 \cdot h)$ 下运行，测定 ECMBR 和 MBR 中短期时间内跨膜压差随时间的变化。将每个操作条件下的跨膜压差对操作时间进行线性回归，得出不同膜通量下的膜污染速率（在恒流条件下以跨膜压差单位时间内的变化率表征），实验结果如图 6-19 和图 6-20 所示。

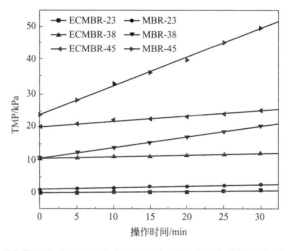

图 6-19　不同膜通量下 ECMBR 和 MBR 中短期时间内跨膜压差随时间的变化

膜通量是影响膜透水量及膜污染速率的重要因素，膜表面污染的形成不仅与污泥混合液特性相关，也与膜通量有关。由图 6-19 和图 6-20 可知，MBR 和 ECMBR 两反应器随着膜通量的增加，其膜污染速率随之增加。在膜通量为 $23L/(m^2 \cdot h)$ 时，膜污染速率分别为 0.04kPa/min、0.02kPa/min。在膜通量为 $38L/(m^2 \cdot h)$ 时，MBR 和 ECMBR 的膜污染速率分别为 0.316kPa/min 和 0.056kPa/min，膜污染速率分别是膜通量为 $23L/(m^2 \cdot h)$ 时的 7.9 倍和 2.8 倍。而当膜通量调至 $45L/(m^2 \cdot h)$ 时，两反应器的膜污染速率分别为 0.865kPa/min 和 0.156kPa/min，膜污染速率分别是膜通量为 $23L/(m^2 \cdot h)$ 时的 21.6 倍和 7.8 倍。

由图 6-20 可以看出，在低于临界膜通量时，对比在不同膜通量操作条件下 ECMBR 和 MBR 的膜污染速率，ECMBR 的膜污染速率均远小于 MBR，而且膜通量越大，电凝聚对膜污染速率的影响越大，当膜通量由 $23L/(m^2 \cdot h)$ 上升至

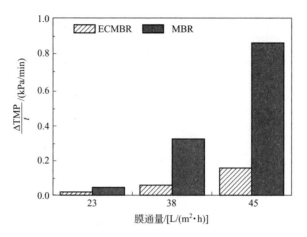

图 6-20 不同膜通量下的膜污染速率

$38L/(m^2 \cdot h)$ 时，ECMBR 膜污染速率分别为 MBR 的 50% 和 17.7%。

采用测定恒流模式下跨膜压差（TMP）的变化来考察 MBR 和 ECMBR 长期运行时膜污染的变化情况。实验分别考察了膜通量为 $9.5L/(m^2 \cdot h)$ 和 $23L/(m^2 \cdot h)$ 时两反应器的 TMP 变化情况。两反应器在不同膜通量下 TMP 的变化情况如图 6-21所示。

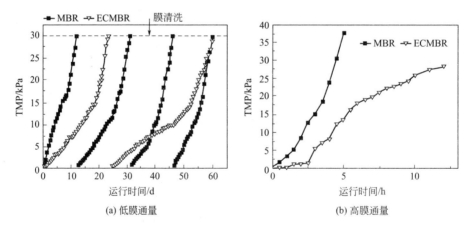

图 6-21 两反应器在不同膜通量下 TMP 的变化情况

由图 6-21 可以看出，在膜通量为 $9.5L/(m^2 \cdot h)$ 时：在第一阶段（$1 \sim 23$ 天），ECMBR 运行了 23 天后 TMP 达到 30kPa，而 MBR 在运行了 12 天后 TMP 就迅速达到了 30kPa，ECMBR 中的膜污染速率远小于 MBR；在第二阶段（$24 \sim 60$ 天），ECMBR 的 TMP 增加速率小于第一阶段，一方面可能是因为第二阶段 ECMBR 的稳定性高于第一阶段，另一方面也可能是因为第一阶段在反应器内已积累了部分铁离子，使得第二阶段的混合液特性更有利于减缓膜污染。在第二阶段，ECMBR 中的 TPM 从 0.43kPa 增加到 30kPa 历时 36 天，是 MBR 的 2 倍多（MBR

历时 15 天左右）。由此可见，电凝聚可明显减缓膜污染速率。在膜通量为 23L/(m²·h) 时，TMP 迅速上升，普通 MBR 在运行 4.5h 后，TMP 已超过 30kPa，即使在电凝聚的作用下，ECMBR 中 TMP 在运行 10h 后，TMP 也达到 25kPa。在较高的膜通量下，MBR 的膜污染速率也在 ECMBR 的 2.5 倍以上。由此可见，在较高的膜通量下，电凝聚也能有效减缓膜污染速率。

对比图 6-21 中不同膜通量下的膜污染速率可以看出，膜通量由 9.5L/(m²·h) 上升至 23L/(m²·h) 时，膜通量上升了 2.5 倍，但膜污染速率却上升了 50 倍。由此可见，选择适宜的膜通量是保证反应器能长期有效运行的关键之一。

（2）不同膜出水抽停时间比下电凝聚对跨膜压差的影响

两反应器在膜通量为 23L/(m²·h) 时，在不同抽停时间比下的膜污染速率如图 6-22 所示。

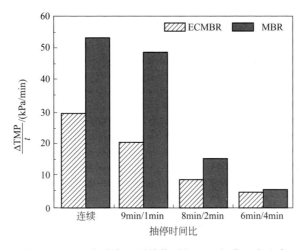

图 6-22　两反应器在不同抽停时间比下的膜污染速率

图 6-22 表明，随着抽停时间比的减小，ECMBR 和 MBR 的膜污染速率均减小。在抽停时间比为 8min/2min 时，ECMBR 和 MBR 的膜污染速率分别为连续抽滤时的 29.7% 和 28.6%，说明延长间歇出水时间可以有效减缓膜污染。对比不同抽停时间比下电凝聚对减缓膜污染速率的作用，在抽停时间比为 9min/1min 时，ECMBR 的膜污染速率仅为 MBR 的 37.6%，而在抽停时间比分别为 8min/2min 和 6min/4min 时，ECMBR 的膜污染速率分别为 MBR 的 57.2% 和 92.3%。由此可见，抽停时间比越大，电凝聚对减缓膜污染速率的作用越明显。

（3）不同曝气强度下电凝聚对跨膜压差的影响

曝气可以促进混合液循环，并在膜表面处产生剪切力，不同的曝气特性如气泡大小、强度等会对 MBR 中的污泥特性和膜污染特性产生影响。不同曝气强度下 ECMBR 和 MBR 的跨膜压差和膜污染速率随运行时间的变化情况如图 6-23 和图 6-24 所示。

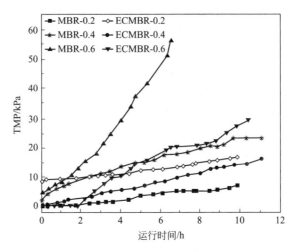

图 6-23　不同曝气强度下 ECMBR 和 MBR 的跨膜压差随运行时间的变化情况

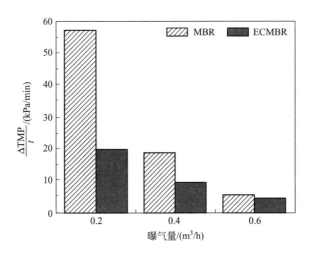

图 6-24　不同曝气强度下 ECMBR 和 MBR 的膜污染速率随运行时间的变化情况

由图 6-23 和图 6-24 可知，随曝气强度的增大，ECMBR 和 MBR 两个反应器中的膜污染速率均降低。ECMBR 和 MBR 在曝气强度 $0.6m^3/h$ 时的膜污染速率分别为曝气强度 $0.2m^3/h$ 时的 20％ 和 8.38％。这是因为曝气强度增强，混合液循环和在膜表面处产生的剪切力均加大，可促进流体的反向传输，减缓污染物在膜表面沉积，从而提高膜通量。因此，尽管优化曝气强度来减缓膜污染是一种行之有效的方法，但是曝气强度过大，一方面增加了 MBR 的运行成本，另一方面也可能对污染物的去除造成不利影响。

在曝气量为 $0.6m^3/h$ 时，ECMBR 的膜污染速率为 MBR 的 81.25％，而在曝气量为 $0.2m^3/h$ 时，ECMBR 的膜污染速率仅为 MBR 的 34.03％。在低曝气量的作用下，电凝聚对 MBR 膜污染的缓解作用更为显著。分析其原因，可能是在曝气量较低时，电凝聚膜生物反应器中解离出来的铁离子更有利于污泥絮体的形成和维持，另外，电泳和电渗等电动力学效应和电化学效应驱使污泥饼脱离膜表面的作用也会更加突出。

6.3.5 原位电凝聚膜生物反应器同步硝化反硝化脱氮

(1) 原位电凝聚膜生物反应器工艺参数对废水处理效果影响分析

通过改变反应器中的 DO、C/N、碳源投加方式、HRT、pH 值、电压梯度等操作参数，考察在不同的反应条件下 MBR 和 ECMBR 两反应器中的废水 COD、NH_4^+-N 和 TN 的去除效果。

① 溶解氧浓度对同步硝化反硝化脱氮性能影响分析　反应条件为 SRT（污泥龄）15d，HRT 8h，pH 值在 7.0~7.5 之间，进水 C/N 为 9，温度（20±1）℃，ECMBR 的电极电压 1.0V，极板间距 10cm，考察不同的溶解氧浓度下 MBR 和 ECMBR 两反应器中废水的 COD、NH_4^+-N 和 TN 去除效果。

② C/N 对同步硝化反硝化脱氮性能影响分析　反应条件为 SRT 15d，HRT 8h，pH 值在 7.0~7.5 之间，DO 浓度 (1.0±0.2)mg/L，温度（20±1）℃，ECMBR 的电极电压 1.0V，极板间距 10cm，考察不同 C/N 条件下 MBR 和 ECMBR 两反应器中废水的 COD、NH_4^+-N 和 TN 去除效果。

③ 碳源投加方式对同步硝化反硝化脱氮性能影响分析　采用烧杯实验，考察不同碳源投加方式对同步硝化反硝化脱氮的影响，从 MBR 中取 1000mL 污泥混合液，均匀分成 2 份后对混合液进行过滤，将过滤后的 2 等份污泥分别投加到 2 个装有配制好的模拟生活污水的 500mL 烧杯中，其中一个烧杯内碳源一次性投加到位，另一个烧杯内在反应之初加入碳源，之后每隔 1h 加入一次碳源，保证两烧杯内 C/N（9 左右）总体一致，在（25±1）℃、750r/min 搅拌强度下连续曝气，控制烧杯内的 DO 在（1.0±0.2）mg/L，反应进行 5h，在 0.5h、1.0h、2.0h、3.0h、4.0h 和 5.0h 时适量取样，测定反应器内水中 NH_4^+-N 和 TN 的浓度，考察碳源投加方式对同步硝化反硝化脱氮性能的影响。ECMBR 中污泥采取同样的实验方法，不同之处在于实验装置中加上铁电极板，电极电压 1V，换向周期 20s，极板间距 5cm。

④ pH 值对同步硝化反硝化脱氮性能影响分析　反应条件为 SRT 15d，HRT 8h，进水 C/N 为 9，DO 浓度 (1.0±0.2)mg/L，温度（20±1）℃，ECMBR 的电极电压 1.0V，极板间距 10cm，考察不同 pH 值下 MBR 和 ECMBR 两反应器中废水的 COD、NH_4^+-N 和 TN 去除效果。

⑤ 水力停留时间（HRT）对同步硝化反硝化脱氮性能影响分析　反应条件为 SRT 15d，进水 C/N 为 9，进水 pH 值为 8.50~8.80，DO 浓度 (1.0±0.2)mg/L，温度（20±1）℃，ECMBR 的电极电压为 1.0V，极板间距 10cm，考察不同水力停留时间下 MBR 和 ECMBR 两反应器中废水的 COD、NH_4^+-N 和 TN 去除效果。

⑥ 电压梯度对同步硝化反硝化脱氮性能影响分析　反应条件为 SRT 15d，HRT 8h，进水 C/N 为 9，进水 pH 值为 8.50～8.80，DO 浓度（1.0±0.2)mg/L，温度（20±1)℃，极板间距 10cm，考察不同电压梯度下 MBR 和 ECMBR 两反应器中废水的 COD、NH_4^+-N 和 TN 去除效果。

（2）原位电凝聚膜生物反应器同步硝化反硝化机理分析

① 电凝聚对膜生物反应器硝化过程的影响　从 MBR 反应器和 ECMBR 反应器中各取一定量的污泥混合液，在 3000r/min 下离心 10min，弃去上清液，用生理盐水清洗一次，离心后将浓缩的污泥转移至 1L 的 BOD 瓶中，加入 500mL 不含 COD 的模拟废水，其中 NH_4^+-N 浓度为 30mg/L，P 为 5mg/L，pH 值为 8.5，MLVSS 浓度为 3000mg/L。水浴加热控制恒温 20℃，BOD 瓶中加入曝气头均匀曝气，保持 DO 1.0mg/L。每隔一段时间取 10mL 混合液样品，用滤纸过滤，测定样品中的 NH_4^+-N、NO_3^--N、NO_2^--N。

通过测定不同时刻混合液的 NH_4^+-N 浓度和污泥浓度，进行原位电凝聚膜生物反应器的氨氧化动力学分析。

② 电凝聚对 pH 值的影响　构建电凝聚反应器（反应器中无污泥，一次进水，不排水），在 DO 浓度（1.0±0.2)mg/L，温度（20±1)℃，进水 pH 值 6.5～7.0，电极电压 1.0V，极板间距 10cm 时，考察电凝聚对 pH 值的影响。

③ MBR、EMBR 和 ECMBR 运行情况分析　按照 ECMBR 反应器的搭建方式，将极板换成石墨材质，构成电场膜生物反应器（EMBR），启动成功后，具体运行参数如下：HRT 为 8h，SRT 为 15d，进水 C/N 维持在 9，进水 pH 值控制在 8.50，反应器内 DO 控制在 1.0mg/L 左右，连续进水、间歇出水（抽 8min，停 2min），ECMBR 和 EMBR 中极板换向周期为 20s，电极电压为 1.0V。比较相同运行条件下，MBR、EMBR 和 ECMBR 三组反应器对模拟生活污水中 COD、NH_4^+-N 和 TN 的去除效果，探讨反应器内中的污泥粒径和分形维数，比较三个反应器中脱氮相关酶活性以及氨氧化菌（AOBs）和亚硝酸盐氧化菌（NOBs）的数量差异性。

（3）不同溶解氧浓度时电凝聚对同步硝化反硝化脱氮性能的影响

ECMBR 和 MBR 在不同溶解氧（DO）浓度下对 COD、NH_4^+-N 和 TN 的去除效果如图 6-25～图 6-27 所示。

由图 6-25 可知，DO 在 1.0mg/L 以下时，ECMBR 中的 COD 去除率明显高于 MBR。在 DO 为 0.5mg/L 时，MBR 中 COD 去除率在 80%～85% 之间，而 ECMBR 中 COD 去除率在 90% 以上。这是因为，在较低的 DO 时，由于供氧不足，导致生物降解效率下降。但在 ECMBR 中，由于电凝聚的介入，反应器中 COD 的去除可能涉及电化学氧化、吸附和物理截留等过程，并增强了污泥的活性，因此 ECMBR 中的 COD 去除率要明显高于 MBR。而随着 DO 的增加，由于模拟废水中的营养物易为微生物降解，微生物已可充分降解 COD，电凝聚的作用已不再明显。

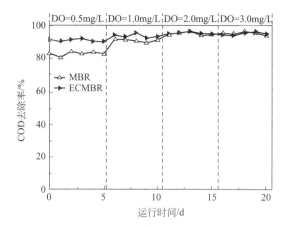

图 6-25　ECMBR 和 MBR 在不同溶解氧浓度下对 COD 的去除效果

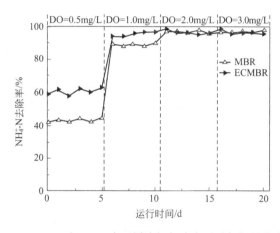

图 6-26　ECMBR 和 MBR 在不同溶解氧浓度下对氨氮的去除效果

ECMBR 和 MBR 在不同 DO 下对 NH_4^+-N 的去除效果如图 6-26 所示。由图 6-26可知,当 DO 由 0.5mg/L 提高到 1.0mg/L 时,ECMBR 和 MBR 中的 NH_4^+-N 去除率均明显升高,反应 8h 后,两反应器的 NH_4^+-N 去除率分别从 DO＝0.5mg/L 条件下的 60.2% 和 41.3% 提高到 DO＝1.0mg/L 条件下的 94.2% 和 89.6%,而 DO 由 2.0mg/L 提高到 3.0mg/L 时,ECMBR 和 MBR 对 NH_4^+-N 的去除率均大于 95%。这是因为当 DO 过低时,抑制了反应器内硝化细菌的生长活性,NH_4^+-N 难以快速氧化成 NO_2^--N 和 NO_3^--N,从而致使反应器内 NH_4^+-N 的去除率偏低。当 DO 浓度满足反应器内硝化反应所需后,增大 DO 浓度也无法提高 NH_4^+-N 去除率。

实验结果表明,在 DO 较低时,ECMBR 中的 NH_4^+-N 去除率明显比 MBR 高,当 DO 为 0.5mg/L 时,普通 MBR 的 NH_4^+-N 去除率仅为 41.3% 左右,而 ECMBR 中 NH_4^+-N 去除率可达 60.2% 左右。外加电场并不能提高硝化细菌活性,当电流

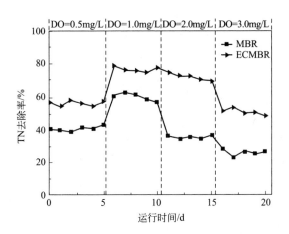

图 6-27 ECMBR 和 MBR 在不同溶解氧浓度下对总氮的去除效果

密度在 $2.55A/m^2$ 以下时，直流电对游离细菌硝化 NH_4^+-N 没有影响，电流密度在 $5A/m^2$ 以上会抑制细菌的硝化作用。而本实验电流密度在 $0.83A/m^2$，不会对硝化细菌活性起到抑制作用。但由于实验采用的是铁阳极，铁阳极溶出的适量铁离子有可能可以促进硝化细菌活性。

由图 6-27 可知，当 DO 为 0.5mg/L 时，两反应器的 TN 去除率均低于 60%，这是因为 DO 过低，供氧量小于硝化需氧量，NH_4^+-N 氧化受阻，抑制了硝化反应，从而导致 TN 去除率较低。当 DO 为 3.0mg/L 时，两反应器的 TN 去除率也低于 50%，这是因为 DO 过高，污泥絮体内部很难形成反硝化反应进行所需的厌氧区，抑制了反硝化反应。此外，DO 浓度增大，异养除碳菌的活性也随之提高，有机物消耗迅速，也会导致反硝化所需的有机底物匮乏，从而降低反硝化能力，并导致 TN 去除率下降。在各 DO 浓度下，ECMBR 中 TN 的去除率明显高于 MBR 中。在 DO 为 1.0mg/L 和 2.0mg/L 条件下，MBR 的 TN 去除率分别为 53.6% 和 31.2%，而 ECMBR 的 TN 去除效率能稳定在 70% 以上，说明 ECMBR 对于 DO 变化的耐受性要强于 MBR。这是因为，一方面阴极电解水产生的氢气可以为反硝化菌提供电子受体，另一方面铁阳极产生的铁离子可能通过混凝吸附作用增大了污泥絮体颗粒，既提高了污泥絮体的吸附性能，又形成了有利于同步硝化反硝化脱氮的微环境。

(4) 不同 C/N 时电凝聚对同步硝化反硝化脱氮性能的影响

实验中保持 DO 浓度在 (1.0 ± 0.2)mg/L，两反应器在不同 C/N 时对 COD、NH_4^+-N 和 TN 的去除情况见图 6-28～图 6-30。

由图 6-28 可知，ECMBR 和 MBR 反应器中 COD 去除率随着 C/N 的增大而增大，各 C/N 下出水 COD 均维持在 30mg/L 以下，这是因为在各 C/N 下，污泥负荷均在 0.3kg COD/(kg MLSS·d) 以下，污泥负荷较低时，有机物均能得到较为有效的去除，而膜的截留能使出水 COD 较为稳定。在各 C/N 下，ECMBR 的

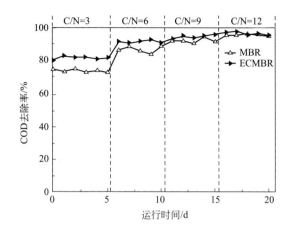

图 6-28　两反应器在不同 C/N 时对 COD 的去除情况

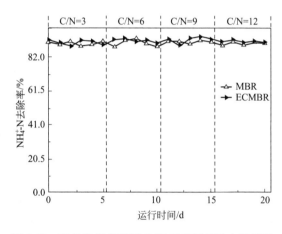

图 6-29　两反应器在不同 C/N 时对氨氮的去除情况

COD 去除能力均高于 MBR，当 C/N 为 3 时，ECMBR 和 MBR 的 COD 平均去除率分别为 80.6% 和 73.4%，说明电凝聚能有效提高反应器对 COD 的去除能力。这可能是因为一方面为了保证良好的同步硝化反硝化效果，DO 维持在较低的情况下，低电压电场有助于有机物的传质，另一方面，适量的铁离子的溶出可以有效提高污泥活性。

　　由图 6-29 和图 6-30 可知，在 DO 为 1.0mg/L 时，C/N 对 NH_4^+-N 去除效果基本没有影响，两反应器中 NH_4^+-N 的去除率基本维持在 90% 以上，而 TN 的去除率随着 C/N 的增大而增大。当 C/N 由 3 增大到 12 时，MBR 中 TN 平均去除率由 21.3% 增大到 51.4%，ECMBR 中 TN 平均去除率由 30.8% 增大到 71.8%。由此可见，有机碳源作为反硝化菌生长繁殖的能源和碳源，是控制反硝化进程的重要因素之一。在各 C/N 下，ECMBR 中 TN 的去除效率均明显高于 MBR。当 C/N 为 9 时，MBR 中 TN 去除率仅为 41.8%，而 ECMBR 中 TN 去除率可高达 71.4%，

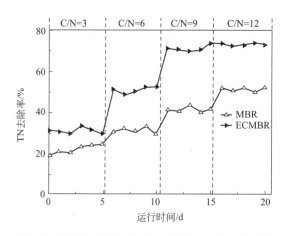

图 6-30　两反应器在不同 C/N 时对 TN 的去除情况

由此可见，电凝聚可明显强化 MBR 的生物脱氮性能。

（5）不同碳源投加方式下电凝聚对同步硝化反硝化脱氮性能的影响

上述 C/N 对同步硝化反硝化的实验结果表明，提高 C/N 可以提高同步硝化反硝化脱氮性能，但 C/N 过高也会增加外加碳源成本。采用烧杯实验考察不同碳源投加方式对同步硝化反硝化的影响，实验结果见图 6-31 和图 6-32。

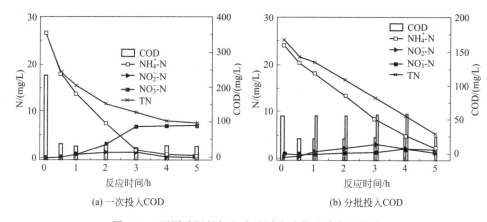

图 6-31　不同碳源投加方式对同步硝化反硝化的影响

研究结果表明，当 MBR 内采用一次性投加碳源方式时，反应初期有机物充足，可以满足微生物生长和反硝化反应的需求，但是有机物降解速度很快，在 0.5h 后，COD 浓度下降到 39.5mg/L，随着反应时间的延长，因碳源不足而导致反硝化反应受阻，反应 5h 后，TN 去除率为 71.9%，出现了 $NO_3^- \text{-N}$ 的积累。当采用分批投加碳源方式时，反应器内各时段碳源均较为充足，能实现硝化和反硝化同步进行，反应 5h 后，TN 去除率可达到 79.2%。由此可见，采用分批投加碳源的方式可以提高同步硝化反硝化能力。

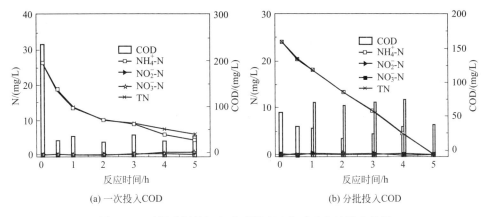

图 6-32 不同碳源投加方式对同步硝化反硝化的影响效果

实验中发现，采用一次性投加碳源的方式时，NH_4^+-N 在反应 3h 后去除率可达到 93.7%，而采用分别投加碳源的方式时，NH_4^+-N 在反应 3h 后去除率仅 65.3%，硝化反应速率明显小于采用一次性投加碳源的方式，在 5h 内整个反应受到硝化过程控制。分析其原因，可能是因为同步硝化反硝化需要控制 DO 浓度，由于 DO 浓度较低（实验控制 DO 在 1.0mg/L 左右），DO 不足时，硝化细菌和脱碳异养菌会竞争 DO，采用一次性投加碳源方式时，由于碳源在很短的时间内被脱碳异养菌消耗，后期脱碳异养菌因底物浓度不足而活性降低，从而更有利于硝化细菌竞争 DO，而采用分批投加碳源方式时，由于反应器内脱碳异养菌能长期有较为充足的碳源保证其对 DO 的竞争，从而导致硝化菌硝化速率下降。

在 ECMBR 反应器内，无论是一次性投入碳源，还是分批投入碳源，反应 5h 内均未发现 NO_3^--N 和 NO_2^--N 的积累，同步硝化反硝化速率完全受硝化速率的控制。当采用一次性投入碳源方式时，硝化速率从第 1h 后开始下降，当反应 5h 后，NH_4^+-N 的浓度依然在 4.1mg/L，NH_4^+-N 的去除率仅为 83.5%，导致 TN 的去除率也仅为 77.4%。而采用分批投入碳源方式时，硝化速率较高，在反应 5h 后，NH_4^+-N 的去除率已接近 100%，TN 的去除率也高达 99.3% 以上。

在 ECMBR 反应器中，采用分批投入碳源的方式对硝化速率影响显著，且 ECMBR 和 MBR 反应器中碳源投加方式对硝化速率的影响正好相反，在 MBR 反应器中，分批投入碳源会抑制硝化反应速率，而在 ECMBR 反应器中，分批投入碳源会促进硝化反应速率。分析其原因，可能是在 ECMBR 中，在相同的 DO 条件下，由于电凝聚的作用，污泥颗粒粒径大于 MBR 中，导致反应器中有更多的微生物处于更低的 DO 环境，从而可能驯化出异养硝化菌，采用分批投加碳源方式时有利于异养硝化菌的生长繁殖，从而有利于提高硝化速率。异养硝化菌多数在硝化的同时还具有反硝化活性，从而可能成为 ECMBR 反应器的反硝化效果也远好于 MBR 的原因之一。在后续研究 ECMBR 处理模拟印染废水时，通过 PCR-DGGE 检测分析发现 ECMBR 反应器有助于荧光假单胞菌（Pseudomonas fluorescens）等异养硝化菌的生长，原因可能是由电凝聚产生的适量的铁离子有助于荧光假单胞菌的生长。

（6）不同 pH 值时电凝聚对同步硝化反硝化脱氮性能的影响

硝化菌和反硝化菌是两类不同性质的微生物，各自生长适宜的 pH 值范围有所不同，因此，控制合适的 pH 值可促进硝化菌和反硝化菌的协调生长及实现同步硝化反硝化。不同进水 pH 值下电凝聚对同步硝化反硝化的影响实验结果见图 6-33～图 6-35。

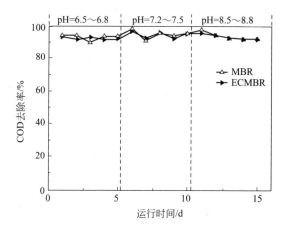

图 6-33　不同进水 pH 值下电凝聚对 COD 的去除效果

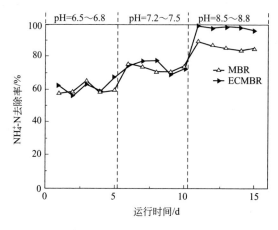

图 6-34　不同进水 pH 值下电凝聚对氨氮的处理效果

由图 6-33 可知，进水 pH 值在 6.5～8.8 之间时，MBR 和 ECMBR 中的 COD去除率均大于 90%，出水 COD 均低于 30mg/L，进水 pH 值在 6.5～9.0 之间时对COD 的去除影响不大。图 6-34 表明，当进水 pH 值为 6.5～6.8 时，MBR 和ECMBR的 NH_4^+-N 平均去除率分别为 61.04% 和 62.59%，两者差别不大；进水pH 值为 7.2～7.5 时，MBR 和 ECMBR 的 NH_4^+-N 平均去除率分别为 69.76% 和

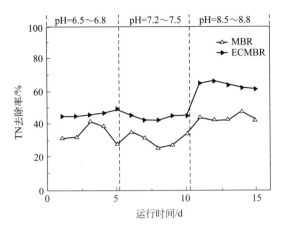

图 6-35　不同进水 pH 值下电凝聚对总氮的处理效果

70.64%；进水 pH 值为 8.5～8.8 时，MBR 和 ECMBR 的 NH_4^+-N 平均去除率分别为 83.90% 和 95.70%。随着进水 pH 值的提高，MBR 和 ECMBR 两反应器的 NH_4^+-N 平均去除率均得到提高，在偏碱性（pH 值为 8.5～8.8）进水条件下的 NH_4^+-N 平均去除率较偏酸性（pH 值为 6.5～6.8）进水条件下分别提高了约 22.9% 和 33.1%。对比发现，ECMBR 的 NH_4^+-N 去除效果要好于 MBR，并且随着进水 pH 值的提高，这种优势更加明显。因为进水 pH 值为 6.6～6.8 时，无法为硝化和亚硝化提供充分的碱度，硝化细菌和亚硝化细菌活性受到抑制，硝化过程受阻，而随着 pH 值的提高，反应器内的硝化速率得以提高，尤其是中性偏碱性条件下，更有利于硝化反应的进行。

图 6-35 表明，进水 pH 值在 6.5～7.5 之间变化时，两反应器 TN 的去除率变化并不大，MBR 反应器的 TN 平均去除率仅为 31.2%，ECMBR 反应器的 TN 平均去除率仅为 45.4%；当进水 pH 值为 8.5～8.8 时，MBR 反应器的 TN 平均去除率上升至 43.2%，ECMBR 反应器的 TN 平均去除率上升为 62.5%。在偏碱性条件下两反应器的 TN 去除率均较高。

（7）不同水力停留时间下电凝聚对同步硝化反硝化脱氮的影响

不同 HRT 下电凝聚对 MBR 和 ECMBR 反应器处理效果的影响实验结果见图 6-36～图 6-38。

实验结果表明，当 HRT 大于 6h 时，两反应器的 COD 平均去除率均能达到 90% 以上，延长 HRT 对 COD 去除率的影响不大。随着 HRT 的延长，两反应器的 NH_4^+-N 去除率逐步提高，当 HRT 由 6h 延长到 10h 时，MBR 反应器中的 NH_4^+-N 平均去除率由 54.8% 上升至 94.7%，ECMBR 反应器中的 NH_4^+-N 平均去除率由 69.3% 上升至 96.2%。随着 HRT 的延长，MBR 反应器的 TN 去除率出现了先增大后减小的趋势，当 HRT 为由 6h 增加到 8h 时，TN 的去除率由 47.5% 增大到 54.8%，当 HRT 进一步延长至 10h 时，TN 的去除率又减小至 43.3%。出现

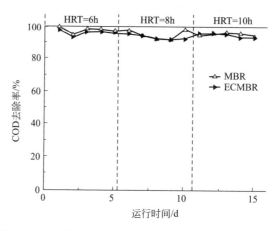

图 6-36　不同 HRT 下电凝聚对 MBR 和 ECMBR 反应器 COD 处理效果的影响

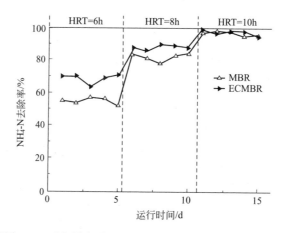

图 6-37　不同 HRT 下电凝聚对 MBR 和 ECMBR 反应器氨氮处理效果的影响

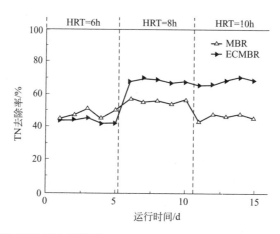

图 6-38　不同 HRT 下电凝聚对 MBR 和 ECMBR 反应器总氮处理效果的影响

这种现象可能是因为当 HRT 过长时，相当于进入反应器中的有机碳源浓度较低，在同样 DO 浓度下，异养菌对 DO 的需求较少，而供氧量一定导致 DO 可以穿透污泥絮体内部，影响了污泥絮体内部的厌氧环境，同时，有机碳源浓度降低也导致了反硝化菌活性降低，所以反硝化效果下降，并导致出水 TN 升高。而在 ECMBR 中，当 HRT 由 8h 增加至 10h 时，TN 的去除率并未出现明显下降，可能与电凝聚过程中产生氢气，为反硝化提供电子供体有关，因此，尽管 HRT 较长，但 TN 去除率可维持在 70% 左右。

(8) 电压梯度对同步硝化反硝化脱氮的影响

实验时电压分别为 0.1V/cm、0.2V/cm、0.4V/cm，对应的电流密度分别为 0.38A/m² 、0.83A/m² 和 1.96A/m²，考察电压梯度对污染物去除效果的影响，实验结果如图 6-39 所示。

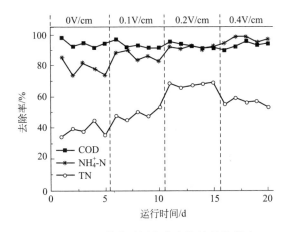

图 6-39　电压梯度对污染物去除效果的影响

由图 6-39 可知，当电压梯度在 0.4V/cm 以下，电凝聚对 COD 的去除率影响不显著；随着电压梯度的增加，NH_4^+-N 的去除率逐步提高，当电压梯度为 0.4V/cm 时，NH_4^+-N 的平均去除率可高达 94.8%；随着电压梯度的增加，TN 的去除率出现先增大后减小的趋势，在电压梯度为 0.2V/cm 时，TN 去除率最高，平均可达 64.7%。

6.3.6　电凝聚强化膜生物反应器同步硝化反硝化机理

（1）电凝聚强化亚硝化反应

① 批试验 NH_4^+-N、NO_3^--N、NO_2^--N 的变化情况　硝化作用是一个序列反应，先由 AOBs 把 NH_4^+-N 氧化为 NO_2^--N，再由 NOBs 把亚硝酸盐氧化成硝酸盐，迄今为止还没有发现一种硝化细菌能够单独把氨氮直接氧化为硝态氮。批试验中两反应器的 NH_4^+-N、NO_3^--N、NO_2^--N 随时间的变化情况如图 6-40 所示。由

图 6-40 可知，随着反应的进行，两反应器中的 NH_4^+-N 浓度逐渐降低，NO_3^--N 的浓度逐渐升高，而 NO_2^--N 的浓度则出现先升高后降低的趋势。对比两反应器，ECMBR 反应器出水的 NO_2^--N 比 MBR 的高，试验结果表明，电凝聚有利于 NO_2^--N 的积累。

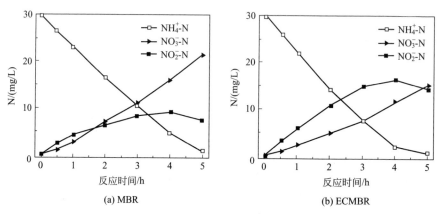

图 6-40　两反应器的 NH_4^+-N、NO_3^--N、NO_2^--N 随时间的变化情况

② 批试验中亚硝酸盐的积累率　MBR 和 ECMBR 批试验中不同反应时间时的亚硝酸盐积累率（NAR）如表 6-3 所列。由表 6-3 可知，两反应器中随着反应时间的延长，NAR 逐渐下降。这是因为随着反应时间的延长，反应器中的 NH_4^+-N 浓度逐渐下降，而 NO_2^--N 浓度逐渐上升，从而导致 NH_4^+-N 的比利用速率逐渐下降，而 NO_2^--N 的比利用速率逐渐上升，因此反应器中的 NAR 在反应后期会逐渐降低，这也是当 NH_4^+-N 底物浓度较低时，难以维持稳定的短程硝化的主要原因。但在不同的反应时间时，ECMBR 中的 NAR 均远大于 MBR，在反应时间为 3h 时，MBR 中的 NAR 仅为 43.01%，而 ECMBR 中的 NAR 可高达 66.25%，可见电凝聚有利于在同步硝化反硝化脱氮过程中实现短程硝化反硝化，这也是当反应时间较短、C/N 较低时，ECMBR 的脱氮能力远高于 MBR 的重要原因之一。

表 6-3　MBR 和 ECMBR 批试验中不同反应时间时的 NAR

反应时间/h	NAR/%	
	MBR	ECMBR
0.5	67.65	75.61
1	60.29	71.60
2	47.37	68.59
3	43.01	66.25
4	36.65	58.76
5	26.21	48.63

（2）电凝聚对 pH 值的影响

在电凝聚反应器中（反应器中无污泥，一次进水，不排水，控制 DO＝1.0mg/L），考察电凝聚对 pH 值的影响，实验结果如图 6-41 所示。

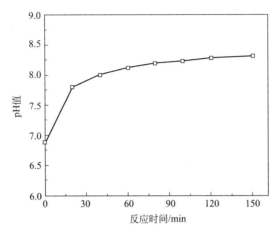

图 6-41　电凝聚对 pH 值的影响

由图 6-41 可知，随着反应时间的延长，反应器中 pH 值逐渐升高，最终可维持在 8.3 左右。

在同步硝化反硝化生物脱氮过程中，会消耗碱度而导致 pH 值的下降。适宜硝化反应和反硝化反应的 pH 值分别为 8.0～8.4 和 6.5～7.5，同步硝化反硝化最适宜的 pH 值为 7.5 左右，而 $Fe(OH)_3$ 在水解过程中会提供碱度，有利于维持硝化菌和反硝化菌生长的适宜环境，从而能促进同步硝化反硝化的进行。

（3）电凝聚中铁离子和电场对同步硝化反硝化的影响及机理分析

① MBR、EMBR 和 ECMBR 运行效果分析　按照 ECMBR 反应器的搭建方式，将极板换成石墨材质，构成电场膜生物反应器（EMBR），启动成功后，比较相同运行条件下，MBR、EMBR 和 ECMBR 三组反应器对模拟生活污水中 COD、NH_4^+-N 和 TN 的去除效果，探讨电凝聚对 MBR 的强化作用。去除效果对比情况见图 6-42～图 6-44。

从图 6-42 中可以看出，MBR、EMBR 和 ECMBR 对 COD 的处理效果均较好，平均去除率分别为 90.81％、91.31％和 93.05％。ECMBR 对 COD 的去除效果略好于 MBR 和 EMBR 反应器，表明铁离子能增强微生物活性，促进其对 COD 的去除。

从图 6-43 中可以看出，ECMBR 对 NH_4^+-N 的处理效果明显优于 MBR 和 EMBR。长期运行结果表明，ECMBR 对 NH_4^+-N 的平均去除率高达 93.1％，而 MBR 和 EMBR 对 NH_4^+-N 的平均去除率均仅为 81％左右，EMBR 和 MBR 对 NH_4^+-N 的去除率基本相当。实验结果表明，单纯的外电场作用对 NH_4^+-N 去除率

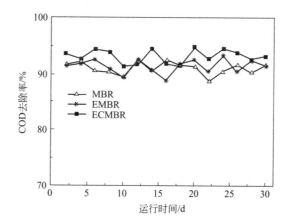

图 6-42　三组反应器对模拟生活污水中 COD 的去除效果

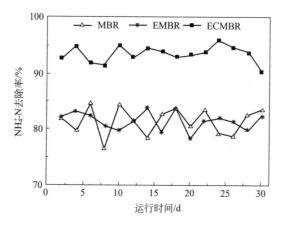

图 6-43　三组反应器对模拟生活污水中氨氮的去除效果

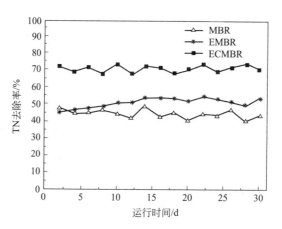

图 6-44　三组反应器对模拟生活污水中总氮的去除效果

并没有提高。电凝聚强化 NH_4^+-N 去除的根本原因在于溶出的铁离子对硝化菌生长和活性的促进作用。

从图 6-44 中可以看出，MBR、EMBR 和 ECMBR 对 TN 的平均去除率分别为 44.1%、49.3% 和 71.1%。ECMBR 对 TN 的去除率比 MBR 高 27%，EMBR 对 TN 的去除率比 MBR 高 5.2%。由此可见，外电场和电凝聚对 TN 去除均有明显的强化作用。对比 EMBR 和 MBR 对 TN 的去除效率，实验结果表明在运行前期两反应器的 TN 去除率基本相当，运行后期 EMBR 比 MBR 的反硝化效果要好。除了微生物反硝化活性的改变外，反硝化过程中，反硝化菌需要有机碳源提供电子供体，利用 NO_3^- 或 NO_2^- 中的氧进行缺氧呼吸。

在 EMBR 中，石墨电极上会附着生物膜，阴极产生氢气，相当于直接提供了电子供体，氢气在向外扩散的过程中，部分会被附着在阴极表面上的反硝化微生物所利用，从而会提高反硝化效果。在 ECMBR 中，除了阴极产生的氢气提供反硝化氢供体外，在限氧曝气时，低电压电凝聚会产生 Fe^{2+}，也可以发生反应以促进反硝化。

② MBR、EMBR 和 ECMBR 中污泥粒径和絮体结构分析　实验中利用激光粒度测试仪对 MBR、EMBR 和 ECMBR 连续运行期间的活性污泥絮体的粒径和絮体结构进行测定，MBR、EMBR 和 ECMBR 内活性污泥絮体粒径的分布情况见图 6-45。

由图 6-45 可见，EMBR 中污泥絮体的粒径分布出现两个峰值区间，分别为 $60\sim180\mu m$ 和 $280\sim520\mu m$，其污泥絮体体积平均粒径为 $245.138\mu m$，粒径 $d_{0.5}$ 为 $128.345\mu m$。而 MBR 内污泥絮体体积平均粒径为 $213.678\mu m$，粒径 $d_{0.5}$ 为 $112.797\mu m$。EMBR 和 MBR 中的粒径分布相差并不十分显著。但 ECMBR 内污泥絮体的体积平均粒径为 $456.270\mu m$，粒径 $d_{0.5}$ 为 $366.025\mu m$。ECMBR 中的污泥絮体体积平均粒径远大于 MBR 和 EMBR，这应该是因为在电凝聚过程中产生的铁离子及其氢氧化物絮体的混凝吸附等作用使污泥混合液中絮体颗粒变大。

各反应器中污泥絮体的分形维数 D_f 情况如图 6-46 所示。由图 6-46 可知，EMBR 中的 D_f 与 MBR 中相差不大，说明电场对污泥絮体结构的影响不大。但是在 ECMBR 中，其 D_f 远高于 MBR 和 EMBR。一般来说，D_f 值较低时，活性污泥絮体比较松散，而 D_f 值较高时，活性污泥絮体比较紧密。随着污泥絮体粒径的增大，其内部应该变得更加松散，其 D_f 因而随之减小，而在本研究中，ECMBR 中污泥絮体粒径与 D_f 均比 MBR 中的大，这可能是因为电凝聚作用下，并不仅仅是由凝聚作用导致的污泥絮体颗粒增大，而是有可能因为以 $Fe(OH)_3$ 为凝聚核，更有利于污泥的颗粒化，从而使其活性污泥絮体颗粒大且密实。

有研究表明，在同步硝化反硝化脱氮系统中，污泥颗粒中溶解氧和各污染物的浓度分布如图 6-47 所示。在污泥絮体内形成缺氧区和好氧区是发生同步硝化反硝化脱氮的必备条件。污泥絮体的外表面 DO 浓度较高，微生物主要为好氧除碳菌和

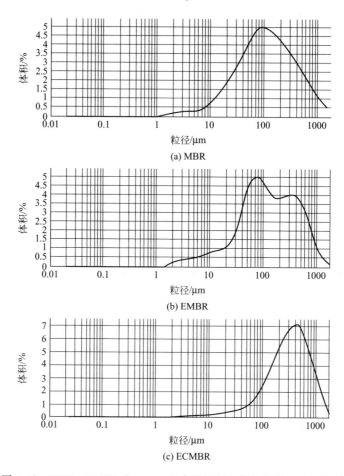

图 6-45　MBR、EMBR 和 ECMBR 内活性污泥絮体粒径的分布情况

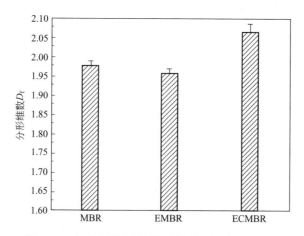

图 6-46　各反应器中污泥絮体的分形维数 D_f 情况

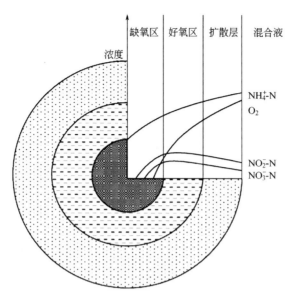

图 6-47　污泥颗粒中溶解氧和各污染物的浓度分布

硝化菌。由于氧在絮体外部已被好氧菌大量消耗，且在絮体内传递时溶解氧浓度为逐渐降低，因此会在污泥絮体内部形成缺氧微区，有利于反硝化菌的生长。

一方面，污泥絮体的尺寸和密实度都会影响 DO 的扩散。污泥絮体尺寸越大，DO 的扩散距离越长，在一定的 DO 浓度下在絮体内部越有可能形成缺氧区域；污泥絮体越密实，单位体积内的微生物数量越多，导致消耗氧气的速率也就越快，因此，氧气也就越难以扩散至污泥絮体的内部，从而易于形成缺氧区。另一方面，在污泥絮体的好氧区内，亚硝酸细菌首先将 NH_4^+-N 氧化为 NO_2^--N，而 NO_2^--N 有可能直接扩散到缺氧区，从而直接发生反硝化反应，而污泥絮体粒径越大，絮体越密实，在缺氧区直接发生反硝化的可能性就越大，从而更容易发生短程硝化反硝化，从而可以减少对碳源的消耗。另外，污泥颗粒越大和越密实，污泥内部死亡的微生物释放出的有机物也越能为反硝化提供碳源。因此，在 ECMBR 系统中，其污泥絮体粒径较大，也较密实，因此有利于同步硝化反硝化的进行。

③ MBR、EMBR 和 ECMBR 中脱氮相关酶活性　在硝化过程中，AOBs 将 NH_4^+-N 氧化为 NO_2^--N，催化此过程的酶有两种：氨单加氧酶（AMO）和羟胺氧化还原酶（HAO）。NOB 将 NO_2^--N 氧化为 NO_3^--N，催化此过程的酶为亚硝酸盐氧化还原酶（NOR）。实验过程中测定了 MBR、EMBR 和 ECMBR 三个反应器中的 AMO、HAO 和 NOR 三种与硝化过程相关的酶的活性，结果如图 6-48 所示。

由图 6-48 可知，与 MBR 相比：EMBR 中，AMO、HAO 和 NOR 三种酶活性分别提高了 4.09%、16.2% 和 5.48%；ECMBR 中，AMO、HAO 和 NOR 三种酶活性分别提高了 14.37%、38.35% 和 17.01%。研究结果表明，微电场对 AMO 酶活性的影响不大，这可能是因为 AMO 酶位于细胞质膜内，有很高的基质特异性，

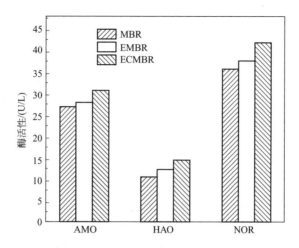

图 6-48　MBR、EMBR 和 ECMBR 三个反应器中的 AMO、HAO
和 NOR 三种与硝化过程相关的酶的活性

其基质是 NH_3 而不是 NH_4^+，电场对 NH_3 在细胞膜的渗透影响不大。而电凝聚能提高 AMO、HAO 和 NOR 三种酶的活性，特别是能显著提高 HAO 的活性。HAO 是羟胺氧化过程中的关键酶，由多个血红色素组成，其位于细胞膜外周质中，在羟胺被氧化的电子传递过程中，羟胺被氧化释放出 4 个电子，首先流向电子传递的第一个节点细胞色素 C554。细胞色素 C554 是一种亚铁血红色素蛋白质，作为电子的携带体，它是电子传递过程中起主要作用的角色之一。此外，也有研究者认为可能非血红素 Fe 的羟胺氧化还原酶在异养硝化细菌中广泛分布，这些酶的羟胺氧化活性可明显被亚铁离子激活。因此，在电凝聚作用下，HAO 的酶活性得到了显著提高，从而也更加有利于 $NO_2^- \text{-N}$ 的形成和积累。

④ 目标细菌的变化规律　电场和电凝聚可能对微生物群落结构产生影响，Huang 等考察了低电压（5V）电场对好氧颗粒污泥处理低碳氮比废水时脱氮和微生物群落结构的影响，其研究结果表明，低电压电场作用下，Actinobacteria、Bacteroidetes 和 Betaproteobacteria 的数量均有所增加。试验分别在第 15 天、第 30 天定期采样分析三个反应器内 AOB 和 NOB 的情况。采用血球计数法计算污泥样品中的细菌总数，MPN 法计算活性污泥中的 AOB、NOB 的菌数。实验结果见表 6-4。

对比三个反应器中的细菌计数结果，EMBR 和 MBR 中的细菌总数，AOB 和 NOB 的数量差别不大，而 ECMBR 中的细菌总数略大于 MBR 和 ECMBR 中的细菌总数，而 AOB 的数量远大于 MBR 和 EMBR，NOB 的数量也大于 MBR 和 EMBR。与 MBR 相比，AOB 的数量增加了 3 倍，NOB 的数量也增加了近 50%；AOB 的比例平均由 0.27% 提高到 0.75%，NOB 的百分比也由 0.33% 提高到 0.4%。由此可见，电凝聚可明显促进 AOB 和 NOB 的生长。但由于 AOB 的世代

表 6-4 活性污泥中的 AOB、NOB 的菌数

反应器	细菌总数 /(个/mL)	AOB /(个/mL)	NOB /(个/mL)	AOB百分比 /%	NOB百分比 /%
MBR	3.8×10^8	0.95×10^6	1.25×10^6	0.25	0.33
	4.0×10^8	1.1×10^6	1.30×10^6	0.28	0.33
EMBR	4.1×10^8	1.1×10^6	1.2×10^6	0.27	0.29
	3.7×10^8	1.2×10^6	1.1×10^6	0.32	0.30
ECMBR	4.2×10^8	3.0×10^6	1.70×10^6	0.71	0.41
	4.5×10^8	3.5×10^6	1.75×10^6	0.78	0.39

周期为 8～36h，而 NOB 的世代周期为 12～59h，AOB 的世代周期短，当外环境更适宜 AOB 的生长时，其增殖的速度就比 NOB 快。而且由于电凝聚对 NH_4^+-N 的亚硝化过程促进作用比较强，积累的 NO_2^--N 浓度相对较高，对 NOB 可能存在抑制作用，使其增殖受到影响。

6.3.7 原位电凝聚膜生物反应器处理印染废水

（1）不同极板材料对模拟印染废水处理效果的影响

实验采用石墨和铁两种材质的电极，极板间距为 5cm，起始 MLSS 浓度为 (4000 ± 100)mg/L，水力停留时间为 8h。反应 36h 后实验结果如表 6-5 所列。

表 6-5 不同极板材料对模拟印染废水处理效果的影响

极板材料	COD 去除率/%	活性艳蓝 X-BR 去除率/%	MLSS/(mg/L)	MLVSS/MLSS
无	92.8	32.4	4100	0.78
石墨	92.2	40.6	4003	0.77
铁	95.5	60.0	7121	0.81

实验结果表明，传统 MBR 对活性艳蓝 X-BR 的去除率较低，且污泥增殖困难。采用石墨惰性极板后，反应器对 COD 的去除率依然较高，且污泥活性良好，表明在较低的电场下活性污泥的活性并未受到抑制，而其对活性艳蓝 X-BR 的降解效率（去除率）提高 8.2%，表明电场和电极氧化还原的作用可以提高系统对活性艳蓝 X-BR 的降解效果。而在 MBR 膜组件两侧设置铁极板后，COD 的去除率明显提高，且活性艳蓝 X-BR 的降解率提高了约 28%，36h 后污泥浓度由 4100mg/L 增殖至 7121mg/L，且反应器内 MLVSS/MLSS 为 0.81，高于普通的膜生物反应器和石墨电极膜生物反应器。这表明，铁极板释放出的铁离子在污泥中的总量虽然在增加，但却是主要被污泥增殖利用的。可见，ECMBR 中溶出的铁离子不仅可以提高活性艳蓝 X-BR 的去除效果，而且有利于污泥的增殖。一方面，这可能是因为铁是

生物活性酶的重要组分，采用铁电极，增加了反应器中铁的含量，可以促进生物蛋白质的合成，提高微生物活性，有利于污泥增殖。另一方面，也有可能由于阳极板发生溶解生成金属离子（Fe^{2+}），金属离子可在溶液中生成金属离子凝聚剂与活性艳蓝 X-BR 吸附絮凝，有助于活性污泥降解活性艳蓝 X-BR，此外，具有还原性的亚铁离子与活性艳蓝 X-BR 分子发生还原反应，破坏发色基团而脱色。

（2）电压梯度对模拟印染废水处理效果的影响

铁极板间距为 5cm，每个电压梯度改变前排泥，使反应器中污泥浓度控制在 4000mg/L。每个电压梯度运行 5 天。不同电压梯度下实验结果如图 6-49 所示，污泥浓度和 MLVSS/MLSS 情况如图 6-50 所示。

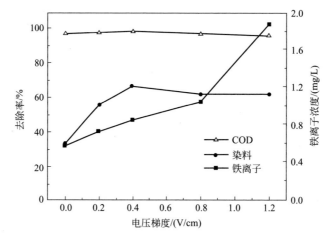

图 6-49　电压梯度对模拟印染废水处理效果的影响

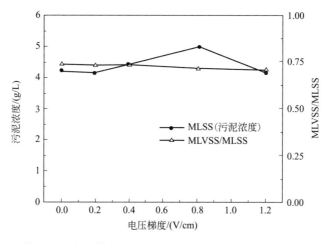

图 6-50　电压梯度对污泥浓度和 MLVSS/MLSS 的影响

由图 6-49 可知，在各电压梯度下，COD 均有良好的去除效果，COD 去除率均在 95％以上，而染料活性艳蓝 X-BR 去除率随着电压梯度的增加呈现先增大后减小的变化趋势。在电压梯度为 0.4V/cm 时，反应器对 COD 和染料活性艳蓝 X-BR 的去除效果最好，平均去除率分别为 98.8％和 66.7％。这可能是因为：一方面，适宜的微电场可能产生电催化作用，激活或增强某些酶的活性，从而促进酶的生物活性反应，并且刺激细胞生长，调节微生物代谢，增强微生物的细胞膜通透性，强化营养基质离子的定向迁移；另一方面，铁是细胞色素氧化酶和过氧化氢酶的重要组成部分，在氧的活化过程中起催化作用，电凝聚释放出的铁离子可能增强污泥活性，从而提高其对染料活性艳蓝 X-BR 的去除效果。但电压梯度过大，反而会损伤细胞，抑制微生物活性，与此同时，出水铁离子的浓度随着电压梯度的增大显著增大。这是因为电压梯度增大，铁离子从极板释放速率增大，从而增大了出水中的铁离子浓度。而当电压梯度为 0 时出水中也含有 0.6mg/L 的铁离子，是因为之前运行的反应器中污泥已吸附大量铁离子，尽管电极不再释放铁离子，出水中仍然含有一定量的铁离子。

由图 6-50 可知，MLVSS/MLSS 变化不大，但当电压梯度小于 0.8V/cm 时，污泥浓度增大。有研究报道，适宜的电场条件可以使细菌总数增加。释放出来的铁离子也有利于污泥增殖。但当电压梯度大于 0.8V/cm 时，污泥浓度反而下降。表明过高的电压梯度下电场强度过大、铁离子溶出过多，既抑制了微生物的生长代谢，又无助于提高污染物的去除效率。因此，维持适宜的电压梯度是原位电凝聚膜生物反应器的关键所在。对比表 6-5 和图 6-50，发现在同样的电压梯度下反应器内污泥增殖速率相差很大，可能是因为随着条件实验的进行，反应器中积累的染料活性艳蓝 X-BR 越来越多，对微生物的生长抑制越来越大。

（3）水力停留时间（HRT）对模拟印染废水处理效果的影响

铁极板间距为 5cm，排泥使反应器中污泥浓度控制在 4000mg/L，电压梯度为 0.4V/cm 时，不同 HRT 下反应器对模拟印染废水的处理效果如图 6-51。不同

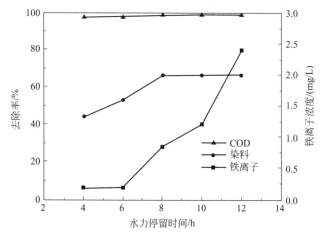

图 6-51　不同 HRT 下反应器对模拟印染废水的处理效果

HRT 对反应器中污泥浓度的影响见图 6-52。由图 6-51 和图 6-52 可知，随着 HRT 的增加，COD 的去除率可稳定在 98%～99% 之间，染料活性艳蓝 X-BR 的去除率在 HRT 大于 8h 后并不再增加，污泥浓度在 4～12h 内均可维持在 4400～4600mg/L 之间，MLVSS/MLSS 也较为稳定，但铁离子浓度随 HRT 增加明显增大。水力停留时间增加，铁离子从极板释放的量会明显增加，相应地出水中的铁离子浓度也会增加。而染料活性艳蓝 X-BR 的去除率在 HRT 大于 8h 后并没有增加，可能是因为在体系内染料是在微生物共代谢的作用下去除的，HRT 过长，系统内其他营养物已消耗殆尽，因此染料活性艳蓝 X-BR 不能再被降解。

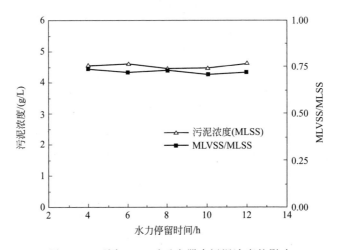

图 6-52　不同 HRT 对反应器中污泥浓度的影响

（4）通断电周期对模拟印染废水处理效果的影响

ECMBR 在曝气强度为 $0.2m^3/h$、水力停留时间为 8h、电路电压为 2V、极板间距为 5cm、铁电极换向周期为 20s 的工艺参数下运行，排泥使反应器中污泥浓度控制在 4000mg/L 左右。实验结果如图 6-53 和图 6-54 所示。

实验结果表明，COD 去除率在 90s 开/180s 关的通断时间比时处理效率最高，染料活性艳蓝 X-BR 在 90s 开/90s 关的通断时间比时处理效果最好，而铁离子出水浓度随着通断时间比的减小逐渐减小，过低的通断时间比污泥增殖速度也较慢。因此，为了节约材料和能耗，在保证处理效果的前提下可尽量降低通断时间比。

（5）进水染料浓度对废水处理效果的影响

在电路电压为 2V、通断电周期为 90s 开/90s 关、极板间距为 5cm、铁电极换向周期为 20s、曝气量为 $0.2m^3/h$、水力停留时间为 8h 的工艺参数下运行，污泥浓度维持在 4000mg/L。在模拟印染废水其他组分浓度不变的条件下，进水染料活性艳蓝 X-BR 浓度分别为 30mg/L、60mg/L、90mg/L、120mg/L。实验结果如图 6-55 所示。

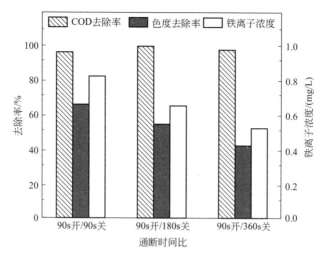

图 6-53　断电周期对模拟印染废水处理效果的影响

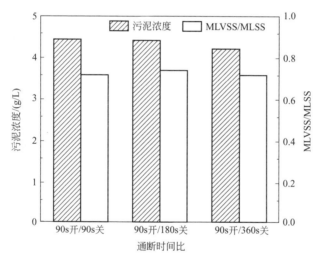

图 6-54　断电周期对模拟印染废水污泥浓度和
MLVSS/MLSS 的影响

从图 6-55 中可以看出，随着进水活性艳蓝 X-BR 浓度的加大，ECMBR 系统对染料的去除率总体呈下降趋势，在活性艳蓝 X-BR 浓度由 30mg/L 增大至 120mg/L时，活性艳蓝 X-BR 的去除率由 65.7% 下降至 45.6%，而出水的铁离子浓度由 2.53mg/L 提高至 5.95mg/L。由此可知，随着进水活性艳蓝 X-BR 浓度的增大，活性艳蓝 X-BR 对微生物的毒害作用逐步加大，污泥活性降低，导致活性艳蓝 X-BR 的去除率逐步降低。与此同时，尽管电流密度没有改变，电解产生的铁离子量不变，但由于污泥活性降低，导致其对铁离子的吸附和利用能力也下降，从而使得出水中的铁离子浓度也逐渐提高。

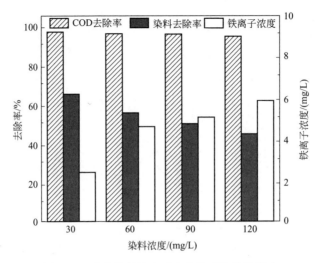

图 6-55　进水染料浓度对废水处理效果的影响

6.3.8　原位电凝聚膜生物反应器与其他反应器对比实验

为了初步考察原位电凝聚膜生物反应器各因素对 COD 和染料活性艳蓝 X-BR 的降解规律，实验过程中构建了各种反应器（1#—原位电凝聚膜生物反应器；2#—膜生物反应器；3#—膜分离反应器；4#—电凝聚-膜分离反应器；5#—电氧化还原-膜分离反应器；6#—电场-膜生物反应器；7#—生物铁-膜生物反应器），考察了不同水力停留时间下各反应器的去除效果，结果如图 6-56 所示。

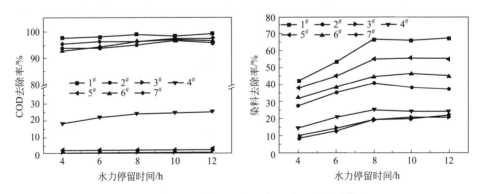

图 6-56　不同水力停留时间下各反应器的去除效果

实验结果表明，单纯的膜分离反应器（3#）对 COD 几乎没有什么去除效果，但却可以截留 16%～18% 左右的活性艳蓝 X-BR，这是因为实验中的染料活性艳蓝 X-BR 的分子量较大，能被滤膜直接吸附和截留。而在 4# 反应器中，由于采用电凝聚，COD 去除率可达 20%～30% 左右，而活性艳蓝 X-BR 的去除率仅增加 2%～5%，这表明电凝聚产生的铁絮体可以凝聚水中的 COD，从而被膜过滤截留，铁絮体对活性艳蓝 X-BR 的凝聚作用较为有限。屏蔽了铁离子的凝聚作用后，5$^{\#}$ 反应器中的 COD 去除率仅为 2% 左右，活性艳蓝 X-BR 的去除率也与 4$^{\#}$ 反应器相当，这表明在电极电压为 2V 时，电氧化还原反应对 COD 和活性艳蓝 X-BR 的去除均无明显作用。电场-膜生物反应器（6$^{\#}$）对 COD 的处理效果和普通膜生物反应器（2$^{\#}$）的处理效果相当，在反应时间为 8h 时，对活性艳蓝 X-BR 的去除效果较 2$^{\#}$ 反应器高 3.9%，说明在 0.4V/cm 的电压梯度下电场对微生物的活性有一定影响，可以提高微生物对活性艳蓝 X-BR 的降解效率。生物铁-膜反应器（7$^{\#}$）对 COD 的去除率比普通膜生物反应器（2$^{\#}$）稍高，而对活性艳蓝 X-BR 的去除率则增加明显，反应时间 8h 时活性艳蓝 X-BR 去除率较 2$^{\#}$ 反应器高 14.6%，说明铁离子的加入有助于提高膜生物反应器的处理效率，特别是提高了微生物对活性艳蓝 X-BR 的去除率。而电凝聚膜生物反应器（1$^{\#}$）的处理效果最好，在反应时间为 8h 时活性艳蓝 X-BR 去除率较 2$^{\#}$ 反应器高 22.2%，这表明在电凝聚膜生物反应器中，是通过电场和铁离子的协同作用来提高活性艳蓝 X-BR 的生物处理效率的。

由各反应器的处理情况可以看出，电凝聚提高膜生物反应器的主要作用，可能是电场和铁离子的共同作用，改善了污泥活性，刺激了能降解染料活性艳蓝 X-BR 的酶活性，从而提高了活性艳蓝 X-BR 的去除效率。

污水处理系统中的活性污泥中含有大量的细菌、原生动物和少数多细胞后生动物等。原生动物以纤毛纲占优。原生动物和多细胞后生动物尽管不是污水净化中的主要生物，但是活性污泥的重要组成成分，在污水处理中发挥了重要的作用。

MBR 主要是依靠活性污泥中的微生物对废水中的污染物进行生物降解。若污泥的活性发生变化，其中的生物种类、数量以及活性都会相应改变。活性污泥的主体微生物种类繁多，其中细菌占主导地位，细菌具有世代周期短、凝聚成菌胶团后具有极强的抗冲击负荷能力等明显特点，是活性污泥降解污染物的关键因素。但细菌个体体积小，无法用普通显微镜进行观察，较成熟的方法是通过显微镜观察活性污泥内的原后生动物种类、数量、活性等来评判活性污泥的变化情况，以指导和追踪活性污泥的驯化。这是因为游离细菌容易被很多原后生动物捕食，进行原后生动物的观察可以推断游离细菌产生的原因及程度。

根据原生动物对活性污泥的作用可以将其划分为非活性污泥、中间活性污泥、活性污泥类原生动物三类。ECMBR 和 MBR 中的污泥相分别如图 6-57 和图 6-58 所示。

结果表明，系统驯化中期，ECMBR 和 MBR 的活性污泥中快速游泳型纤毛虫数量逐渐增加，发现变形虫在菌胶团附近运动，此时污泥絮体中微生物存在形态以菌胶团为主，其结构较为松散，但是非活性污泥微生物较多。驯化结束后，污泥中相继出现漫游虫和微型后生动物钟虫、轮虫、线虫等。

MBR 和 ECMBR 在第 10 天（反应器驯化期）、第 60 天（反应器稳定运行期）的 SEM 图分别如图 6-59 和图 6-60 所示。由图可知：在驯化初期，普通 MBR 污泥

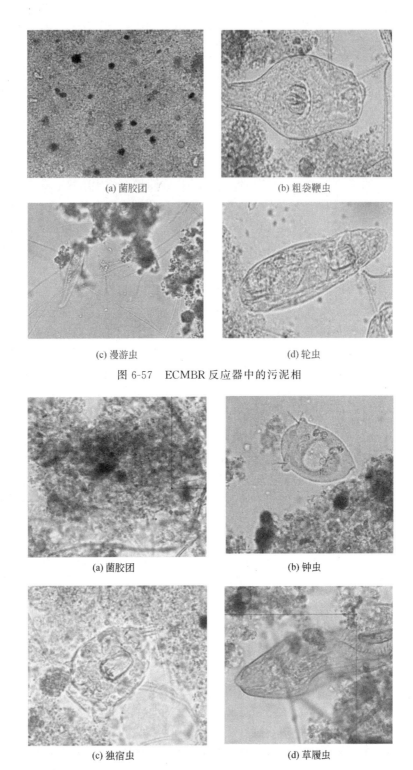

(a) 菌胶团

(b) 粗袋鞭虫

(c) 漫游虫

(d) 轮虫

图 6-57　ECMBR 反应器中的污泥相

(a) 菌胶团

(b) 钟虫

(c) 独宿虫

(d) 草履虫

图 6-58　MBR 反应器中的污泥相

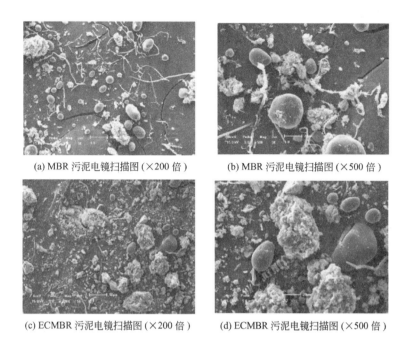

(a) MBR 污泥电镜扫描图（×200 倍）　　　(b) MBR 污泥电镜扫描图（×500 倍）

(c) ECMBR 污泥电镜扫描图（×200 倍）　　(d) ECMBR 污泥电镜扫描图（×500 倍）

图 6-59　MBR 和 ECMBR 在第 10 天（反应器驯化期）的扫描电镜图

(a) MBR 污泥电镜扫描图（×500 倍）　　(b) MBR 污泥电镜扫描图（×1000 倍）

(c) ECMBR 污泥电镜扫描图（×500 倍）　　(d) ECMBR 污泥电镜扫描图（×1000 倍）

图 6-60　MBR 和 ECMBR 在第 60 天（反应器稳定运行期）的扫描电镜图

絮粒较小，凝聚性差，丝状菌仍大量生长，而原位 ECMBR 内菌胶团数量多，而且絮体颗粒明显大于普通 MBR，丝状菌在电凝聚的作用下有所减少；在运行稳定期，MBR 中有大量粒径较小的绒粒，丝状菌几乎消失不见，说明 MBR 后期微生物活性及凝聚性均差，而 ECMBR 中不仅有较大的菌胶团，而且仍有部分丝状菌生存，因此，ECMBR 中的污泥活性和凝聚性均优于 MBR。

6.3.9 原位电凝聚膜生物反应器中微生物群落结构变化

PCR-DGGE 作为一种指纹分析技术，已在各种污水处理工艺的微生物解析中得到了广泛的应用。本研究利用该技术对 MBR 和 ECMBR 两个反应器中的微生物群落结构进行相似性和聚类分析，对其中的主要优势菌种进行克隆测序，并进行比对和鉴定。

（1）总细菌群落结构演变与多样性分析

在第 10 天（反应器驯化期）、第 60 天（反应器稳定运行期）分别取样，每次在反应器的上部和底部各取一个样。离心后收集沉淀，将样品放置于−20℃冰箱中储存。各样品编号分别为：S_1、S_2 为 MBR 驯化期污泥，S_3、S_4 为 ECMBR 驯化期污泥，S_5、S_6 为 MBR 运行期污泥，S_7、S_8 为 ECMBR 运行期污泥。PCR-DGGE 分析结果如图 6-61 所示。污泥中微生物多样性指数如图 6-62 所示。多样性的 UPGMA 聚类分析结果如图 6-63 所示。

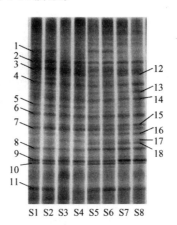

图 6-61　PCR-DGGE 分析结果

从图 6-61 中可知，驯化期，与 MBR 相比，ECMBR 部分条带消失或减弱，如条带 1、10、11、16，说明这部分条带所代表的细菌由于暂时不适应电凝聚的作用，而变为非优势种属；如条带 12 和 17 增强，说明这部分条带所代表的细菌在电凝聚作用下种群数量增加；而条带 2、3、4、5、6、7、8、13、14 变化不明显，表明其代表的细菌短期内受电凝聚作用的影响很小。运行期，ECMBR 中除条带 1 彻底消失外，条带 9、12、15、16、17、18 均比 MBR 强，说明电凝聚作用下部分细

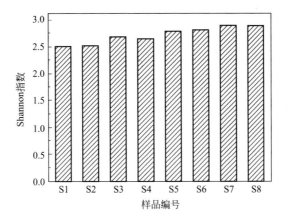

图 6-62　污泥中微生物多样性指数

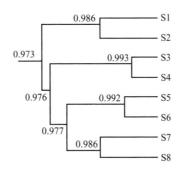

图 6-63　多样性的 UPGMA 聚类分析结果

菌种群数量增加；ECMBR 中条带 11、16 在驯化期减弱或消失，而在运行期又出现，说明该类细菌可逐步适应 ECMBR。

多样性指数是由样品中微生物种属的数量和每个种属的丰度所决定的，从图 6-62 中可以看出，由于为实验室配置的模拟废水，水质组成成分稳定，因此在两个反应器中的微生物群落结构组成非常稳定。在驯化期，两个反应器内的微生物多样性在 2.5～2.7 之间。在运行期，反应器的多样性在 2.8～3.0 之间。这说明经过驯化后，MBR 和 ECMBR 中处于优势地位的微生物的种类数量均得到有效提高。而无论是在驯化期还是在运行期，ECMBR 的微生物多样性指数均高于 MBR，说明电凝聚有助于提高 MBR 的微生物种类数量。

由图 6-63 可见，根据 DGGE 条带的 UPGMA 聚类分析，驯化期和运行期污泥内种群结构变化不明显，各样品之间的同源性在 97% 以上，体现了较高的同源性。说明在低电压电凝聚作用下，MBR 的微生物种属并未发生大幅变化。

（2）测序结果及系统进化分析

选择有代表性的 10 个条带进行切胶测序后（每个条带 3 个克隆子，共 30 个克隆子），在 Genbank 中进行比对，测序结果在 GenBank 数据库中进行 Blast 比对，获得各条带克隆子的同源性信息结果见表6-6。

表6-6 各条带克隆子的同源性信息结果

条带编号	克隆子数目/个	Genbank 比对结果			所属类群
		相似菌种名	登录号	相似性/%	
1	2	Rhodobacter sp.	FR691419.1	96	α-proteobacteria
	1	Uncultured gamma proteobacterium	HQ821468.1	100	γ-proteobacteria
2	2	TM7 phylum sp.	GU410602.1	99	Candidate division TM7
	1	Pseudomonas sp.	AF511510.1	100	γ-proteobacteria
	1	Massilia sp.	JX950005.1	100	β-proteobacteria
4	1	Uncultured bacterium clone	HM269968.1	99	—
	1	Uncultured Ferruginibacter sp.	JQ723682.1	99	Sphingobacteria
9	3	Curtobacterium sp.	AB042096.1	100	Actinobacteridae
11	3	Micropruina glycogenica strain	JQ899240.1	99	Actinobacteridae
12	2	Simplicispira psychrophila NBRC 13611	EU283406.1	99	β-proteobacteria
	1	Uncultured gamma proteobacterium	EU283406.1	99	γ-proteobacteria
15	2	Microbacterium azadirachtae strain	KC764969.1	99	Actinobacteridae
	1	Microbacterium phyllosphaerae strain	AY167852.1	99	Actinobacteridae
16	3	Microbacterium sp.	KF020734.1	100	Actinobacteridae
17	1	Pseudomonas fluorescens	AJ697956.1	100	γ-proteobacteria
	2	Uncultured Oxalobacter aceae bacterium	JQ290981.1	97	β-proteobacteria
18	3	Clostridium sp.	HF566205.1	100	Clostridia

表6-6表明，这些克隆子与GenBank数据库中已知细菌的16S rDNA序列相似性最高为100%，最低为96%。一般来说，微生物的16S rDNA同源性达到97%以上时，可将这些菌划为一个种。对比结果表明，污泥中放线菌亚纲（Actinobacteridae）类群12个克隆子，变形菌门中β-proteobacteria类群5个克隆子、γ-proteobacteria类群4个克隆子、α-proteobacteria类群为2个克隆子，梭菌亚纲（Clostridia）类群3个克隆子，鞘脂杆菌纲（Sphingobacteria）类群1个克隆子，待分类TM7（Candidate division TM7）类群2个克隆子，未培养菌（Uncultured bacterium clone）类群1个克隆子。

结合PCR-DGGE图谱和克隆文库结果，分析运行期ECMBR和MBR微生物类群可能发生的变化，在运行期，相较于MBR，ECMBR条带1、11消失或减弱，条带9、12、15、16、17、18增强，条带2、4基本维持不变。

条带1同源性微生物为Rhodobacter sp.和Uncultured gamma proteobacterium，分别为变形菌门中α-proteobacteria类群和γ-proteobacteria类群。条带11与

Micropruina glycogenica strain 的相似性达 99%，这种细菌能够积累细胞聚磷酸盐，在好氧和厌氧条件下均可以利用和储存各种糖类为聚合糖。另有研究表明，随着废水中 P 比例降低，γ-proteobacteria 类群的数量会减少。这可能是因为 ECMBR 中，由于电凝聚产生的铁离子和磷酸盐生成磷酸铁沉淀，减少了废水中微生物可利用的磷元素，使得相关微生物类群受到抑制。

条带 2、4 代表的微生物类群有 TM7 phylum sp.、Pseudomonas sp.、Massilia sp.、Uncultured Ferruginibacter sp.。

假单胞菌属（*Pseudomonas* sp.）为化能有机营养型微生物，可严格好氧，利用呼吸代谢。*Massilia* sp. 属属于草酸杆菌科，该属为 1998 年新发现的属，目前对其研究较少，相关研究表明，该属的微生物可以硫酸铵为碳源进行发酵；条带 9、12、15、16、17、18 代表的微生物类群分属 *Curtobacterium* sp.、*Simplicispira psychrophila* NBRC 13611、*Uncultured gamma proteobacterium*、*Microbacterium azadirachtae* strain、*Microbacterium phyllosphaerae* strain、*Microbacterium* sp.、*Pseudomonas fluorescens*、*Uncultured Oxalobacter aceae bacterium*、*Clostridium* sp.。短小杆菌属（*Curtobacterium* sp.）为化能有机营养型微生物，可严格好氧，利用呼吸代谢；*Simplicispira psychrophila* NBRC 13611 属于红育菌属，可氧化 NH_4^+-N；*Microbacterium phyllosphaerae* strain 对各类氯苯酚和有机物具有良好的降解效果，*Microbacterium azadirachtae* strain 对诺氟沙星有良好的降解效果。氯苯酚和诺氟沙星均具有苯环结构，而模拟印染废水中的 X-BR 也具有苯环结构，推测有可能 15 条带对应的细菌对苯环有良好的降解效果；微杆菌属（*Microbacterium* sp.）为化能有机营养型微生物，对有机物有良好的降解效果；荧光假单胞菌（*Pseudomonas fluorescens*）为反硝化菌，投加适量的铁离子有助于荧光假单胞菌的生长。梭状芽孢杆菌属（*Clostridium* sp.）属厌氧菌，能降解葡萄糖、蛋白质等。

结合前节中 ECMBR 比 MBR 对活性艳蓝 X-BR 废水去除效率较高的结果，可以推断出电凝聚强化了 MBR 中的微生物多样性，大幅提高了 ECMBR 中污泥的活性，强化了 *Microbacterium azadirachtae* strain 等微生物对活性艳蓝 X-BR 的去除效果。

参考文献

[1] 王维大，李浩然，冯雅丽，等. 微生物燃料电池的研究应用进展 [J]. 化工进展，2014，33（5）：1067-1076.

[2] Denga Lijuan, Ngoc Huu-Hao, Guo Wenshan. Evaluation of a new sponge addition-microbial fuel cell system for removing nutrient from low C/N ratio wastewater [J]. Chemical Engineering Journal，2018，38：166-175.

[3] 刘宏芳，郑碧娟. 微生物燃料电池 [J]. 化学进展，2009，21（6）：1350-1355.

[4] Wu Xue, Modin Oskar. Ammonium recovery from reject water combined with hydrogen production in a bioelectrochemical reactor [J]. Bioresource Technology，2013，146：530-536.

[5] Alessandro A，Carmona-Martínez，Eric Trably. A Long-term continuous production of H_2 in a microbial electrolysis cell (MEC) treating saline wastewater [J]. Water Research，2015，81：149-156.

[6] 林阳，柳丽芬，杨凤林. 改性不锈钢阴极膜耦合生物电化学系统水处理特性及产电行为 [J]. 膜科学与技术，2015，35（5）：31-46.

[7] 王茜，陈洪高，袁鹏. 微生物燃料电池降解苎麻生物脱胶废水 [J]. 环境科学与技术，2017，40（10）：57-60.

[8] 孙靖云，范梦婕，陈英文. 微生物燃料电池改性阳极处理 PTA 废水 [J]. 环境科学，2017，38（7）：2894-2900.

[9] 罗净净，周少奇，许明熠. 单室微生物燃料电池产电与脱氮除磷的研究 [J]. 环境科学学报，2016，36（6）：1956-1961.

[10] 黄丽巧，易筱筠，韦朝海. 阴极硝化耦合阳极反硝化实现微生物燃料电池技术脱氮 [J]. 环境工程学报，2015，9（10）：5119-5124.

[11] 孙彩玉，邸雪颖，于宏洲. 双室微生物燃料电池处含银废水的产电性研究 [J]. 环境科学学报，2015，35（5）：1445-1448.